电力系统的扰动抑制和稳定控制

姜 囡 刘 婷 任 涛 著

科 学 出 版 社

北 京

内 容 简 介

近年来，保证系统内各发电机组均能继续保持同步稳定运行成为非线性科学研究的热点之一。全书共8章。第1章绪论。第2～4章分别为发电机汽门开度系统的控制器设计、发电机励磁系统的控制器设计，以及励磁和汽门开度系统的切换控制器设计。第5～7章分别为基于参数重构的SVC系统的扰动抑制控制、基于Hamilton（哈密顿）方法的TCSC系统的控制器设计、基于I&I方法的STATCOM系统的控制器设计。第8章为STATCOM系统的数字化控制电路设计。

本书可供自然科学和工程技术领域的研究人员阅读参考，也可供控制科学与工程、电气控制等专业的教师和研究生阅读参考。

图书在版编目（CIP）数据

电力系统的扰动抑制和稳定控制 / 姜囡，刘婷，任涛著. —北京：科学出版社，2020.1

ISBN 978-7-03-062913-5

Ⅰ. ①电… Ⅱ. ①姜… ②刘… ③任… Ⅲ. ①电力系统－扰动－研究 ②电力系统－稳定控制－研究 Ⅳ. ①TM7

中国版本图书馆CIP数据核字（2019）第242965号

责任编辑：姜 红 李 娜 / 责任校对：彭珍珍
责任印制：吴兆东 / 封面设计：无极书装

科学出版社出版
北京东黄城根北街16号
邮政编码：100717
http://www.sciencep.com
北京中石油彩色印刷有限责任公司 印刷
科学出版社发行 各地新华书店经销
*
2020年1月第 一 版 开本：720 × 1000 1/16
2021年1月第二次印刷 印张：12 1/2
字数：252 000

定价：99.00元

（如有印装质量问题，我社负责调换）

前言

随着现代电网结构的日益复杂和庞大，并列运行在电力系统中的发电机台数越来越多，使得稳定性问题极为突出。电力系统在运行中不断受到负荷扰动、大输电线上电力元件发生短路故障扰动、失去一台大发电机扰动、负荷扰动或者失去两个子系统间的联络线扰动等。在受到扰动后，系统内各同步发电机的机械输入转矩和电磁转矩失去平衡。因此，研究和发展新一代电力系统安全控制理论和技术越发迫切和重要。

暂态稳定分析的主要目的是检查系统在大扰动（如故障、切机、切负荷、重合闸操作等情况）下，各发电机组间能否保持同步运行，它是电力系统稳定运行的第一道防线。利用稳定控制技术改善电力系统的稳定性和安全性是较经济和较有效的措施之一。因此，当电力系统尤其是风力发电系统和用电负荷发生突发性和不可预知性的较大扰动时，都会引起整个电网系统参数的较大变化。如何采取更有效的控制策略来抑制摄动，保证电力系统不受外部扰动和残余非线性的影响，进而保证系统内各发电机组均能继续保持同步稳定运行，具有重要的科学意义和学术研究价值。

本书总结作者及其研究团队近几年对非线性控制理论及其在电力系统控制中应用的研究成果，针对电力系统的非线性模型，重点探讨系统中结构或参数由突发的大变化导致的不稳定问题。本书探索研究受到大扰动时系统的暂态稳定控制问题，以保证系统在突然承受较大扰动时，控制器仍能保持良好性能，可以有效去除外部扰动的负面影响，确保系统对外部扰动不具敏感性。

基于以上出发点，本书针对非线性控制的热点、难点问题及其在电力系统中的应用展开深入详细的讨论，全书共 8 章，每章均围绕电力系统稳定控制问题展开叙述。第 1 章绪论，阐明非线性电力系统的特点和控制问题。第 2 章发电机汽门开度系统的控制器设计，其中包括常规的 Backstepping（逆推）方法的设计和仿真分析，并在此基础上结合 Minimax（极小极大）理论，阐明主汽门扰动抑制控制器设计原理。第 3 章发电机励磁系统的控制器设计，研究发电机励磁系统相关的鲁棒控制器设计方法。第 4 章励磁和汽门开度系统的切换控制器设计，研究励磁与汽门协调控制系统的扰动抑制控制器设计原理和方法。同时加入汽门切换控制律，考虑输入幅值约束问题，讨论发电机汽门系统的 Minimax 切换控制器设计方法。第 5 章基于参数重构的 SVC 系统的扰动抑制控制，研究基于参数重构的自适应扰动抑制控制器的设计原理和方法。第 6 章基于 Hamilton 方法的 TCSC 系统的控制器设计，主要讨论基于耗散 Hamilton 系统理论的 TCSC 非线性系统鲁棒反馈控制律设计问题，阐明利用参数映射机制的自适应律设计方法。第 7 章基于 I&I 方法的 STATCOM 系统的控制器设计，论述基于浸入和不变理论的单机无穷大系统控制器和参数估计律设计原理。第 8 章 STATCOM 系统的数字化控制电路设计，主要讨论用以验证控制算法性能的实验样机软硬件平台的设计问题。

本书的出版得到了刘婷博士和任涛教授的倾力支持，同时非常感谢辽宁省电力有限公司刘斌博士给予的技术指导，感谢中国科学院沈阳自动化研究所苑旭东博士、沈阳理工大学李赞华博士与刘韵婷博士、辽宁石油化工大学曹宇博士和沈阳城市建设学院常玲老师的帮助和支持。同时，书稿的顺利完成离不开作者的研究生团队成员：郝正强、曹阳阳、李俊卿、史献楠、姜艳萍、谢俊仪、刘景天、张阳、刘恩、晁亚东、任杰、郭卉、高旭浩、付彬、高爽、何海艳、袁文强、李诚、郭长夫等，在此谨向他们致以深切的谢意！

本书出版得到了国家自然科学基金项目（61304021、61473073）、中国刑事警察学院博士科研启动项目（D2017021、D2017022、D2017023）、辽宁省博士科研启动基金项目（201601091）、辽宁省教育厅科学研究一般项目（L2015198）、辽宁大学青年科研基金项目（LDQN201439）、辽宁大学第六批本科教学改革研究项目（JG2016YB0023）、公安理论及软科学项目（2017LLYJXJXY040）、辽宁省自然科学基金项目（2016010808-301）的支持。

谨以此书作为团队对曾经的工作和研究方向的一个总结，同时也是一个新的开始。有了以往的研究经历，我们才能够在新的工作岗位上继续努力、坚持和前行。

我们将始终怀有一颗敬畏之心去面对未来，不断努力和探索！

限于作者水平，书中不当之处在所难免，恳请各位专家、学者批评指正。

姜　囡

2019 年 9 月于沈阳

目 录

1 绪 论

1.1 电力系统概述

电力系统是指电能的生产与消费系统，由发电、变电、输电、配电和用电等环节组成，是一个十分庞大而复杂的动力学系统。它的功能是将自然界的一次能源通过发电机组（如汽轮机发电机组或水轮机发电机组）转化成电能，再经过交流或直流输电线路、变电系统及配电系统将电能供应到各负荷中心，最终通过各种设备将电能转化成动能、热能、光能等不同形式的能量，为地区经济和人民生活服务。

电力系统结构示意图如图 1.1 所示[1]，由发电厂发出的电能经过一个复杂的电网输送给终端用户。

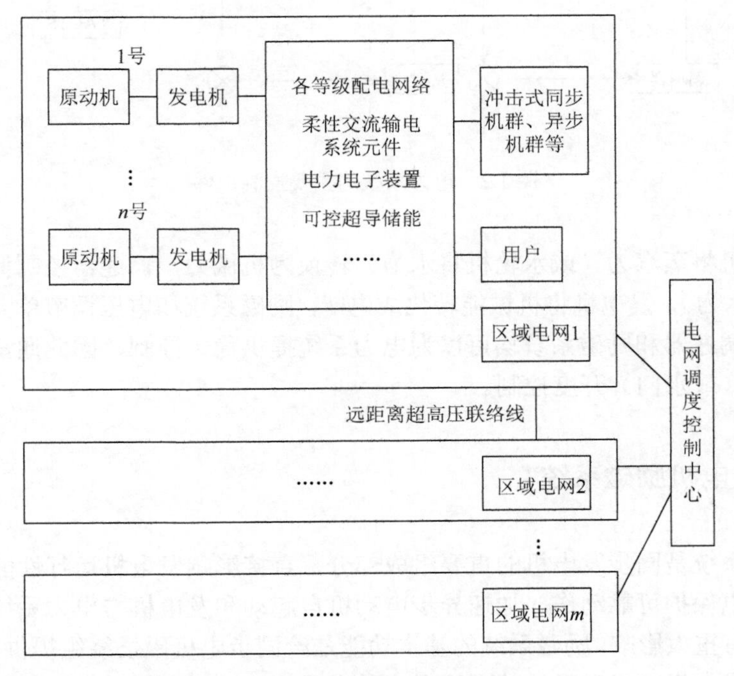

图 1.1 电力系统结构示意图

随着以大机组、超高压电网为特点的大规模电力系统的迅速发展，探求增强系统暂态性能、保证系统稳定运行的方案成为电力系统发展中重要的课题之一。电力系统在运行中失去稳定是电力系统较严重的事故之一，而且失去稳定的发展过程十分迅速，其暂态过程极快，若未能及时采取有效的控制措施，就会使整个系统受到破坏，引发大面积、较长时间停电。这种事故波及面大且系统在短时间内难以恢复正常，将造成严重的社会问题和巨大的经济损失。为了保障用电的可靠性，一个大规模的电力系统必须能够承受各种扰动的影响，并且在最不利的故障情况下不至于产生不可控的、大范围的连锁式停电。

能够改善电力系统暂态性能的控制因素很多，图 1.2 给出对电力系统动态行为有显著影响的主要控制部件[2]。其包括发电机励磁系统、原动机水轮或汽轮调速系统、柔性交流输电系统（flexible AC transmission systems，FACTS）及各种协调控制系统。

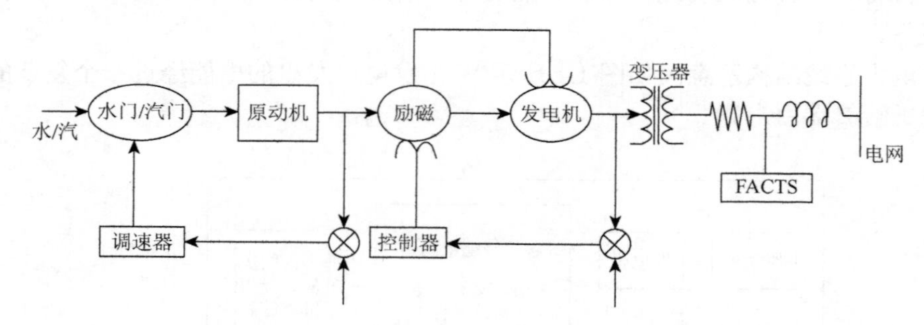

图 1.2　电力系统的主要控制部件

汽轮机将蒸汽力（或水轮机将水力）转换为机械力，调速器控制原动机的蒸汽力（或水力），发电机将机械能转化成电能，励磁系统和电压调节单元控制电力的输出，调速器和励磁系统均可以为电力系统提供稳定控制，因此通常将调速器称为汽门（或水门）开度控制。

1.1.1　发电机励磁系统

励磁系统是同步发电机的重要组成部分，直接影响发电机运行性能，对供电质量、继电保护可靠动作、加速异步电动机自起动和发电机与电力系统的安全稳定运行都有重大影响。励磁系统的基本功能是给同步电机磁场绕组提供直流电源，从而调节发电机电压和无功功率输出。励磁系统通过控制磁场电压并随之控制磁场电流，完成控制和保护功能。励磁系统一般由励磁功率单元、励磁调节器组成，由电源装置（如励磁机、励磁变压器）、自动调节装置、手动调节装置、自动灭磁装置、励磁绕组过电压保护装置，以及上述装置的控制、信号、测量仪表等组成。为了保证发电机在正常工作时不会因励磁系统故障而引起不必要的停机，还可以根据需要装设备用励磁系统。

励磁调节任务：电压控制及无功分配，提高同步发电机并列运行稳定性。

现代大型机组的励磁控制是电力系统稳定控制较为有效且较经济的途径之一。自静止励磁（可控硅自并励）方式具有结构简单、可靠性高、造价低、调节过程快速等优点，这种方式的出现为进一步改善电力系统的稳定性能和动态性能提供了条件。励磁系统一方面通过为同步电机磁场绕组提供直流电流，从而调节发电机电压和无功功率输出；另一方面通过控制磁场电压并随之控制磁场电流，完成控制和保护功能，进而保证电力系统具有令人满意的性能。因此，发电机励磁控制一直受到广大电力工作者的关注[3, 4]。

一个大型互联电力系统由诸多具有极其复杂动力学特性的环节与单元组成，不仅包含电磁过程特性，而且包含机电方面的过渡过程特性。电力系统运行环境不断变化，从控制理论的观点看，其具有非常高阶的多变量过程。因为电力系统的高维数和复杂性，模型阶数越高对发电机动态行为的描述就越详细，但同时复杂程度也相应增加，所以对电力系统进行简化假定及采用恰当的系统描述来分析特定的问题是非常重要的。在对非线性励磁控制的研究中，发电机模型多以状态变量 $x=[\delta \quad \omega \quad E'_q]^{\mathrm{T}}$ 构成的微分方程，即经典三阶简化模型为主[5-7]，如图 1.3 所示。研究表明，经典三阶简化模型通常情况下可以满足对电力系统稳定研究的需要。

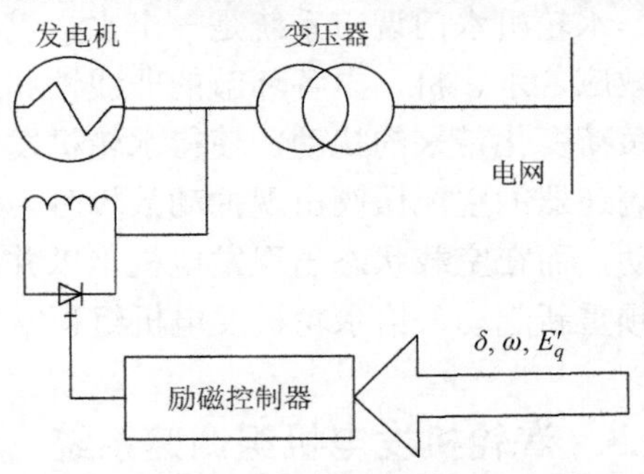

图 1.3 带有励磁控制的单机无穷大总线系统结构

1.1.2 水轮机发电机组调速系统

励磁控制能有效改善电力系统振荡的阻尼特性和稳定性，但是由于受到励磁电流极值的限制，其对系统动态性能的改善能力是有限的[8]。要更进一步提高电力系统的稳定水平，原动机（水轮机发电机组或汽轮机发电机组）调速控制系统往往更为直接有效。水轮机调速系统包括引水系统和水轮机导水叶调控系统[9]，如图 1.4 所示。

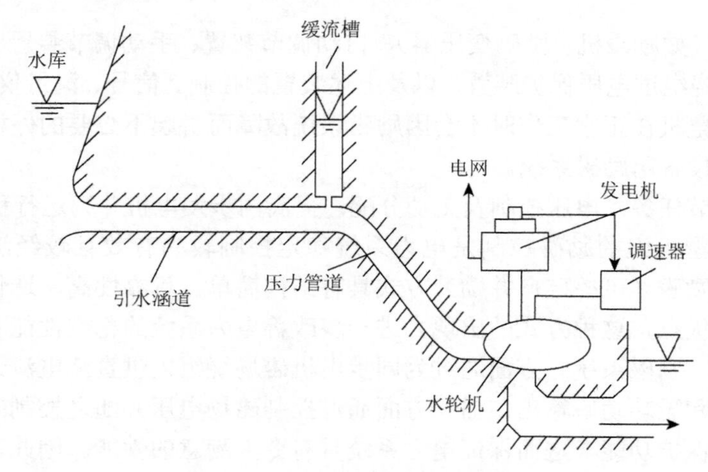

图 1.4　水轮机调速系统示意图

当电力系统负荷发生变化或系统遭受扰动，水轮机发电机组转速出现偏差时，通过水门调节器可以相应地改变水轮机的流量，改变后的水轮机水力矩与发电机负荷阻力矩将达成新平衡，从而维持机组转速（或频率）在规定的范围内。

水轮机水门调节系统是一个水、机、电的综合控制系统。水流惯性带来的水锤效应，水、机、电各环节的非线性和大惯性，参数随工况改变的变化，以及电网负荷变化带来的扰动，使得水轮机发电机组的调节十分困难。当水轮机发电机组调速器的主配压阀出现抽动故障时，会使水轮机发电机组在负载状态出现有功扰动，而在空载状态出现发电机难以并网的现象，并且会使调速器的压油槽油泵频频重新起动，给水轮机发电机组正常运行带来很大的不良影响。

1.1.3　汽轮机发电机组调速系统

汽轮机是大型高速运转的原动机，通常在高温、高压下工作，它是火电厂中主要的设备之一。汽轮机调节的任务是：首先要保证汽轮机安全运行；其次要满足用户所需要的功率；再次要保证电网周波不变，因为周波过高、过低都将直接影响到用户的正常工作，要求周波不变就是要求汽轮机的转速不变。汽轮机往往具有相当完善的自动控制系统。

汽轮机发电机组汽门调节系统直接影响汽轮发电机的运行性能，可以有效地改善系统的暂态性能。汽门控制是一种快速减少汽轮发电机加速功率的方法。汽门控制分为在快关过程中控制中压调节汽门及控制高压调节汽门两种。对于电力系统汽门的非线性控制，一般对以状态变量构成的三阶系统模型进行研究，其系统结构如图 1.5 所示。

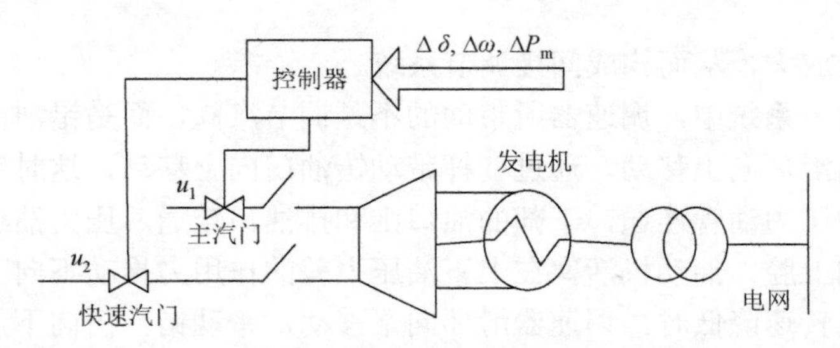

图 1.5 具有主汽门和快速汽门控制的单机无穷大总线系统

汽轮机发电机组的电功率与汽轮机的排汽压力、进汽量有关。如果汽轮机的进汽参数和排汽压力均保持不变，那么汽轮机发电机组发出的电功率基本上与汽轮机的进汽量成正比。当电力用户的用电量（即外界电负荷）增大时，汽轮机的进汽量应增大，反之亦然。如果外界电负荷增加（或减少），汽轮机进汽量不进行相应增大（或减小），那么汽轮机的转速将会减小（或增大）。为使汽轮机发电机组发出的电功率与外界电负荷相适应，汽轮机发电机组将在另一转速下运行，这就是汽轮机的自调节性能。

汽轮机调节系统可划分为无差调节系统和有差调节系统两种。

1）无差调节系统

当一台汽轮机发电机组单独向用户供电时，即孤立运行机组，根据自动控制原理，汽轮机调节系统可以采用无差调节系统。假设在某初始状态下，汽轮机的功率与负荷相等，其转速为额定值，由于某种情况，如用户的耗电量增加，发电机的反转矩加大，转子和转矩平衡遭到破坏，转速下降，这时汽轮机调节系统将会动作，开大调节汽阀，增大进汽量，以改变汽轮机的功率，建立新的转子和转矩的平衡关系，使转速基本保持不变。采用无差调节系统的汽轮机发电机组不利于并网运行，因此并网运行的汽轮机发电机组几乎都采用有差调节系统。无差调节系统常被应用于供热汽轮机的调压系统中，使供热压力维持不变。

2）有差调节系统

对于发电用的汽轮机发电机组，其转速调节系统一般为有差调节系统。

汽轮机转速直接调节系统的原理是，当汽轮机负荷减少而导致转速升高时，离心调速器的重锤向外张开，通过杠杆关小调节汽阀，使汽轮机的功率相应减少，建立新的平衡。当汽轮机负荷增加时，转速降低，重锤向内移动，开大调节汽阀，增大汽轮机的功率。由此可见，设置调速器不仅能使转速维持在一定的范围之内，而且还能自动保持功率的平衡。

该系统利用调速器重锤的位移直接带动调节阀，因此称为直接调节系统。由于调速器的能量有限，一般难以直接带动调节汽阀，所以应将调速器滑环的位移在能量上加以放大，从而构成间接调节系统。

在间接调节系统中，调速器所带动的不是调节汽阀，而是错油门。当转速升高时，调速器滑环向上移动，通过杠杆带动错油门向上移动，这时错油门滑阀套筒上的油口和压力油管连通，下部的油口则和排油口连通。压力油经过油口流入油动机活塞的上腔，油动机活塞在上下油压力差的作用力推动下向下移动，关小调节汽阀。当转速降低时，调速器滑环向下移动，带动错油门向下，这时油动机活塞下腔通过油口和压力油路连通，上腔则通过油口和排油口连通，活塞上下的压力差推动活塞向上移动，开大调节汽阀。

水锤效应的存在，使得水门开度控制对改善系统暂态稳定性的作用有所减弱，相比之下汽门控制的作用更为突出。汽轮机是将蒸汽的能量转换成机械功的旋转式动力机械，通过调节汽门可以控制注入的功率，直接影响电力系统的运行性能。现代大型汽轮机的汽门控制失灵区折合成时间为0.1～0.2s，油动机的惯性时间常数只有 0.15～0.3s，蒸汽惯性时间常数最大在 0.2～0.3s。由于调速系统对控制作用的速度大大提高，保证了汽门控制动作的快速性，所以汽门控制逐渐受到业界的重视[8, 10]。

1.1.4 FACTS 控制

随着社会的进步与经济的发展，输电系统的输送需求日益增加，电网的规模日益庞大。然而由于发电站通常远离电力负荷中心，长距离输电系统存在两个不利因素：第一，送受端间的电压相角差较大，系统的暂态稳定裕度较小；第二，输电线路所处自然环境较恶劣，极易受到扰动引起断线、短路等严重故障，破坏系统的稳定运行。从经济与生态的双重角度考虑，应充分利用原有系统的潜在能力提高输电线路的利用率，在输电线路中安装无功补偿装置是解决问题的有效途径。随着电力电子技术的发展，新的电子器件取代了依赖机械切换的传统无功补偿器，形成了 FACTS 技术[8]。FACTS 技术可以使电压、线路阻抗及功角按照系统的需求迅速调整，在不改变电网结构的条件下，显著提高网络的功率传输能力和电压的可控性。目前，常用的 FACTS 装置主要有静止无功补偿器、静止同步补偿器、晶闸管控制串联补偿器、可控硅制动电阻、可控硅控制的移相器、统一潮流控制器及高压直流输电等[11, 12]。

FACTS 技术是近年来出现的一项新技术，以其特有的大功率、高速、精确连续的控制技术，通过改变高压输电网的参数（相角、电压、线路阻抗）及网络结构对输电线路的潮流进行直接控制，代替了传统的机械、电子和电磁的控制手段，使交流输电系统的功率有高度的可控性，降低系统网损和发电成本，大幅度提高系统的稳定性和可靠性。

1.1.5 协调控制系统

以超高压输电、长距离输电、大容量机组、大范围互联和大容量的区域间交换为显著特征的现代电力系统，其稳定性一旦遭到破坏，必将造成巨大的经济损失和灾难性后果，所以安全稳定问题一直是电力系统研究的热点。FACTS的引入大大提高了电力系统运行的灵活性和控制能力，使调度人员可以灵活地控制电力系统的潮流，提高线路的功率输送极限，也使电力系统的稳定性得到极大的增强。但随着FACTS设备应用变得越来越广泛，各种设备之间的协调控制也就成为一个研究热点，而广域量测设备的大量使用为电力系统实施协调控制奠定了基础。

前面介绍了电力系统的各种控制器，这些控制器都是为了完成一定的目标而设计的。当各控制器单独运行时通常都能够达到设计要求，但是当多个控制器共同作用时，结果往往只能改善局部控制性能，对系统其他部分的性能改善效果甚微，甚至可能由于各控制器之间无法协调，造成系统的全局性能恶化，严重时甚至会降低系统的稳定性。因此，如何降低各控制器之间的相互影响，如励磁-汽门协调控制[13]、励磁与各种FACTS装置的协调控制[14-17]及FACTS装置间的协调控制[18-20]等，解决各控制器之间的协调问题，以提高系统的稳定性将会受到更多的关注。

1.2 电力系统稳定控制

电力系统稳定控制是为抑制低频振荡而研究的一种附加励磁控制技术。它在励磁电压调节器中引入领先于轴速度的附加信号，产生一个正阻尼转矩去克服原励磁电压调节器中产生的负阻尼转矩作用，用于提高电力系统阻尼、解决低频振荡问题，是提高电力系统动态稳定性的重要措施之一。它抽取与此振荡有关的信号（如发电机有功功率、转速或频率）加以处理，产生的附加信号加到励磁调节器中，使发电机产生阻尼低频振荡的附加力矩。

电力系统在正常运行时，经受扰动而不发生非同步运行、频率崩溃和电压崩溃的能力是保证电力系统正常运行必须具备的。从狭义的观点看，电力系统稳定单指不发生非同步运行，不管电力系统中连接多少台发电机、联网地域有多大（全省、跨省区、跨国家），都要求在经受扰动时所有交流同步发电机保持同步运行。从广义的观点看，电力系统稳定研究的范围还包括电力系统稳定被破坏后进入非同步运行状态，然后在满足一定条件下再同步成功，又恢复同步运行的全过程，电力系统的这种能力称为综合稳定。为了便于应用现代数学方法和计算工具进行电力系统的计算分析，以及在实际运行中更确切地检验电力系统稳定运行的水平并采取提高稳定的措施，把电力系统稳定分为静态稳定、暂态稳定和动态稳定三类。

1）静态稳定

电力系统在正常运行时，存在负荷的正常切入与切出操作，或者输电线路受自然环境影响使电抗参数出现微小扰动的现象，这些都将引起参数的正常扰动且扰动范围较微小，这类扰动称为小扰动。若系统在遭受小扰动后，能够恢复到初始运行状态，则称其具有静态稳定性。

2）暂态稳定

暂态稳定是指电力系统受到大扰动后，各同步电机保持同步运行并过渡到新的或恢复到原来运行方式的能力，通常指保持第一个或第二个振荡周期不失步。暂态稳定的判据是，电力系统遭受每一次大扰动（如短路、切除故障、切除线路、切机等）后，引起电力系统机组之间的相对功角增大，在经过第一个最大值后进行同步的衰减振荡，系统中枢点电压逐步恢复。暂态稳定计算分析的目的是，在规定运行方式和故障形态下对系统稳定性进行校验，并对继电保护和自动装置及各种措施提出相应的要求。

暂态稳定计算分析普遍应用时域模拟方法，即列出电力系统包括各元件在内的数学模型（表现为对时间的微分方程），再采用数值解法求出各状态量的时间特性，然后根据暂态稳定判据进行分析。这种方法对于大型多机电力系统所需的计算工作量很大，即使应用现代大型计算机仍然耗费较长机时。自 20 世纪 80 年代以来，学术界发展以 Lyapunov（李雅普诺夫）直接法为基础的暂态能量函数的方法来直接分析电力系统的暂态稳定性。这种方法不仅能快速给出是否暂态稳定的判断，并能给出稳定度的数量指标。

暂态稳定计算分析的主要目的是检查系统在大扰动下（如故障、切机、切负荷、重合闸操作等情况）各发电机组间能否保持同步运行，如果能保持同步运行，并具有可以接受的电压和频率水平，则称此电力系统在这一大扰动下是暂态稳定的[21]。暂态稳定控制是电力系统稳定运行的第一道防线，具有特别重要的理论研究价值和广阔的实际应用前景。

3）动态稳定

动态稳定是指电力系统受到小扰动或大扰动后，在自动调节和控制装置的作用下，保持长过程运行稳定性的能力。动态稳定计算分析的方法有两种：①在小扰动下可采用特征值分析法，如同静态稳定，只是增加调节系统的微分方程。多机电力系统由于方程阶次高，还可推导出特征向量，以判断应对哪台机、哪个环节采取何种措施。②数值解的方法，如同暂态稳定，同样是增加调节系统的微分方程。数值解法用隐式积分法（梯形法、简单迭代法），对于大扰动的动态稳定，故障形态和地点选择与暂态稳定相同；对于小扰动的动态稳定，可以在某些稳定较弱的节点上加一个很大的阻抗，然后应用数值解法。若得到功角摇摆是增幅振荡或非周期扩散，则电力系统不稳定。在小扰动的条件下，特征值分析法和数值解法两种计算结果可以互相对照。

电力系统的同步运行是系统正常运行的一个重要标志，目前对于稳定性的划分没有统一的标准，国际大电网会议将电力系统的稳定现象分为功角稳定、电压稳定和频率稳定三大类[22, 23]，根据引发同步运行功角稳定问题的扰动的强度不同，可以将稳定性问题分为暂态功角稳定性问题和小扰动功角稳定性问题两大类。静态稳定性是指系统受到小扰动后不发生振荡失稳的能力，如负荷和电源出力的细微变化，一般不会引起系统结构的变化，系统近似运行在初始状态，与具体扰动量无关。而暂态稳定性是指电力系统在大扰动下维持发电机同步运行的能力，如电力系统发生短路、断线、切机等大的扰动。大扰动的发生一般会导致系统的结构或参数发生较大的变化，与初始运行状态和具体扰动量有关。系统发生故障后可能是稳定的，也可能会失去稳定，最终造成系统崩溃[9]。

同时由于电力系统的模型参数中包含了电力元件老化引起的阻抗变化、故障发生的地点造成阻抗量测的误差等不确定性，以及不能由线性化补偿消去的非线性因素等，发电方和供电方的随机介入也会对电网产生冲击。而且为了更多地输送功率，需要将输电导线的截面增大。这样，在大量传输功率时，一旦输电线路因事故断开，发电端和受电端的功率差额将变得很大，甚至电力系统稳定性会遭到破坏。

1.3 控制方法及其在电力系统中的应用

随着电网建设的加快，电力系统在发电容量和电压等级方面都有了较大提高，同时电力系统在结构和模型上的复杂性也有所增加，并产生了许多不确定性因素，如模型参数的摄动或外部扰动等的影响，都为电力系统的运行带来更多的安全隐患。电力系统中许多破坏性事故产生的根本原因都归咎于大扰动下发电机的功角失稳，大扰动功角稳定通常又称为暂态稳定，是电力系统安全稳定运行的基础，稳定控制策略的研究是维护电力系统安全稳定运行的重要屏障。

1.3.1 稳定控制方法

关于改善电力系统稳定控制方法的研究已有多年的历史，人们为了改进与发展电力系统稳定控制技术进行了大量的研究工作。发电厂和电网控制系统的控制理论与发电厂、电网的发展规模是紧密联系的。

20 世纪 70 年代以前，在发电机容量小、电网供电规模不大时，主要采用单变量（发电机端电压偏差）反馈方式，以系统在平衡点附近的近似线性化模型为基础，设计比例控制器或者比例-积分-微分（proportional integral differential，PID）控制器[24, 25]。随着电力系统发电机容量逐渐增加，这种单输入控制方式难以满足稳定要求。美国通用电气公司在 20 世纪 70 年代提出了额外增加一个辅助反馈变量的控制方式。这个辅助反馈变量可以是转速偏差 $\Delta\omega$ 或发电机频率偏差 Δf，也可以是发电机有功功率的偏差 ΔP_m。这样发电机励磁控制发展成双输入控制系统，即电力系统稳定器（power system stabilizer，PSS）控制方式。自 20 世纪 80 年代起，我国开发了线性最优励磁控制方式，将电压偏差、转速（或频率）偏差及有功功率偏差作为反馈变量，并且各反馈变量的增益系数是“线性-二次型-里卡蒂问题”的解。文献[26]将线性最优控制理论引入电力系统的控制器设计中。

电力系统中传输功率与各发电机之间相角差的正弦成正比，因此电力系统是一个具有强非线性行为的复杂系统，上述方法都是将系统的非线性状态方程在某一特定运行方式（某一特定状态 x_0）下进行近似线性化处理，这种近似线性化的数学模型只能在实际运行状态 $x(t)$ 与 x_0 十分接近时才比较准确，当系统的运行点改变时（如负荷大幅度扰动或发生严重故障时）系统的动态特性会显著改变，此时基于近似线性化数学模型设计的控制器很难保证电力系统的控制要求。因此，电力系统暂态稳定控制问题是一类典型的非线性控制问题，不宜把它作为线性系统进行处理，否则控制效果不能令人满意。如果要研究电力系统中的大范围运动就必须考虑非线性特性的影响，把各种非线性鲁棒控制理论引入电力系统暂态稳定控制研究中，这一设计理论已受到电力系统控制研究领域的广泛重视。

1）反馈线性化方法

反馈线性化方法在电力系统的应用中得到了深入的研究并取得了许多重要的研究成果。作为一种非线性方法，反馈线性化法包括微分几何法、直接反馈线性化方法和逆系统方法等。

（1）微分几何法适用于仿射非线性系统，其基本原理是：通过局部微分同胚变换，找到相应的非线性反馈，在这个非线性反馈作用下将原非线性系统在新的坐标系下映射为一个线性系统，实现非线性系统在某一邻域内的精确线性化，从而将设计非线性系统控制器的问题转化为相应的线性系统的控制器设计问题。电力系统的微分几何控制研究始于 20 世纪 80 年代初期，许多学者对其进行了大量开拓性的研究工作并取得了许多有意义的研究成果。文献[27]、[28]将微分几何法与线性最优控制理论结合完成了励磁与汽门控制设计；文献[28]还进一步证明了线性化后的系统在线性二次型调节器（linear quadratic regulator，LQR）原则下的最优控制与原非线性系统在准二次性能指标下的最优控制之间的等价性。文献[29]、[30]将转子相对角作为控制目标，应用微分几何法对非线性系统模型进行了精确线性化，设计了发电机非线性励磁控制器。尽管这种控制方法具有坚实的理论基础，但是其本身存在无法克服的缺陷，即要求系统模型精确可知，不具备对模型及参数不确定的鲁棒性，并且数学推导及控制规律非常复杂，限制了它在实际工程中的运用。

（2）直接反馈线性化方法通过状态反馈将非线性动态特性变换成线性的形式，输入-状态线性化对应完全的线性化，而输入-输出线性化对应部分的线性化。与微分几何法相比，这种方法不局限于仿射非线性系统，并且无须复杂的坐标变换和大量的数学推导，因此具有计算简单、物理概念清晰的优点，易于在实际工程中应用。文献[31]以单机无穷大系统的三阶模型为对象，应用直接反馈线性化方法得到了与微分几何法完全相同的励磁控制规律，并且通过引入机端电压反馈信号保证调节精度。文献[32]～[34]分别采用该方法研究了新型非线性状态反馈电压控制器、超导储能装置及励磁控制器的设计问题。文献[35]、[36]设计了多机电力系统的解耦非线性励磁控制器。直接反馈线性化方法没有给出函数方程求逆的一般方法，因此在处理多输入多输出的复杂系统时存在一定的难度。

（3）逆系统方法的理论研究已经比较成熟，并且不局限于仿射非线性系统，通过构造非线性控制对象的α阶积分构造一个伪线性系统[37]。对于同一被控对象，经逆系统方法伪线性化后的状态方程标准形与用微分几何法得到的相同，因此这两种方法在一定意义上是等价的。逆系统方法要求被控对象的模型精确可知，且需要求出逆系统的解析表达式，对于具有强非线性的电力系统，其应用受到了很大限制。如果能将该方法与神经网络方法结合，可以通过神经网络的训练逼近原系统模型，在不依赖模型的条件下取得较好的控制效果。然而该智能控制方法尚处于研究阶段，其目前只能作为辅助控制手段，在实际系统的应用效果仍需要深入的理论研究与大量的实践尝试。

2）变结构控制方法

变结构控制方法的基本思想是，通过高速开关和切换函数将系统的相轨迹按一定的趋近律驱动到达一个预先选定的超平面上，超平面上的系统运动称为滑动模态，并且系统的滑动模态是渐近稳定的。自 20 世纪 70 年代中期开始，该方法被应用于电力系统非线性控制的研究中。文献[38]将变结构控制方法与微分几何法结合，设计了多机电力系统的励磁控制规律。文献[39]基于变结构控制方法研究了多机励磁系统的 PSS 反馈规律的设计问题。采用变结构控制方法设计控制规律几乎不依赖系统模型，因此更容易实现，并且对于满足匹配条件的模型参数的变化和外部扰动具有较强的鲁棒性。但是，控制规律因为高速切换而存在高频抖动的缺点，虽然采用饱和切换函数替代理想切换函数等方法在一定程度上解决了这一问题，但目前的研究还不够完善。

3）模糊控制

随着模糊领域的研究发现，非线性系统能很好地应用 T-S（Takagi-Sugeno）

模糊模型逼近。模糊控制具有较高的鲁棒性，扰动和参数变化对控制效果的影响被大大减弱，尤其适合于非线性、时变及纯滞后系统的控制。文献[40]、[41]将模糊控制应用于电力系统控制，但控制精度不高的问题仍有待解决且存在模糊规则优化问题。文献[42]、[43]采用模糊自适应控制方法，针对多变量非线性系统状态不可测的问题，设计了状态观测器，得到了具有较强鲁棒性的输出反馈控制器。

4）Hamilton 控制系统

在科学和工程领域能量是基本的概念之一，当一个系统运行在稳定状态时，可认为该系统的输入能量和输出能量处于一个动态平衡，因此通常将动态系统视作一个能量变换装置。能量整形是指有目的地对系统能量进行修改（整形），以达到控制的设计目标。能量整形的观点在复杂非线性系统的控制应用中非常重要，耗散 Hamilton 实现就是这样一种从能量整形角度来进行系统控制的方法。基于端口受控 Hamilton 系统的非线性控制方法首先由 Ortega 等[44]提出。

从物理角度看，能量平衡是电力系统稳定运行的关键所在，基于能量函数的 Lyapunov 稳定性理论在电力系统的控制器设计中曾广受关注[45-48]。Hamilton 控制系统结构清晰、物理意义明确，其最大的优势在于 Hamilton 函数表示系统的总能量，并且在一定的条件下能够构成系统的 Lyapunov 函数，这在系统的稳定性分析及镇定控制中起到重要作用。目前，Hamilton 控制系统方法已成为研究电力系统的重要工具之一，并有两个研究热点：第一，基于端口受控哈密顿（port controlled Hamiltonian，PCH）系统的 Hamilton 函数方法的研究和应用[49]；第二，如何将一个非线性系统表示为一个耗散的 Hamilton 控制系统，即 Hamilton 实现问题[50, 51]，对此问题目前还没有系统的、易于操作的实现方法。一旦完成非线性控制系统的 Hamilton 实现，即可方便地进行非线性控制器的设计。

“预置反馈 + 平衡点调整”的方法，更加适合电力系统的结构特点，该方法基于电力系统非线性模型，成功地解决了耗散 Hamilton 实现的难题。文献[45]利用连接阻尼配置-无源控制方法，通过求解一组偏微分方程得到控制规律，完成了考虑转移电导的闭环受控多机电力系统的 Hamilton 实现问题，从而解决了考虑转移电导情况下多机电力系统的稳定控制问题。

5）Backstepping 方法

Backstepping 方法又称反推方法、逆推方法、反步法或反演法，它在 1991 年由 Kokotovic 等[52]提出，该方法通常与 Lyapunov 型自适应律结合使用，设计自适应反馈控制器确保整个闭环系统满足期望的动、静态性能。Backstepping 方法直接基于非线性系统模型设计控制器，不仅能够保留原有的非线性特性，而且相应 Lyapunov 函数和反馈控制律的设计都是构造性的。该方法的基本思想是将复杂的非线性系统分解成若干（不超过系统阶次）子系统，依次为每个子系统分别设计部分 Lyapunov 函数和中间虚拟控制量，一直“后退”到整个系统，最终完成整个控制律的设计[53, 54]，设计过程简明，易为工程人员所接受。Backstepping 方法在电力系统稳定性控制设计中得到了广泛的应用，并取得了丰富的研究成果[55-61]。Backstepping 方法中引入虚拟控制的概念，其本质上是一种静态补偿思想，前面子系统必须通过后面子系统的虚拟控制才能达到镇定目的，因此该方法要求系统结构具有严格参数反馈形式或可经过变换转化为这种类型的非线性系统。

6）自适应控制

电力系统在实际运行时存在各种不确定性因素，如稳定状态运行时由负荷扰动、故障所引起的系统拓扑结构的改变等，同时在系统模型中也存在不确定性，如只能采用简化的模型及模型参数的不确定性等。这些不确定性是电力系统的鲁棒非线性控制所关注的问题，这方面的研究对提高系统稳定性、改善系统动态特性有着十分重要的意义。

自适应控制是20世纪50年代末期由美国麻省理工学院的Whitaker等[62]提出，在70年代航天工业及计算机技术的推动下得到了迅速发展，该方法在80年代初期被应用于电力系统的控制中，90年代初已形成较为成熟的理论与方法。自适应控制所研究的对象具有一定程度的不确定性，如模型不确定或参数未知等，应用自适应控制器能够在线实时地修正自身特性以适应被控对象的变化，达到预期的控制目标，该方法是消除参数变化影响的一个有效手段。在电力系统稳定性控制中，自适应控制常与其他非线性方法结合，设计鲁棒控制律，改善系统的暂态性能[63, 64]。

电力系统中的某些参数虽然很难检测获得精确值，但是往往可以根据物理关系及实际经验获得这些参数的有效取值范围，即上下界信息，这些有用的先验信息在自适应律的设计过程中往往被忽略掉，如果能对其加以利用将提高参数辨识效率。文献[65]提供了一种参数映射机制，能够在辨识范围超出指定区间时将参数的估计值“拉”回有效区域。文献[66]改进了参数映射机制，通过引入一种特殊结构的连续函数，将常参数不确定问题转化为非线性函数不确定问题，间接获得自适应律，同时满足了限定辨识区间与保证控制器光滑性的要求。

20世纪80年代，意大利学者 Astolfi 和 Ortega[67]采用微分几何的概念提出了一种新的非线性系统自适应控制方法——浸入和不变（immersion and invariance，I&I）方法。与通常的非线性系统镇定需要 Lyapunov 函数不同，I&I 方法不需要构造 Lyapunov 函数。该方法通过选择浸入映射和设计控制律，使得被控系统的任何轨迹都是目标系统在该浸入映射下的像，并且设计的控制律能够使目标系统的像为不变吸引流形，从而保证整个系统的稳定性。该方法虽然提出时间不长，但由于其显著的非线性自适应性能，已经广泛应用到各方面[68-70]。因此，为了解决传统自适应逆推存在的上述问题，文献[71]提出了一种基于传统非线性控制理论中系统浸入与不变流形概念的模块化的新自适应控制方法，其主要思路是，将参数估计器的辨识和控制器的设计分开进行。其提出的参数估计方法突破了传统自适应逆推方法中参数估计形式单一且不可控的限制。由于这种方法是基于渐近模型匹配的概念，为控制器设计提供了更大的灵活性。基于流形吸引性思想的 I&I 方法，是一种新的参数估计方法，该新的参数估计方法区别于传统的参数估计方法，不需要满足确定等价性原理，在控制器的设计过程中，并不需要设计 Lyapunov 函数。该新的参数估计方法采用一种鲁棒性的观点来处理不确定参数的影响，这对于常规方法中将不确定项当作扰动来处理是一个重要改进。

7）采样控制

计算机具有计算速度快、数据可操作性好、成本低、稳定性好等优点，因此采用计算机控制可以极大地减少系统信息的处理时间[72]。由于计算机只能处理离散变量，所以需要对系统信号进行采样处理，而实际工程中的动态系统通常是连续时间系统，所得到的反馈控制系统实际上是一个混杂系统，即系统既包含连续变量又包含离散变量，这样的系统又称为采样系统。近年来，连续受控系统中数字控制器的广泛运用促进了对采样系统的研究，已有的线性采样系统理论显然不能满足处理非线性采样系统的需要，因此非线性采样系统的分析与设计已经成为国际控制论界持续的研究热点之一[73]。

数字化控制的广泛应用，必然会使传统的连续控制方法受到限制。若直接将连续控制器应用到计算机采样系统中，可能导致系统随采样周期的增加趋于不稳定。实际上，大多数复杂系统的反馈控制都是通过观察采样点上的系统行为来进行控制的[74, 75]。较为流行的设计方法是直接离散时间设计（discrete time design，DTD）方法，当利用计算机等一类离散控制装置来控制连续受控系统时，按照 DTD 方法，需要把连续时间系统转化为等价的离散时间系统。离散控制装置通常由数字计算机和模数转换器构成。

文献[76]研究了线性系统的鲁棒采样镇定问题，然而线性系统在反映非线性系统的整体性能方面并不令人满意。针对非线性系统的研究，将非线性系统线性化处理仍存在局限性[77]。文献[78]、[79]基于离散时间近似模型给出了理想的非线性系统采样镇定的结果。文献[80]采用 Lyapunov 函数方法将非线性时变脉冲系统的指数镇定问题推广到不确定采样系统。文献[81]通过构造 Lyapunov-Krasovskii 函数，利用线性矩阵不等式方法提出了一个新的采样输出反馈 H_∞ 无穷控制方法。文献[82]、[83]研究了离散晶闸管控制串联补偿器（thyristor controlled series compensator，TCSC）系统的控制问题。

除上述方法外，还有混沌控制、分岔控制、线性矩阵不等式方法等，以及基于人工神经网络和专家系统等的智能控制方法。由于电力系统非线性特性的复杂性，并含有很多未建模动态和不确定性，如模型参数的摄动或外部扰动等的影响，不可能有统一的、普遍适用的处理办法。上述这些非线性控制方法为处理非线性系统的稳定性控制问题提供了强有力的工具。

1.3.2 扰动抑制方法

随着电力工业突飞猛进的发展，并列运行在电力系统中的发电机台数越来越多，电力系统在运行中不断受到来自内部和外界的扰动，小的扰动如负荷扰动，大的扰动如输电线上电力元件发生短路故障、失去一台大发电机或负荷，或者失去两个子系统间的联络线等。在扰动后，扰动对控制系统的影响是十分明显的，系统内各同步发电机的机械输入转矩和电磁转矩将失去平衡。如何采取更有效的控制方法保证系统在受到大扰动影响时，各发电机组均能继续保持同步稳定运行，最后回到原来的运行方式或达到一个新的稳定状态值，是电力系统较为重要的研究课题之一。

1. 耗散系统理论

基于耗散系统理论设计非线性鲁棒控制器，能够达到比较理想的扰动抑制效果。20 世纪 70 年代，Willems[84]引入了动态系统的耗散概念，控制界对此理论相当关注。耗散系统理论提出了一种控制系统设计与分析的思想，其本质是从能量的角度研究系统的性质，即构造一个非负的能量函数，使得系统的能量损耗总是小于能量的供给。基于耗散系统理论的电力系统鲁棒非线性控制方法主要包括无源化方法和非线性 L_2 增益法。无源化方法的基本思想是，针对非线性系统构造正定的存储函数，该函数是保证系统无源性的能量函数，通过无源化得到反馈镇定控制律。一种常用的供给率是由输入到输出之差给出的，如果系统对这类供给率是耗散的，那么该系统由输入到输出就满足 L_2 增益约束条件。非线性系统的 H_∞ 控制思想就是以减小闭环系统的 L_2 增益为设计目标，而这类设计问题往往需要求解 HJI（Hamilton-Jacobi-Issacs）不等式，但目前尚无有效的解析求解方法[85, 86]。为避免求解 HJI 不等式，可以基于耗散系统理论对电力系统采用 Backstepping 方法，通过构造存储函数设计非线性鲁棒控制器。

2. Minimax 控制方法

对于工程系统中存在的外部扰动，一般有三种处理途径：第一，人为地假设一个扰动上界，或者某种表现形式（某一表达式）；第二，在能量函数中将与扰动相关的项通过放缩处理掉；第三，利用神经网络等智能方法设计扰动估计器。上述三种处理途径都存在一定的弊端，如人为假设不合理、放缩处理增加了保守性、扰动估计器的设计过程较为烦琐，以及某些智能方法本身仍值得进一步研究和探讨，这些智能方法只能作为原有控制律的辅助手段，而不能取代原有控制律。

20 世纪 70 年代，苏联学者 Kogan[87]将 Minimax 理论引入控制系统的扰动处理中，有效地解决了大扰动抑制和突发性不确定问题，它是集鲁棒控制、保守性能控制和最优控制于一体的综合控制方法。Minimax 控制方法的特色主要是，在进行具体的控制器设计之前，先通过构造检验函数推算出系统所能承受的最大临界扰动程度，这种临界扰动程度依赖状态和系统输入的变化，而不是简单估计扰动的上界或者进行约束性放缩，可有效降低保守性。与传统的鲁棒控制方法相比，它不仅充分考虑扰动和不确定性因素的影响程度，对于不确定性因素和突发性的大扰动更具优势，同时可以保证控制能量消耗尽可能小。针对具有一般结构的几类非线性不确定系统设计鲁棒 Minimax 控制器，能够有效地抑制外部扰动和不确定性因素对系统输出的影响，同时降低了常规方法简单估计上界或进行不等式放缩引起的保守性[88]。21 世纪初 Minimax 控制方法在电力系统稳定控制中有所应用，文献[89]基于反馈线性化方法，应用 Minimax 理论对并联电容器的大扰动抑制问题进行了较为深入的研究。文献[90]应用 Minimax 输出反馈控制方法研究了电网系统的鲁棒镇定问题。

上述方法多是将 Minimax 控制方法应用于线性化处理的模型，将其与 Backstepping 方法结合，一方面能够完整保留非线性特性，另一方面 Minimax 控制方法可以解决在扰动项的处理上不对其上界做简单估计或者进行保守性放缩的问题，且 Backstepping 方法的设计过程系统、简明，易为工程人员所接受。

这些先进的控制技术不仅给控制装置提供动作信号，而且为系统运行人员提供信息。控制系统收集的大量数据不仅对自身有用，对系统运行人员也有很大的应用价值，而且这些数据能够辅助系统运行人员进行决策。

2　发电机汽门开度系统的控制器设计

火力发电机组转速的调整是由汽轮机的调速系统实现的。当系统的负荷变化引起频率改变时，发电机组的调速系统开始工作，改变汽轮机的进汽量，进而调节发电机的输入功率满足负荷需求。性能优越的汽门控制系统可以有效地改善电力系统运行的稳定性与动态品质，在提高电力系统暂态稳定性方面，其作用甚至大于励磁系统。大容量汽轮机发电机组普遍采用具有中间再热器的汽轮机，结构模型图如图 2.1 所示[8]。

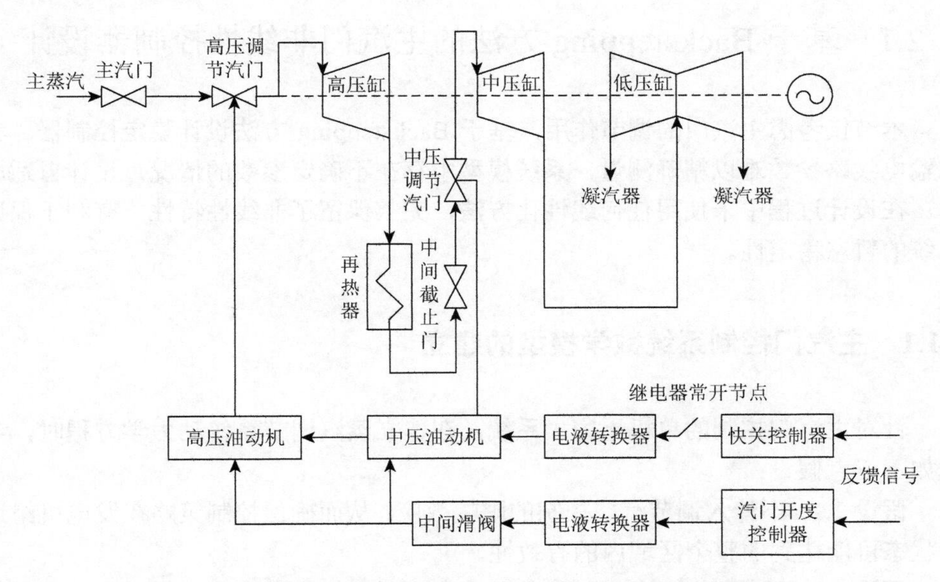

图 2.1　中间再热式汽轮机发电机组蒸汽调节系统结构模型图

来自锅炉的高温高压蒸汽经过主汽门和高压调节汽门，首先进入高压缸做功，然后经过再热器加热后通过中压调节汽门进入中压缸，在中压缸做功后再经过低压缸，最后进入凝汽器，再循环至锅炉重新加热。汽门控制系统的设备较多，工作过程较为复杂，所建模型基于一些假设条件推导得到，存在不精确设计、所用控制对象参数的误差或控制器量测部件的误差等，将对系统形成广义的扰动。当系统内有重要负荷的切入或切出，或者系统突然遭受外界大的扰动时，会对暂态稳定性产生严重影响。近年来，许多先进的控制方法被应用到发电机组汽门开度控制器的设计中。文献[27]、[91]在汽门非线性控制器的设计研究上做了开创性的工作，同时文献[9]在对电力系统的非线性模型进行反馈线性化的基础上，应用微分几何法设计了汽门非线性控制器。但反馈线性化方法对参数和模型的不确定性不具有鲁棒性。虽然将该方法与鲁棒控制方法结合可以解决参数不确定性问题[92]，但不确定参数的边界要求已知，因此最终设计的控制器将无法大幅度改善电力系统的暂态稳定性。因此，为了提高其可靠性，设计一个具有强鲁棒性的汽门非线性控制器是至关重要的。

本章以 Backstepping 方法为基础，2.1 节仅考虑模型参数不确定的情况，为主汽门调节系统设计非线性自适应控制器；2.2 节重点考虑外界未知扰动的影响，结合 Minimax 方法，设计主汽门非线性扰动抑制控制器；2.3 节考虑中低压缸的汽门调节作用，设计汽轮机发电机组的全程大扰动抑制控制器。

2.1 基于 Backstepping 方法的主汽门非线性控制器设计

本节仅考虑主汽门的调节作用，基于 Backstepping 方法设计稳定控制器。考虑输电线路参数难以精确测量，系统模型中存在不确定参数的情况，设计自适应律。在设计过程中未使用任何线性化方法，完整保留了非线性特性，有利于保证系统的暂态稳定性。

2.1.1 主汽门控制系统数学模型的建立

针对主汽门控制的单机无穷大系统，在建立蒸汽调节系统动力学方程时，考虑如下三点假设：

假设 2.1：不计入调节汽门控制的限幅效应，从而确保控制策略在发电机组运行状态可能达到的整个区域内的有效性。

假设 2.2：再热器输出恒定。这是因为电力系统机电过渡过程的时间一般远远小于再热器的时间常数，所以可以忽略再热器压力变化对中低压缸输出功率的影响，认为其输出恒定。

假设 2.3：中低压缸输出功率为常值。因为在发电机组正常运行时，继电器不闭合，中压调节汽门不受控，这时中低压缸输出的功率在动态过程中保持不变，即不考虑“快关汽门”的作用。

系统的数学模型如下：

$$\begin{cases} \dot{\delta} = \omega - \omega_0 \\ \dot{\omega} = \dfrac{\omega_0}{H}(P_{\mathrm{H}} + C_{\mathrm{ML}}P_{\mathrm{m0}} - P_{\mathrm{e}} - P_{\mathrm{D}}) \\ \dot{P}_{\mathrm{H}} = -\dfrac{1}{T_{\mathrm{H\Sigma}}}P_{\mathrm{H}} + \dfrac{C_{\mathrm{H}}}{T_{\mathrm{H\Sigma}}}P_{\mathrm{m0}} - \dfrac{C_{\mathrm{H}}}{T_{\mathrm{H\Sigma}}}u \end{cases} \tag{2.1}$$

其中，δ 为发电机转子运行角，又称功角；ω 为发电机转子角速度；P_{m} 为原动机输出的功率；P_{m0} 为原动机输出功率初始值；P_{H} 为高压缸的输出功率，初始值 $P_{\mathrm{H0}} = C_{\mathrm{H}}P_{\mathrm{m0}}$；$C_{\mathrm{H}}$ 为高压缸功率分配系数，约为 0.3；P_{ML} 为中低压缸的输出功率，初始值 $P_{\mathrm{ML0}} = C_{\mathrm{ML}}P_{\mathrm{m0}}$，$C_{\mathrm{ML}}$ 为中低压缸功率分配系数，约为 0.7；P_{e} 为发电机的电磁功率；P_{D} 为发电机阻尼功率；H 为发电机转子的转动惯量；$T_{\mathrm{H\Sigma}}$ 为高压缸调节汽门控制系统等效时间常数，约为 0.4；u 为主汽门控制信号，为控制变量。同时，有

$$P_{\mathrm{e}} = \frac{E'_q V_{\mathrm{s}}}{X'_{d\Sigma}}\sin\delta$$

$$P_{\mathrm{D}} = \frac{D}{\omega_0}(\omega - \omega_0)$$

其中，D 为发电机阻尼系数；E'_q 为发电机 q 轴暂态电势；V_{s} 为无限大总线电压；$X'_{d\Sigma}$ 为系统 d 轴的等值电抗。以下将考虑参数 $X'_{d\Sigma}$ 未知情况下的控制器设计问题。

令 $x_1 = \delta - \delta_0$，$x_2 = \omega - \omega_0$，$x_3 = P_{\mathrm{H}} - C_{\mathrm{H}}P_{\mathrm{m0}}$（其中，$\delta_0$、$\omega_0$、$P_{\mathrm{m0}}$ 分别表示对应变量的初始值），则系统式（2.1）可转化为

$$\begin{cases} \dot{x}_1 = x_2 \\ \dot{x}_2 = -\dfrac{D}{H}x_2 + \dfrac{\omega_0}{H}\left[x_3 + P_{\mathrm{m0}} - \dfrac{E'_q V_{\mathrm{s}}}{X'_{d\Sigma}}\sin(x_1 + \delta_0)\right] \\ \dot{x}_3 = -\dfrac{1}{T_{\mathrm{H\Sigma}}}x_3 - \dfrac{C_{\mathrm{H}}}{T_{\mathrm{H\Sigma}}}u \end{cases} \tag{2.2}$$

令 $k_1 = -\dfrac{D}{H}$，$k_2 = \dfrac{\omega_0}{H}$，$a_0 = P_{\mathrm{m0}}$，$T = -\dfrac{1}{T_{\mathrm{H\Sigma}}}$，$C = -\dfrac{C_{\mathrm{H}}}{T_{\mathrm{H\Sigma}}}$ 为已知常数，若参数 $X'_{d\Sigma}$ 未知，$\theta = -\dfrac{\omega_0 E'_q V_{\mathrm{s}}}{HX'_{d\Sigma}}$ 也为未知参数，则系统式（2.2）可转化为

$$\begin{cases} \dot{x}_1 = x_2 & (2.3) \\ \dot{x}_2 = k_1 x_2 + k_2(x_3 + a_0) + \theta\sin(x_1 + \delta_0) & (2.4) \\ \dot{x}_3 = Tx_3 + Cu & (2.5) \end{cases}$$

2.1.2 基于 Backstepping 方法的主汽门非线性自适应控制器设计

本小节以 Backstepping 方法为基础，针对含有未知参数的主汽门调节系统设计非线性反馈控制器，设计步骤如下。

第 1 步：考虑式（2.3），定义误差量 $e_1 = x_1$，从而得

$$\dot{e}_1 = x_2 \tag{2.6}$$

将 x_2 看作控制变量，并定义 x_2^* 为式（2.6）的虚拟控制律，令 $e_2 = x_2 - x_2^*$ 表示系统状态 x_2 与虚拟控制律 x_2^* 之间的误差变量。根据式（2.6）可得

$$\dot{e}_1 = e_2 + x_2^* \tag{2.7}$$

本步的目的在于通过设计虚拟控制律 x_2^* 令 $e_1 \to 0$。选取如下 Lyapunov 函数：

$$V_1 = \frac{\sigma}{2} e_1^2 \tag{2.8}$$

其中，$\sigma > 0$ 是待定参数。V_1 沿系统式（2.8）的解轨迹对时间 t 的导数为

$$\dot{V}_1 = \sigma e_1 (e_2 + x_2^*) \tag{2.9}$$

选择合适的虚拟控制律 x_2^*，从而镇定第一个子系统：

$$x_2^* = -c_1 x_1 \tag{2.10}$$

其中，$c_1 > 0$ 是待定参数。由式（2.9）和式（2.10）可得

$$\dot{V}_1 = -\sigma c_1 e_1^2 + \sigma e_1 e_2 \tag{2.11}$$

如果 $e_2 = 0$，则能够保证 $\dot{V}_1 = -\sigma c_1 e_1^2 \leqslant 0$，从而 $e_1 \to 0$。但是，在一般情况下 $e_2 \neq 0$，因此在下一步中将引入新的虚拟控制使得误差变量 e_2 具有期望的渐近性。

第 2 步：结合式（2.10），得到误差变量 e_2 的动态方程为

$$\begin{aligned} \dot{e}_2 &= \dot{x}_2 - \dot{x}_2^* \\ &= k_1 x_2 + k_2 (x_3 + a_0) + \theta \sin(x_1 + \delta_0) + c_1 x_2 \end{aligned} \tag{2.12}$$

状态变量 x_3 出现在本步中，定义 x_3^* 为虚拟控制律，进一步定义误差变量 $e_3 = x_3 - x_3^*$。同时，对式（2.7）进行增广，构造前两阶子系统的 Lyapunov 函数为

$$V_2 = \frac{\sigma}{2} e_1^2 + \frac{1}{2} e_2^2 \tag{2.13}$$

进而得到能量函数 V_2 对时间 t 的导数为

$$\begin{aligned}\dot{V}_2 &= -\sigma c_1 e_1^2 + \sigma e_1 e_2 + e_2 \dot{e}_2 \\ &= -\sigma c_1 e_1^2 + \sigma e_1 e_2 + e_2 \big[k_1 x_2 + k_2 (e_3 + x_3^* + a_0) \\ &\quad + \theta \sin(x_1 + \delta_0) + c_1 x_2 \big]\end{aligned} \tag{2.14}$$

选择合适的虚拟控制律 x_3^* 可以消除 e_1、x_1 和 x_2 的相关项，但包含 e_3 的项将被保留：

$$x_3^* = -\frac{1}{k_2}\big[\sigma e_1 + k_1 x_2 + \hat{\theta}\sin(x_1+\delta_0) + c_1 x_2 + k_2 a_0\big] - \frac{c_2}{k_2} e_2 \tag{2.15}$$

其中，$c_2 > 0$ 是待定参数；$\hat{\theta}$ 表示 θ 的估计值，定义估计误差 $\tilde{\theta} = \theta - \hat{\theta}$。从而有

$$\dot{V}_2 = -\sigma c_1 e_1^2 - c_2 e_2^2 + k_2 e_2 e_3 + e_2 \tilde{\theta} \sin(x_1 + \delta_0) \tag{2.16}$$

显然，若 $e_3 = 0$，$\tilde{\theta} = 0$，则有 $\dot{V}_2 = -\sigma c_1 e_1^2 - c_2 e_2^2 \leqslant 0$，进而保证 $e_1 \to 0$，$e_2 \to 0$。

第 3 步：处理系统的最后一个方程式（2.5），推导误差变量 e_3 的动态方程为

$$\begin{aligned}\dot{e}_3 &= \dot{x}_3 - \dot{x}_3^* \\ &= Tx_3 + Cu - \Big\{ -\frac{1}{k_2}\Big[\sigma x_2 + \dot{\hat{\theta}}\sin(x_1+\delta_0) + \hat{\theta}\cos(x_1+\delta_0)x_2 \\ &\quad + c_1 c_2 x_2 + l_1 \dot{x}_2\Big]\Big\} \\ &= Tx_3 + Cu - \Big(-\frac{1}{k_2}\Big\{\sigma x_2 + \dot{\hat{\theta}}\sin(x_1+\delta_0) + \hat{\theta}\cos(x_1+\delta_0)x_2 \\ &\quad + c_1 c_2 x_2 + l_1[k_1 x_2 + k_2(x_3 + a_0) + \theta\sin(x_1 + \delta_0)]\Big\}\Big)\end{aligned} \tag{2.17}$$

其中，$l_1 = c_1 + c_2 + k_1$。式（2.15）中出现了实际控制器 u，考虑未知参数 θ，并选择 Lyapunov 函数为

$$V_3 = \frac{\sigma}{2}e_1^2 + \frac{1}{2}e_2^2 + \frac{1}{2}e_3^2 + \frac{1}{2\rho}\tilde{\theta}^2 \tag{2.18}$$

V_3 对时间的导数为

$$\begin{aligned}\dot{V}_3 &= -\sigma c_1 e_1^2 - c_2 e_2^2 + k_2 e_2 e_3 + e_2 \tilde{\theta}\sin(x_1+\delta_0) + e_3 \dot{e}_3 + \frac{1}{\rho}\tilde{\theta}\dot{\tilde{\theta}} \\ &= -\sigma c_1 e_1^2 - c_2 e_2^2 + e_3\Bigg[k_2 e_2 + Tx_3 + Cu - \Bigg(-\frac{1}{k_2}\{\sigma x_2 + \dot{\hat{\theta}}\sin(x_1+\delta_0) \\ &\quad + \hat{\theta}\cos(x_1+\delta_0)x_2 + c_1 c_2 x_2 + l_1[k_1 x_2 + k_2(x_3 + a_0) + \tilde{\theta}\sin(x_1+\delta_0) \\ &\quad + \hat{\theta}\sin(x_1+\delta_0)]\}\Bigg)\Bigg] + e_2\tilde{\theta}\sin(x_1+\delta_0) + \frac{1}{\rho}\tilde{\theta}\dot{\tilde{\theta}}\end{aligned} \tag{2.19}$$

设计实际控制输入为

$$u=-\frac{1}{C}\left(\frac{1}{k_2}\left\{\sigma x_2+\dot{\hat{\theta}}\sin(x_1+\delta_0)+\hat{\theta}\cos(x_1+\delta_0)x_2\right.\right.$$
$$\left.+c_1c_2x_2+l_1[k_1x_2+k_2(x_3+a_0)+\hat{\theta}\sin(x_1+\delta_0)]\right\}$$
$$\left.+k_2e_2+Tx_3+c_3e_3\right) \tag{2.20}$$

因为$\dot{\tilde{\theta}}=-\dot{\hat{\theta}}$，设计自适应律为

$$\dot{\hat{\theta}}=\rho\left[e_2\sin(x_1+\delta_0)+\frac{l_1}{k_2}e_3\sin(x_1+\delta_0)\right] \tag{2.21}$$

综上可得

$$\dot{V}_3=-\sigma c_1e_1^2-c_2e_2^2-c_3e_3^2\leqslant 0 \tag{2.22}$$

在自适应控制律式（2.20）和式（2.21）作用下，闭环误差系统

$$\begin{cases}\dot{e}_1=-c_1e_1+e_2\\ \dot{e}_2=-\sigma e_1-c_2e_2+k_2e_3+\tilde{\theta}\sin(e_1+\delta_0)\\ \dot{e}_3=-k_2e_2-c_3e_3+\dfrac{l_1}{k_2}\tilde{\theta}\sin(e_1+\delta_0)\end{cases} \tag{2.23}$$

渐近稳定。由式（2.22）可得$\dot{V}_3\leqslant 0$，即$V_3(t)\leqslant V_3(0)$，因此e_1、e_2、e_3、x_1、x_2、x_3均有界。并且当$t\to\infty$时，$e_1\to 0$、$e_2\to 0$、$e_3\to 0$、$x_1\to 0$、$x_2\to 0$、$x_3\to 0$。

注 2.1：本小节采用 Backstepping 方法设计反馈控制器，在设计过程中没有对主汽门控制系统的非线性模型进行任何线性化处理，完整地保留了系统的非线性特性。

2.1.3　仿真分析

当电力系统遭受外部扰动或发生比较严重的故障后，系统将进入一个动态调整的过程，当扰动消失或故障切除后，系统可能会恢复到原来的平衡点继续运行，也可能会过渡到一个新的平衡点，这取决于系统发生的扰动（故障）的类型，即是瞬时扰动还是永久性扰动。系统遭受大的扰动后可能稳定，也可能失去稳定，最终导致系统崩溃。当系统遭受不同类型或大或小的扰动时，控制器应能起到快速镇定系统、调整系统状态，使系统很快恢复正常工作的作用。本小节将利用 MATLAB/Simulink 软件，在功率存在扰动和传输线路发生对地短路故障的情况下，针对单机无穷大系统进行仿真研究。主汽门控制系统的物理参数选取如表 2.1 所示。

表 2.1 主汽门控制系统的物理参数选取（标幺值）

参数	取值	参数	取值	参数	取值
ω_0	1	$T_{\mathrm{H}\Sigma}$	0.2	V_{s}	1
E'_q	1.05	C_{ML}	0.7	H	7
C_{H}	0.3	D	0.1	X_{T}	0.15
X_{L}	0.2	P_{m0}	0.9		
δ_0	0.557	X'_d	0.3		

控制器的参数选择如下：$\sigma=1$，$c_1=2$，$c_2=2$，$c_3=2$，$\rho=1$。

1. 负荷功率扰动

考虑电力系统中有大负荷的突然变化，引起电磁功率发生 $P_{\mathrm{e}}=P_{\mathrm{e}}+\Delta P_{\mathrm{e}}$ 变化，系统将发生较大的状态偏移和振荡。假设在4s时系统出现功率缺额，即 $P_{\mathrm{e}}=P_{\mathrm{e}}+\Delta P_{\mathrm{e}}$，5s 时又恢复功率平衡，则功率变化的动态过程如下：

$$\Delta=\begin{cases}0, & 0\leqslant t<4\mathrm{s}\\ 0.2, & 4\mathrm{s}\leqslant t\leqslant 5\mathrm{s}\\ 0, & 5\mathrm{s}<t\end{cases}$$

在任意非零初始条件下，对系统施加设计逆推控制器，仿真得到闭环系统的动态响应曲线如图 2.2 所示。

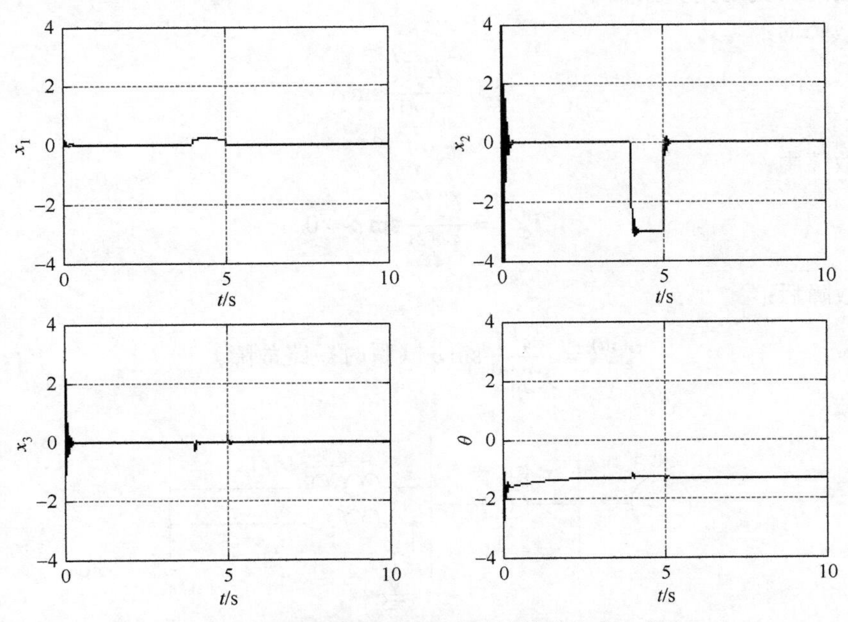

图 2.2 功率出现缺额时闭环系统的动态响应曲线

由图 2.2 中系统状态 x_1、x_2、x_3 和自适应律 θ 的动态过程可以看出，在第 4s 时，系统的三个状态都出现了扰动，经过大约 1.2s 后，系统各状态又重新恢复初始稳定状态值。这是因为系统遭受的是可恢复的功率扰动，在扰动消除后，系统结构并未发生变化，所以新的稳定状态值也是初始的稳定状态值。

2. 输电线路短路故障

考虑图 2.3 所示单机无穷大系统的输电线路发生对地短路故障的情况，在故障前、故障中和故障后的发电机 q 轴暂态电势 E_q' 与无穷大母线电压 V_s 之间的等值电抗如下。

故障前：

$$X_{d\Sigma}'^{(1)} = X_d' + X_\mathrm{T} + X_\mathrm{L} = X_d' + X_\mathrm{T} + \frac{X_\mathrm{L1}X_\mathrm{L2}}{X_\mathrm{L1}+X_\mathrm{L2}}$$

故障中：

$$X_{d\Sigma}'^{(2)} = \infty$$

故障后：

$$X_{d\Sigma}'^{(3a)} = X_d' + X_\mathrm{T} + \frac{X_\mathrm{L1}X_\mathrm{L2}}{X_\mathrm{L1}+X_\mathrm{L2}} \quad（瞬时短路故障）$$

$$X_{d\Sigma}'^{(3b)} = X_d' + X_\mathrm{T} + X_\mathrm{L1} \quad（永久短路故障）$$

由此得到功角关系如下。

故障前：

$$P_\mathrm{e}^{(1)} = \frac{E_q'V_\mathrm{s}}{X_{d\Sigma}'^{(1)}}\sin\delta$$

故障中：

$$P_\mathrm{e}^{(2)} = \frac{E_q'V_\mathrm{s}}{X_{d\Sigma}'^{(2)}}\sin\delta = 0$$

故障后：

$$P_\mathrm{e}^{(3a)} = \frac{E_q'V_\mathrm{s}}{X_{d\Sigma}'^{(3a)}}\sin\delta \quad（瞬时短路故障）$$

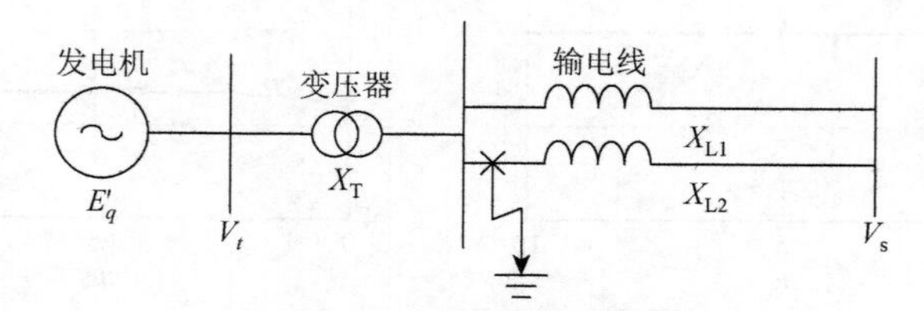

图 2.3 单机无穷大系统短路故障图

$$P_{\mathrm{e}}^{(3b)}=\frac{E_q'V_{\mathrm{s}}}{X_{d\Sigma}'^{(3b)}}\sin\delta \text{（永久短路故障）}$$

首先考虑瞬时短路故障，故障发生前系统处于稳定运行状态，在 4s 时故障发生在一条输电线路上，0.5s 后故障消失，系统恢复正常结构。在这种扰动状况下，输电线路阻抗 X_{L} 的变化如下：

$$X_{\mathrm{L}}=\begin{cases}0.2, & 0\leqslant t<4\mathrm{s}\\ \infty, & 4\mathrm{s}\leqslant t\leqslant 4.5\mathrm{s}\\ 0.2, & 4.5\mathrm{s}<t\end{cases}$$

瞬时短路故障时闭环系统的动态响应曲线如图 2.4 所示。

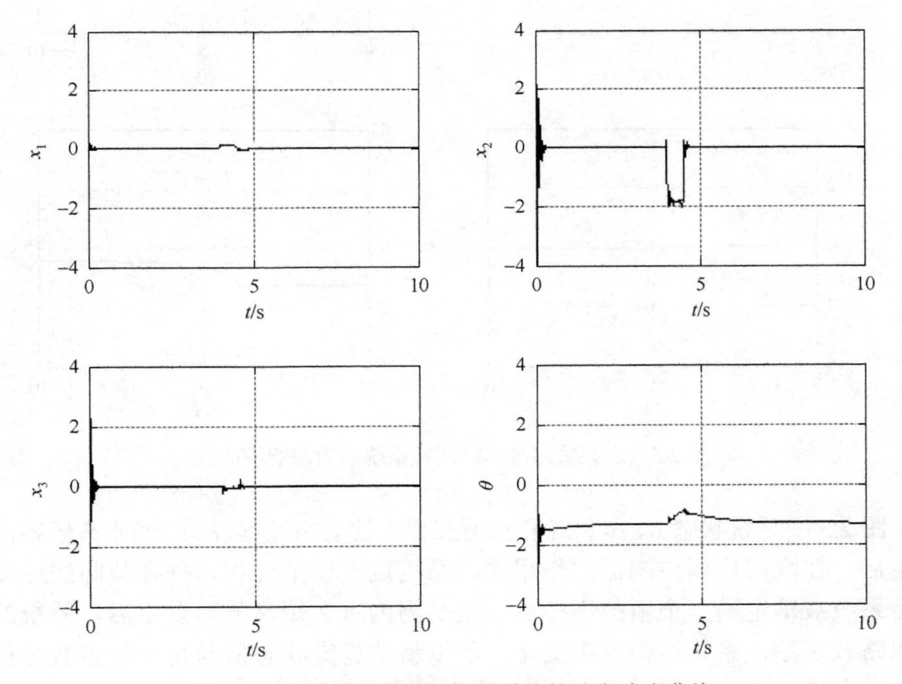

图 2.4　瞬时短路故障时闭环系统的动态响应曲线

从图 2.4 中系统状态 x_1、x_2、x_3 和自适应律 θ 的动态过程可以看出，当输电线路发生的短路故障消失后，系统的状态重新回到平衡点。在控制器的作用下，系统状态在接近 5s 时即收敛到平衡点。

再考虑永久短路故障的状况。在 5s 时一条输电线路上发生短路，5.5s 时发生短路故障的输电线路被切除，这时整个输电系统的阻抗发生了变化，变化过程如下：

$$X_{\mathrm{L}}=\begin{cases}0.2, & 0\leqslant t<5\mathrm{s}\\ \infty, & 5\mathrm{s}\leqslant t\leqslant 5.5\mathrm{s}\\ 0.4, & 5.5\mathrm{s}<t\end{cases}$$

永久短路故障时闭环系统的动态响应曲线如图 2.5 所示。

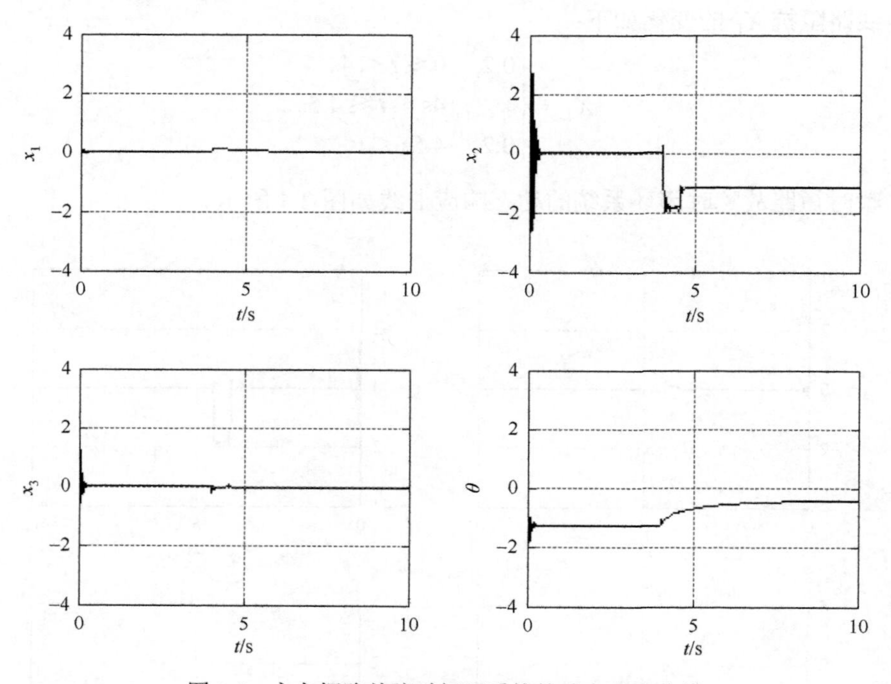

图 2.5　永久短路故障时闭环系统的动态响应曲线

图 2.5 中系统状态 x_1、x_2、x_3 和自适应律 θ 的动态过程说明，当永久短路故障发生后，在汽门协调控制器的作用下，系统进入调节过程，并在故障线路被切除后系统被镇定到一个新的平衡点。这是因为永久短路故障发生后，系统的故障线路被切除，系统结构发生变化，所以新的稳定状态值与初始稳定状态值不是同一个值。

2.2　基于 Minimax 方法的主汽门非线性扰动抑制控制器设计

为了保证供电的可靠性，一个大规模的电力系统应具备承受多种严重扰动的能力，通常情况下，考虑原动机功率扰动和输电线路短路故障两种形式的扰动。尽管针对汽门系统的扰动抑制问题的研究已经取得许多成果，但是常规方法往往对未知的外部扰动人为地假设一个上界[93]，因为很难精确测量扰动值，所以假设的上界有时是不合理的。文献[94]考虑了未知扰动对电力系统的影响，在能量函数中将与扰动相关的项进行了放缩，这样处理会使假设条件强化，同时增加了保守性。另外，基于模糊规则、神经网络等方法设计扰动观测器[95]，采用扰动动态补偿技术[96]等途径均能够有效地抑制外界未知扰动，然而这些方法相对复杂，增加了控制器设计的难度与复杂度。Minimax 方法通过构造检验函数推算出系统所能承受的最大临界扰动程度，为抑制突发性的大扰动提供了有效途径。

本节在 Backstepping 方法中嵌入 Minimax 扰动抑制算法，研究具有未知外部扰动的主汽门控制系统的 Minimax 扰动抑制算法的设计问题。在系统式（2.3）～式（2.5）的基础上，考虑扰动 $\varepsilon=[\varepsilon_1 \quad \varepsilon_2]^{\mathrm{T}}$，其中，$\varepsilon_1$ 和 ε_2 是属于 L_2 空间的函数，分别表示发电机转子和高压缸输出功率上受到的外部未知扰动。则被控对象的动态方程可变换为

$$\dot{x}_1 = x_2 \tag{2.24}$$

$$\dot{x}_2 = k_1x_2 + k_2(x_3 + a_0) + \theta\sin(x_1 + \delta_0) + \varepsilon_1 \tag{2.25}$$

$$\dot{x}_3 = Tx_3 + Cu + \varepsilon_2 \tag{2.26}$$

$$z = \begin{bmatrix} q_1x_1 \\ q_2x_2 \end{bmatrix} \tag{2.27}$$

其中，$z=[q_1x_1 \quad q_2x_2]^{\mathrm{T}}$ 为定义的调节输出；$q_1,q_2 > 0$ 为非负权重系数，它们分别表示 x_1 和 x_2 之间的加权比重，且 $q_1+q_2=1$；第一项 q_1x_1 是为了保持系统的功角稳定；第二项 q_2x_2 是为了保持频率稳定。

2.2.1 控制目标

暂态稳定是指电力系统遭受严重暂态扰动时，各同步电机保持同步运行的能力。当系统受到大的扰动时，系统的状态将会偏离原平衡点，这时可能会造成系统失稳，即使经过一段时间系统恢复到平衡点附近，但系统的动态响应性能不好，对系统的正常运行造成一定的不良影响。因此，本小节在 Backstepping 方法的基础上，切入 Minimax 扰动抑制算法，达到快速镇定系统的目的。设计过程满足如下两条原则：

（1）当扰动 $\varepsilon=0$ 时，闭环系统是渐近稳定的；

（2）当扰动 $\varepsilon\neq 0$ 时，设计过程可以转化为通过构造存储函数 $V(x)$，找到合适的状态反馈 $u(t)$，使得系统式（2.3）～式（2.5）对于供给率 $S=\gamma^2\|\varepsilon\|^2-\|z\|^2$ 具有耗散性，即使如下耗散不等式

$$V[x(t)]-V[x(0)] \leqslant \int_0^T \left(\gamma^2\|\varepsilon\|^2-\|z\|^2\right)\mathrm{d}t \tag{2.28}$$

对任意 $T>0$ 成立。此时系统的 L_2 增益小于等于 γ，其中 $\gamma>0$ 为扰动抑制常数。

2.2.2　非线性扰动抑制控制器设计

应用逆推方法设计非线性主汽门控制器和自适应律的具体步骤如下。

第 1 步：对于式(2.24)将 x_2 看作虚拟控制，取镇定函数 $x_2^* = -c_1 x_1$，其中 $c_1 > 0$，为设计常数。令 $e_1 = x_1$，$e_2 = x_2 - x_2^*$，则式（2.24）可表示为

$$\dot{e}_1 = e_2 - c_1 x_1 \tag{2.29}$$

取第一个 Lyapunov 函数

$$V_1 = \frac{1}{2}\sigma e_1^2 \tag{2.30}$$

其中，$\sigma > 0$，为设计常数。则有

$$\dot{V}_1 = \sigma e_1 \dot{e}_2 = -\sigma c_1 e_1^2 + \sigma e_1 e_2 \tag{2.31}$$

第 2 步：对于式（2.30）进行增广，从而形成新的 Lyapunov 函数为

$$V_2 = V_1 + \frac{1}{2} e_2^2 \tag{2.32}$$

进而得到能量函数 V_2 对时间 t 的导数为

$$\begin{aligned}\dot{V}_2 &= \dot{V}_1 + e_2 \dot{e}_2 \\ &= -\sigma c_1 e_1^2 + \sigma e_1 e_2 + e_2 \dot{e}_2 \\ &= -\sigma c_1 e_1^2 + \sigma e_1 e_2 + e_2 \left[k_1 x_2 + k_2 (x_3 + a_0) + \theta \sin(x_1 + \delta_0) + \varepsilon_1 + c_1 x_2\right]\end{aligned} \tag{2.33}$$

式（2.33）中出现了未知扰动项 ε_1，一般的扰动处理方法有两种：一是人为地假设扰动上界，然而扰动通常难以精确测量，往往是不确定的，这种假设可能不符合实际物理意义；二是在控制器设计过程中，将能量函数中与扰动相关的项放缩掉，这样会导致假设条件强化。为了避免上述方法的局限性和保守性，在控制器设计之前先根据 Minimax 方法处理扰动项，即推算扰动对系统的最大影响程度。

考虑性能指标函数

$$J_1 = \int_0^\infty \left(\|z\|^2 - \gamma^2 \|\varepsilon_1\|^2\right) \mathrm{d}t \tag{2.34}$$

对于每个子系统，希望性能指标越小越好。如果存在一个扰动使得 J_1 最大，那么这个扰动对系统性能的破坏程度是最大的。采用 Minimax 方法处理扰动项的意义即在扰动和不确定性尽可能大的条件下设计反馈控制，保证闭环系统的稳定性，进而确保系统对于大扰动的不敏感性。为了推算最大扰动，构造如下检验函数：

$$\psi_1 = \dot{V}_2 + \frac{1}{2}\left(\|z\|^2 - \gamma^2 \|\varepsilon_1\|^2\right) \tag{2.35}$$

将式（2.33）代入式（2.35）得

$$\psi_1 = -\sigma c_1 e_1^2 + \sigma e_1 e_2 + e_2[k_1 x_2 + k_2(x_3 + a_0) + \theta \sin(x_1 + \delta_0) + \varepsilon_1 + c_1 x_2] + \frac{1}{2}\left(q_1^2 x_1^2 + q_2^2 x_2^2 - \gamma^2 \varepsilon_1^2\right) \tag{2.36}$$

利用极值原理，对ψ_1关于ε_1求导，并令一阶导数等于 0，进而得

$$\varepsilon_1^* = \frac{1}{\gamma^2} e_2 \tag{2.37}$$

继续求二阶导数得

$$\frac{\partial^2 \psi_1}{\partial \varepsilon_1^2} = -\gamma^2 < 0 \tag{2.38}$$

由此可知ψ_1关于ε_1有极大值，即

$$\max(\psi_1) = \max\left[\dot{V}_2 + \frac{1}{2}\left(\|z\|^2 - \gamma^2 \|\varepsilon_1\|^2\right)\right] \tag{2.39}$$

讨论 2.1：对式（2.39）两边同时取积分，有

$$\max \int_0^\infty \psi_1 \mathrm{d}t = \max\left[\int_0^\infty \dot{V}_2 \mathrm{d}t + \frac{1}{2}\int_0^\infty \left(\|z\|^2 - \gamma^2 \|\varepsilon_1\|^2\right)\mathrm{d}t\right]$$

令 $\overline{\psi}_1 = \int_0^\infty H_1 \mathrm{d}t$，则有

$$\max(\overline{\psi}_1) = \max\left\{[V_2(\infty) - V_2(0)] + \frac{J_1}{2}\right\} = \max(\Delta V_2) + \max\left(\frac{J_1}{2}\right)$$

进而，有

$$\max\left(\frac{J_1}{2}\right) = \max(\overline{\psi}_1) - \max(\Delta V_2) \leqslant \max(\overline{\psi}_1) - \min(\Delta V_2)$$

如果扰动ε_1对系统的影响足够大，使得V_2不衰减，即$\Delta V_2 \geqslant 0$，此时$\min(\Delta V_2) = 0$，从而可知$\max\left(\frac{J_1}{2}\right)$等价于$\max(\psi_1)$。这说明如果$\varepsilon_1^*$使得函数$\psi_1$取得最大值，则$\varepsilon_1^*$同样使得$J_1$取得最大值，进而说明$\varepsilon_1^*$确实是对系统影响程度最大的扰动。扰动程度依赖状态和系统输入的变化，而不是简单估计扰动的上界或者进行约束性放缩就可有效降低保守性。

至此，利用 Minimax 方法推算出系统所能承受的最大扰动程度，接下来将在此基础上采用 Backstepping 方法设计虚拟控制律，首先将最大扰动ε_1^*代入检验函数ψ_1，即式（2.36），得

$$\psi_1 = -\sigma c_1 e_1^2 + \sigma e_1 e_2 + e_2\left[k_1 x_2 + k_2(x_3 + a_0) + \theta\sin(x_1 + \delta_0) + \frac{e_2}{\gamma^2} + c_1 x_2\right]$$

$$+\frac{1}{2}\left(q_1^2 x_1^2 + q_2^2 x_2^2 - \frac{e_2^2}{\gamma^2}\right)$$

$$= -\left(\sigma c_1 - \frac{1}{2}q_1^2 - \frac{1}{2}q_2^2 c_1^2\right)e_1^2 + e_2\left[\sigma x_1 + k_1 x_2 + k_2(x_3 + a_0)\right.$$

$$\left.+\theta\sin(x_1 + \delta_0) + \frac{e_2}{\gamma^2} + c_1 x_2 + \frac{1}{2}q_2^2 e_2 - q_2^2 c_1 x_1 - \frac{e_2}{2\gamma^2}\right]$$

$$= -\overline{c}_1 e_1^2 + e_2\left[\sigma x_1 + k_1 x_2 + k_2(x_3 + a_0) + \theta\sin(x_1 + \delta_0)\right.$$

$$\left.+\frac{e_2}{\gamma^2} + c_1 x_2 + \frac{1}{2}q_2^2 e_2 - q_2^2 c_1 x_1 - \frac{e_2}{2\gamma^2}\right] \tag{2.40}$$

其中，$\overline{c}_1 = \sigma c_1 - \frac{1}{2}q_1^2 - \frac{1}{2}q_2^2 c_1^2$。

将 x_3 视为虚拟控制，定义 $e_3 = x_3 - x_3^*$，同时选取新的虚拟镇定函数为

$$x_3^* = -\frac{1}{k_2}\left[\sigma x_1 + k_1 x_2 + k_2 a_0 + \hat{\theta}\sin(x_1 + \delta_0)\right.$$

$$\left.+ c_1 x_2 - q_2^2 c_1 x_1 + l_1 e_2\right] \tag{2.41}$$

其中，$l_1 = \frac{1}{2}q_2^2 + \frac{1}{2\gamma^2} + c_2$，$c_2 > 0$ 为设计常数。进而，有

$$H_1 = -\overline{c}_1 e_1^2 - c_2 e_2^2 + e_2\tilde{\theta}\sin(\delta_0 + x_1) + k_2 e_2 e_3$$

其中，$\tilde{\theta} = \theta - \hat{\theta}$。$\hat{\theta}$ 为参数 θ 的估计值。

第 3 步：对 V_2 进行增广，形成新的 Lyapunov 函数为

$$V_3 = V_2 + \frac{1}{2}e_3^2 + \frac{1}{2\rho}\tilde{\theta}^2 \tag{2.42}$$

其中，$\rho > 0$ 为自适应增益系数。

定义性能指标为

$$J_2 = \int_0^\infty \left(\|z\|^2 - \gamma^2\|\varepsilon\|^2\right)\mathrm{d}t \tag{2.43}$$

构造检验函数为

$$\psi_2 = \dot{V}_3 + \frac{1}{2}\left(\|z\|^2 - \gamma^2\|\varepsilon\|^2\right) \tag{2.44}$$

因此，有

$$\psi_2 = -\bar{c}_1 e_1^2 - c_2 e_2^2 + e_2\tilde{\theta}\sin(\delta_0 + x_1) + k_2 e_2 e_3 + e_3\dot{e}_3 + \frac{1}{\rho}\tilde{\theta}\dot{\hat{\theta}} - \frac{1}{2\gamma^2}e_3$$

$$= -\bar{c}_1 e_1^2 - c_2 e_2^2 + e_2\tilde{\theta}\sin(\delta_0 + x_1) + e_3\Big(k_2 e_2 + Tx_3 + Cu + \varepsilon_2 + \frac{1}{k_2}\{\sigma x_2 + \dot{\hat{\theta}}\sin(\delta_0 + x_1) + \hat{\theta}\cos(\delta_0 + x_1)x_2 - q_2^2 c_1 x_2 + l_1 c_1 x_1 + l_2[k_1 x_2 + k_2 x_3 + k_2 a_0 + \theta\sin(\delta_0 + x_1)]\}\Big) + \frac{1}{\rho}\tilde{\theta}\dot{\hat{\theta}} - \frac{1}{2\gamma^2}e_3 \tag{2.45}$$

其中，$l_2 = k_1 + c_1 + l_1$。

对式（2.45）关于 ε_2 求导，并令一阶导数等于 0，得

$$\varepsilon_2^* = \frac{1}{\gamma^2}e_3 \tag{2.46}$$

求二阶导数 $\frac{\partial^2\psi_2}{\partial\varepsilon_2^2} = -\gamma^2 < 0$，故 ψ_2 关于 ε_2 有极大值，由讨论 2.1 可知，ε_2^* 即为使得性能指标 J_2 最大的扰动，将式（2.46）代入式（2.45）中，则有

$$\psi_2 = -\bar{c}_1 e_1^2 - c_2 e_2^2 + e_2\tilde{\theta}\sin(\delta_0 + x_1) + \frac{l_2}{k_2}\tilde{\theta}\sin(\delta_0 + x_1) + \frac{1}{\rho}\tilde{\theta}\dot{\hat{\theta}} + e_3\Big(k_2 e_2 + Tx_3 + Cu + \frac{1}{2\gamma^2}e_3 + \frac{1}{k_2}\{\sigma x_2 + \dot{\hat{\theta}}\sin(\delta_0 + x_1) + \hat{\theta}\cos(\delta_0 + x_1)x_2 - q_2^2 c_1 x_2 + l_1 c_1 x_1 + l_2[k_1 x_2 + k_2 x_3 + k_2 a_0 + \hat{\theta}\sin(\delta_0 + x_1)]\}\Big) \tag{2.47}$$

最终可选择反馈控制律

$$u = -\frac{1}{C}\Big(k_2 e_2 + Tx_3 + \frac{1}{2\gamma^2}e_3 + c_3 e_3 + \frac{1}{k_2}\{\sigma x_2 + \dot{\hat{\theta}}\sin(\delta_0 + x_1) + \hat{\theta}\cos(\delta_0 + x_1)x_2 - q_2^2 c_1 x_2 + l_1 c_1 x_1 + l_2[k_1 x_2 + k_2 x_3 + k_2 a_0 + \hat{\theta}\sin(\delta_0 + x_1)]\}\Big) \tag{2.48}$$

此时

$$\psi_2 = -\bar{c}_1 e_1^2 - c_2 e_2^2 - c_3 e_3^2 + e_2\tilde{\theta}\sin(\delta_0 + x_1) + \frac{l_2}{k_2}e_3\tilde{\theta}\sin(\delta_0 + x_1) + \frac{1}{\rho}\tilde{\theta}\dot{\hat{\theta}}$$

为了保证 $\psi_2 \leqslant 0$，令

$$e_2\tilde{\theta}\sin(\delta_0+x_1)+\frac{l_2}{k_2}e_3\tilde{\theta}\sin(\delta_0+x_1)+\frac{1}{\rho}\tilde{\theta}\dot{\tilde{\theta}}=0$$

选取参数替换律

$$\dot{\hat{\theta}}=-\dot{\tilde{\theta}}=\rho\left[e_2\sin(\delta_0+x_1)+\frac{l_2}{k_2}e_3\sin(\delta_0+x_1)\right] \tag{2.49}$$

适当地选取系数，使得$\overline{c}_1\geqslant 0$，则

$$\psi_2=\dot{V}_3+\frac{1}{2}\left(\|z\|^2-\gamma^2\|\varepsilon\|^2\right)=-\overline{c}_1e_1^2-c_2e_2^2-c_3e_3^2\leqslant 0 \tag{2.50}$$

令$V(x)=2V_3(x)$，则有

$$\dot{V}(x)\leqslant\gamma^2\|\varepsilon\|^2-\|z\|^2 \tag{2.51}$$

其中，$\varepsilon=[\varepsilon_1\quad\varepsilon_2]^{\mathrm{T}}$。当$x(0)=0$时，$V[x(0)]=2V_3[x(0)]$。对于任意给定的$t>0$，对式（2.50）两边同时取积分可得耗散不等式（2.28），因此系统从扰动到输出具有L_2增益，且对任意的扰动都有$\psi_2\leqslant 0$。

当$\varepsilon=0$时，在自适应反馈控制律式（2.48）和式（2.49）作用下的闭环误差系统表达式

$$\begin{cases}\dot{e}_1=e_2-c_1e_1\\ \dot{e}_2=\left(q_2^2c_1-\sigma\right)e_1+l_1e_2+k_2e_3+\tilde{\theta}\sin(e_1+\delta_0)\\ \dot{e}_3=-k_2e_2-c_3e_3-\dfrac{1}{2\gamma^2}e_3+\dfrac{l_2}{k_2}\tilde{\theta}\sin(e_1+\delta_0)\\ \dot{\tilde{\theta}}=-\rho\left[e_2\sin(\delta_0+e_1)+\dfrac{l_2}{k_2}e_3\sin(\delta_0+e_1)\right]\end{cases} \tag{2.52}$$

渐近稳定。$\dot{V}_3+\frac{1}{2}\|z\|^2\leqslant 0$，因为$\dot{V}_3\leqslant 0$，即$V_3(t)\leqslant V_3(0)$，所以$e_1$、$e_2$、$e_3$、$x_1$、$x_2$、$x_3$均有界。并且当$t\to\infty$时，$e_1\to 0$，$e_2\to 0$，$e_3\to 0$，$x_1\to 0$，$x_2\to 0$，$x_3\to 0$。

注 2.2：耗散不等式（2.28）的物理意义——对于从$t=0$时刻开始到T时刻结束的时间段内，主汽门控制系统内部增加的能量总是小于或等于系统从外部获得的能量，也就是说该系统的能量是耗散的。

注 2.3：对扰动的处理通常有以下三种方法：

（1）人为地施加一个上界，但这个上界不一定符合被控对象的实际运行状况，存在一定的局限性；

（2）将能量函数中与扰动项相关的项进行放缩处理，这样使得假设条件被强化，增加了保守性；

（3）利用神经网络等智能方法设计扰动观测器，这种方法虽然降低了上述两种方法的保守性，但是扰动观测器设计过程往往较为烦琐，加重了设计的复杂性。

本小节在每步逆推过程中，利用 Minimax 方法巧妙地推算出对系统影响最大的扰动程度，这种扰动程度不是某一明确的数值，而是依赖状态和系统输入的变化。同传统的鲁棒控制方法相比，它不仅充分考虑扰动和不确定性因素的影响程度，对于不确定性因素和突发性的大扰动更具有优势。在充分考虑扰动影响程度的条件下推导控制器能够保证系统的稳定性和对扰动的不敏感性。Minimax 方法不但避免了方法（1）和方法（2）的不合理之处，同时与方法（3）比较，其设计过程简单，计算量较小，更易于被工程人员接受。

2.2.3　仿真分析

本小节将针对单机无穷大系统进行仿真研究，汽轮机发电机组主汽门控制系统的物理参数如表 2.1 所示。控制器设计参数选择如下：$c_1=2$，$c_2=2$，$c_3=2$，$\gamma=1$，$\rho=2$，$q_1=0.4$，$q_2=0.6$，$\sigma=1$。

1. 负荷功率扰动

考虑电力系统中有大负荷的突然变化，引起电磁功率发生$P_e=P_e+\Delta P_e$变化，系统将发生较大的状态偏移和振荡。假设在 4s 时系统出现功率缺额，即$P_e=P_e+\Delta P_e$，5s 时又恢复功率平衡，则功率变化的动态过程如下：

$$\Delta=\begin{cases}0, & 0\leqslant t<4\text{s}\\ 0.2, & 4\text{s}\leqslant t\leqslant 5\text{s}\\ 0, & 5\text{s}<t\end{cases}$$

在任意非零初始条件下，对系统施加设计的逆推控制器，仿真得到闭环系统的动态响应曲线如图 2.6 所示。

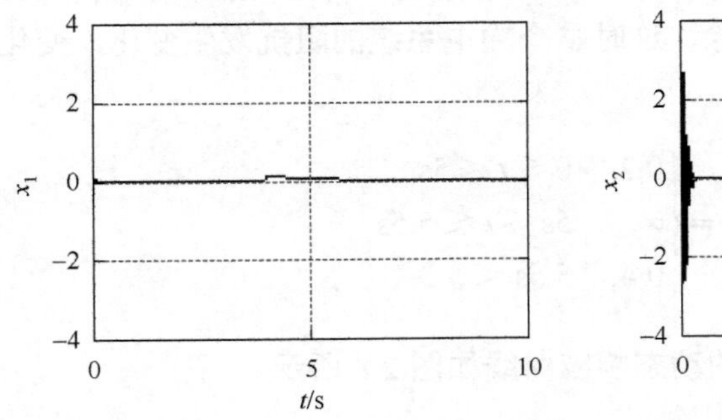

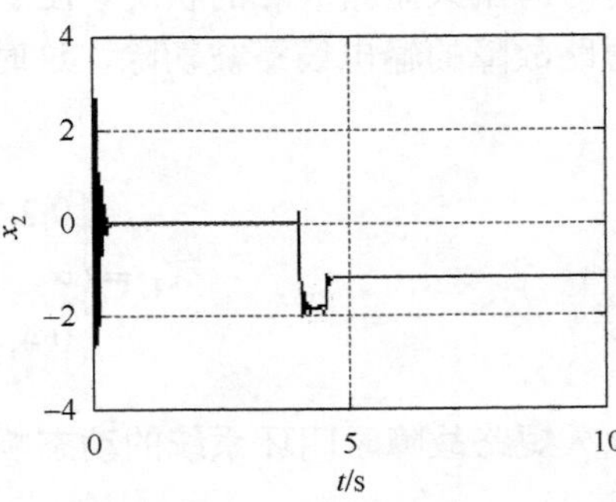

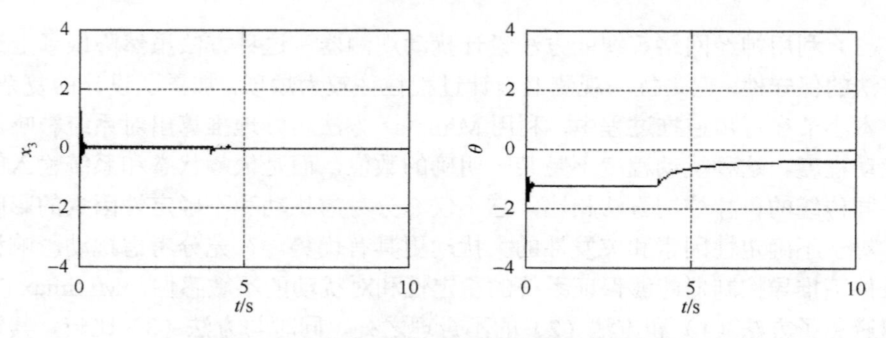

图 2.6　功率扰动时闭环系统的动态响应曲线

比较图 2.4～图 2.6 的系统状态 x_1、x_2、x_3 和自适应律 θ 可知，在两种控制器作用下，系统都能很快恢复到稳定状态，但是图 2.6 的扰动明显更小，证明基于 Minimax 方法设计的控制器在扰动抑制方面更具优越性。

2. 输电线路短路故障

首先考虑瞬时短路故障，故障发生前系统处于稳定运行状态，在 4s 时故障发生在一条输电线路上，0.5s 后故障消失，系统恢复正常结构。在这种扰动状况下，输电线路阻抗 X_L 的变化如下：

$$X_L=\begin{cases}0.2, & 0\leqslant t<4\text{s}\\ \infty, & 4\text{s}\leqslant t\leqslant 4.5\text{s}\\ 0.2, & 4.5\text{s}<t\end{cases}$$

瞬时短路故障时闭环系统的动态响应曲线如图 2.7 所示。

从图 2.7 所示系统状态 x_1、x_2、x_3 和自适应律 θ 可以看出，系统收敛速度很快，在很短的时间内即进入稳定状态。

再考虑永久短路故障的状况。在 5s 时一条输电线路上发生短路故障，5.5s 时发生短路故障的输电线路被切除，这时整个输电系统的阻抗发生变化，变化过程如下：

$$X_L=\begin{cases}0.2, & 0\leqslant t<5\text{s}\\ \infty, & 5\text{s}\leqslant t\leqslant 5.5\text{s}\\ 0.4, & 5.5\text{s}<t\end{cases}$$

永久短路故障时闭环系统的动态响应曲线如图 2.8 所示。

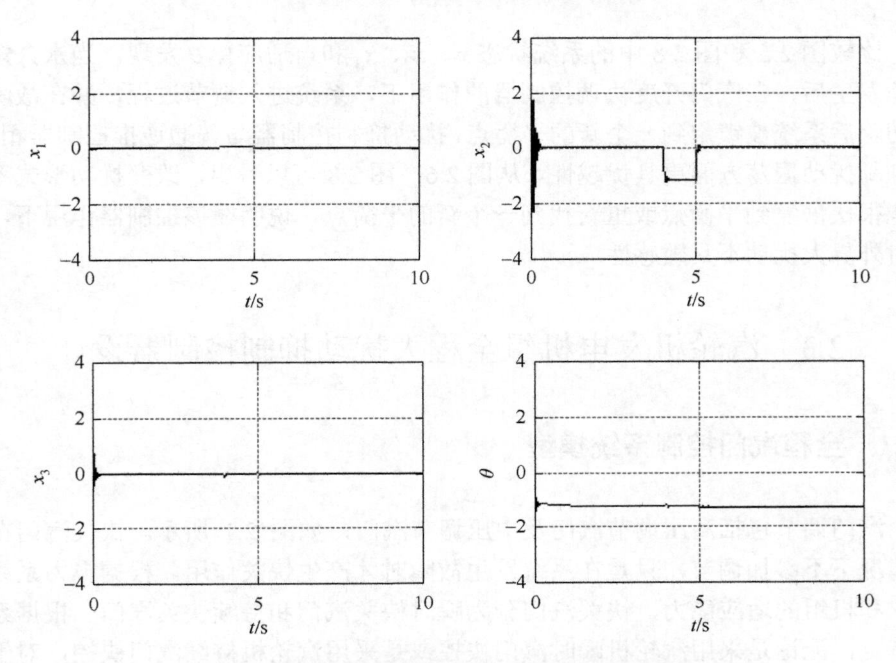

图 2.7 瞬时短路故障时闭环系统的动态响应曲线

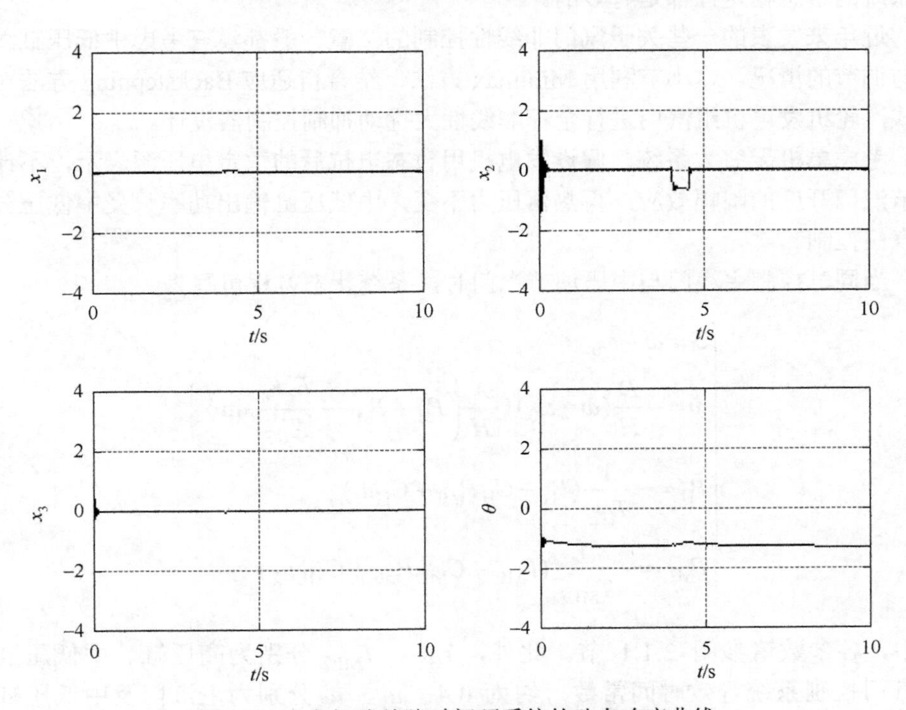

图 2.8 永久短路故障时闭环系统的动态响应曲线

比较图 2.5 和图 2.8 中的系统状态 x_1、x_2、x_3 和自适应律 θ 发现，当永久短路故障发生后，在汽门开度协调控制器的作用下，系统进入调节过程，并在故障线路切除后系统被镇定到一个新的平衡点，扰动抑制控制器与普通逆推控制器相比，在抑制扰动振荡方面更具优越性。从图 2.6～图 2.8 可以看出，改变扰动形式系统都能很快恢复到平衡点或重新找到一个新的平衡点，说明在该控制器作用下，系统对外界大扰动不具敏感性。

2.3 汽轮机发电机组全程大扰动抑制控制器设计

2.3.1 全程汽门控制系统模型

汽门调节包括高压调节汽门及中压调节汽门，如图 2.1 所示。快关汽门在正常情况下不参加调节，只是在系统发生故障时才产生快关作用。根据电力系统的要求和机组的适应能力，快关汽门分为瞬时快关汽门和持续快关汽门。根据系统的特点，无论是采用汽轮机瞬时汽门快控或是采用汽轮机持续汽门快控，对于改善系统的暂态稳定性都是有效的。

近年来发表的一些关于汽门非线性控制的文章一般都没有考虑中低压缸汽门参与调节的情况。本小节利用 Minimax 方法，结合自适应 Backstepping 方法对再热式汽轮机发电机组汽门进行全程非线性大扰动抑制控制器设计。

考虑单机无穷大系统，假设发电机用暂态电抗后的恒定电压源表示，不计入调节汽门开度的限幅效应；再热器压力不变，中低压缸输出功率只受中低压缸调节汽门控制。

当同时控制主汽门与中压调节汽门时，系统状态方程可写为

$$\begin{cases}\dot{\delta}=\omega-\omega_0\\ \dot{\omega}=-\dfrac{D}{H}(\omega-\omega_0)+\dfrac{\omega_0}{H}\left(P_{\mathrm{H}}+P_{\mathrm{ML}}-\dfrac{E_q'V_{\mathrm{s}}}{X_{d\Sigma}'}\sin\delta\right)\\ \dot{P}_{\mathrm{H}}=-\dfrac{1}{T_{\mathrm{H\Sigma}}}(P_{\mathrm{H}}-C_{\mathrm{H}}P_{\mathrm{m0}}+C_{\mathrm{H}}u_1)\\ \dot{P}_{\mathrm{ML}}=-\dfrac{1}{T_{\mathrm{ML\Sigma}}}(P_{\mathrm{ML}}-C_{\mathrm{ML}}P_{\mathrm{m0}}+C_{\mathrm{ML}}u_2)\end{cases}\tag{2.53}$$

其中，各参数请参阅 2.1.1 节。此外，$T_{\mathrm{H\Sigma}}$、$T_{\mathrm{ML\Sigma}}$ 分别为高压缸、中低压缸调节汽门控制系统等效时间常数，约为 0.4；u_1、u_2 分别为主汽门及中低压缸调节汽门控制变量。

对于系统式（2.53），令 $x_1 = \delta - \delta_0$，$x_2 = \omega - \omega_0$，$x_3 = P_{\mathrm{H}} - C_{\mathrm{H}} P_{\mathrm{m0}}$，$x_4 = P_{\mathrm{ML}} - C_{\mathrm{ML}} P_{\mathrm{m0}}$。其中，$\delta_0$、$\omega_0$、$P_{\mathrm{m0}}$ 分别表示对应变量的初始值，并考虑发电机转子、高压缸输出功率及中低压缸功率所受外部扰动分别为 ε_1、ε_2 及 ε_3，则系统式（2.53）可转化为

$$\dot{x}_1 = x_2 \tag{2.54}$$

$$\dot{x}_2 = k_1 x_2 + \theta \sin(x_1 + \delta_0) + k_2 (x_3 + x_4 + a_0) + \varepsilon_1 \tag{2.55}$$

$$\dot{x}_3 = -T_1 x_3 - C_1 u_1 + \varepsilon_2 \tag{2.56}$$

$$\dot{x}_4 = -T_2 x_4 - C_2 u_2 + \varepsilon_3 \tag{2.57}$$

$$z = \begin{bmatrix} q_1 x_1 \\ q_2 x_2 \end{bmatrix} \tag{2.58}$$

其中，$k_1 = -\dfrac{D}{H}$、$k_2 = \dfrac{\omega_0}{H}$、$a_0 = P_{\mathrm{m0}}$、$T_1 = \dfrac{1}{T_{\mathrm{H\Sigma}}}$、$T_2 = \dfrac{1}{T_{\mathrm{ML\Sigma}}}$、$C_1 = \dfrac{C_{\mathrm{H}}}{T_{\mathrm{H\Sigma}}}$ 和 $C_2 = \dfrac{C_{\mathrm{ML}}}{T_{\mathrm{ML\Sigma}}}$ 均为已知常数；$\theta = -\dfrac{\omega_0 E_q' V_{\mathrm{s}}}{H X_{d\Sigma}'}$ 为未知常参量；$z = [q_1 x_1 \quad q_2 x_2]^{\mathrm{T}}$ 为定义的调节输出；$q_1, q_2 > 0$ 为非负权重系数，它们分别表示 x_1 和 x_2 之间的加权比重，且 $q_1 + q_2 = 1$；第一项 $q_1 x_1$ 是为了保持系统的功角稳定；第二项 $q_2 x_2$ 是为了保持频率稳定。

2.3.2 全程汽门非线性大扰动抑制控制器设计

全程汽门非线性大扰动抑制控制器的设计问题归结如下：对于任意给定小的 $\gamma > 0$，针对系统受到大的外部扰动和不确定性摄动的情形，求自适应的状态反馈 $u = \alpha\left(x_1, x_2, x_3, \hat{\theta}\right)$，使得系统式（2.54）～式（2.58）对扰动有

$$V[x(t)] - V[x(0)] \leqslant \int_0^T \left(\gamma^2 \|\varepsilon\|^2 - \|z\|^2\right) \mathrm{d}t$$

且系统在平衡点附近渐近稳定。

第 1 步：对于式（2.54），定义 $e_1 = x_1$，以及误差变量 $e_2 = x_2 - x_2^*$，并将 x_2 看作虚拟控制，选择 $x_2^* = -c_1 x_1$，其中 $c_1 > 0$。

选取第一个能量函数为

$$V_1 = \frac{1}{2} \sigma e_1^2 \tag{2.59}$$

其中，$\sigma > 0$，为设计参数。则有

$$\dot{V}_1 = \sigma e_1 \dot{e}_2 = -\sigma c_1 e_1^2 + \sigma e_1 e_2 \tag{2.60}$$

第 2 步：误差变量 e_2 的导数为

$$\begin{aligned}\dot{e}_2 &= \dot{x}_2 - \dot{x}_2^* \\ &= k_1 x_2 + \theta \sin(x_1 + \delta_0) + k_2(x_3 + x_4 + a_0) + \varepsilon_1 + c_1 x_2\end{aligned} \tag{2.61}$$

状态变量 x_3 和 x_4 同时出现在本步中，这不符合标准的下三角结构。为了确保逆推过程的顺利进行，在此调整设计步骤，将 x_3 和 x_4 两项均看作虚拟控制输入，并分别定义虚拟控制律 x_3^* 和 x_4^*，进一步定义误差变量 $e_3 = x_3 - x_3^*$ 和 $e_4 = x_4 - x_4^*$。考虑子系统式（2.54）和式（2.55），对式（2.59）进行增广，构造新的 Lyapunov 函数为

$$V_2 = V_1 + \frac{1}{2} e_2^2 \tag{2.62}$$

为让所考虑的子系统针对任意的扰动都满足稳定不等式条件，定义性能指标函数为

$$J_1 = \int_0^\infty \left(\|z\|^2 - \gamma^2 \|\varepsilon_1\|^2 \right) \mathrm{d}t \tag{2.63}$$

检验函数为

$$\psi_1 = \dot{V}_2 + \frac{1}{2}\left(\|z\|^2 - \gamma^2 \|\varepsilon_1\|^2 \right) \tag{2.64}$$

将 $\dot{V}_2 = \dot{V}_1 + e_2 \dot{e}_2$ 代入式（2.64）有

$$\begin{aligned}\psi_1 = &-\sigma c_1 e_1^2 + \sigma e_1 e_2 + e_2 [k_1 x_2 + \theta \sin(x_1 + \delta_0) + k_2(x_3 + x_4 + a_0) \\ &+ \varepsilon_1 + c_1 x_2] + \frac{1}{2}\left(q_1^2 x_1^2 + q_2^2 x_2^2 - \gamma^2 \varepsilon_1^2 \right)\end{aligned} \tag{2.65}$$

对 ψ_1 关于 ε_1 求导，并令一阶导数等于 0，进而得

$$\varepsilon_1^* = \frac{1}{\gamma^2} e_2 \tag{2.66}$$

继续求二阶导数得

$$\frac{\partial^2 \psi_1}{\partial \varepsilon_1^2} = -\gamma^2 < 0 \tag{2.67}$$

由此根据讨论 2.1 可知，ε_1^* 是系统的最大扰动，将其代入式（2.65），可得

$$\begin{aligned}\psi_1 &= -\sigma c_1 e_1^2 + \sigma e_1 e_2 + e_2\left[k_1 x_2 + \theta\sin(x_1+\delta_0) + k_2(x_3+x_4+a_0)\right.\\&\left.+\frac{1}{\gamma^2}e_2 + c_1 x_2\right] + \frac{1}{2}\left(q_1^2 x_1^2 + q_2^2 x_2^2 - \frac{1}{\gamma^2}e_2\right)\\&= -\left(\sigma c_1 - \frac{1}{2}q_1^2 - \frac{1}{2}q_2^2 c_1^2\right)e_1^2 + e_2\left[\sigma e_1 + k_1 x_2 + \theta\sin(x_1+\delta_0)\right.\\&\left.+k_2(x_3+x_4+a_0) + \frac{1}{2\gamma^2}e_2 + c_1 x_2 + \frac{1}{2}q_2^2 e_2 - q_2^2 c_1 x_1\right]\\&= -\overline{c}_1 e_1^2 + e_2\left[l_1 x_1 + l_2 x_2 + k_2 a_0 + \hat{\theta}\sin(x_1+\delta_0) + k_2 x_3^* + k_2 x_4^*\right.\\&\left.+\tilde{\theta}\sin(x_1+\delta_0) + k_2 e_3 + k_2 e_4\right]\end{aligned}\tag{2.68}$$

其中，

$$\overline{c}_1 = \sigma c_1 - \frac{1}{2}q_1^2 - \frac{1}{2}q_2^2 c_1^2$$

$$l_1 = \sigma - q_2^2 c_1 + \frac{c_1}{2\gamma^2} + \frac{q_2^2 c_1}{2}$$

$$l_2 = k_1 + c_1 + \frac{1}{2\gamma^2} + \frac{1}{2}q_2^2$$

令 $l_2 x_2 + k_2 x_3^* = -c_{21} e_2$，$l_1 x_1 + k_2 a_0 + \hat{\theta}\sin(x_1+\delta_0) + k_2 x_4^* = -c_{22} e_2$，则

$$x_3^* = -\frac{1}{k_2}(l_2 x_2 + c_{21} e_2) = -\frac{1}{k_2}(l_2 x_2 + c_{21} x_2 + c_{21} c_1 x_1)\tag{2.69}$$

$$\begin{aligned}x_4^* &= -\frac{1}{k_2}\left[l_1 x_1 + k_2 a_0 + \hat{\theta}\sin(x_1+\delta_0) + c_{22} e_2\right]\\&= -\frac{1}{k_2}\left[l_1 x_1 + k_2 a_0 + \hat{\theta}\sin(x_1+\delta_0) + c_{22} x_2 + c_{22} c_1 x_1\right]\end{aligned}\tag{2.70}$$

其中，$\hat{\theta}$ 为 θ 的估计值，且 $\tilde{\theta} = \theta - \hat{\theta}$。则有

$$\psi_1 = -\overline{c}_1 e_1^2 - c_2 e_2^2 + k_2 e_2 e_3 + k_2 e_2 e_4 + e_2\tilde{\theta}\sin(x_1+\delta_0)\tag{2.71}$$

其中，$c_{21} > 0$，$c_{22} > 0$，$c_2 = c_{21} + c_{22}$ 为设计参数。

第 3 步：考虑子系统式（2.54）～式（2.57），对式（2.62）进行增广，构造新的 Lyapunov 函数为

$$V_3 = V_2 + \frac{1}{2}e_3^2 + \frac{1}{2}e_4^2 + \frac{1}{2\rho}\tilde{\theta}^2 \tag{2.72}$$

其中，$e_3 = x_3 - x_3^*$；$e_4 = x_4 - x_4^*$；$\theta = \hat{\theta} + \tilde{\theta}$。选择性能指标函数为

$$J_2 = \int_0^{\infty}\left(\|z\|^2 - \gamma^2\|\varepsilon\|^2\right)\mathrm{d}t \tag{2.73}$$

构造检验函数为

$$\psi_2 = \dot{V}_3 + \frac{1}{2}\left(\|z\|^2 - \gamma^2\|\varepsilon\|^2\right) \tag{2.74}$$

因此，有

$$\begin{aligned}
\psi_2 &= \dot{V}_3 + \frac{1}{2}\left(q_1^2x_1^2 + q_2^2x_2^2 - \gamma^2\varepsilon_1^2 - \gamma^2\varepsilon_2^2 - \gamma^2\varepsilon_3^2\right) \\
&= -\overline{c}_1e_1^2 - c_2e_2^2 + k_2e_2e_3 + k_2e_2e_4 + e_2\tilde{\theta}\sin(x_1+\delta_0) + e_3\dot{e}_3 + e_4\dot{e}_4 \\
&\quad -\frac{1}{2}\gamma^2\varepsilon_2^2 - \frac{1}{2}\gamma^2\varepsilon_3^2 + \frac{1}{\rho}\tilde{\theta}\dot{\tilde{\theta}} \\
&= -\overline{c}_1e_1^2 - c_2e_2^2 + e_2\tilde{\theta}\sin(x_1+\delta_0) + \frac{1}{\rho}\tilde{\theta}\dot{\tilde{\theta}} + e_3\Bigg(k_2e_2 - T_1x_3 - C_1u_1 \\
&\quad + \varepsilon_2 + \frac{1}{k_2}\{c_{21}c_1x_2 + (l_2+c_{21})[k_1x_2 + \theta\sin(x_1+\delta_0) + k_2(x_3+x_4+a_0)] \\
&\quad + \varepsilon_1\}\Bigg) + e_4\Bigg(k_2e_2 - T_2x_4 - C_2u_2 + \varepsilon_3 + \frac{1}{k_2}\{(l_1+c_{22}c_1)x_2 \\
&\quad + \dot{\hat{\theta}}\sin(x_1+\delta_0) + \hat{\theta}\cos(x_1+\delta_0)x_2 + c_{22}[k_1x_2 + \theta\sin(x_1+\delta_0) \\
&\quad + k_2(x_3+x_4+a_0) + \varepsilon_1]\}\Bigg) - \frac{1}{2}\gamma^2\varepsilon_2^2 - \frac{1}{2}\gamma^2\varepsilon_3^2
\end{aligned} \tag{2.75}$$

对 ψ_2 分别关于 ε_2 和 ε_3 求导，并令一阶导数等于 0，则有

$$\varepsilon_2^* = \frac{e_3}{\gamma^2} \tag{2.76}$$

$$\varepsilon_3^* = \frac{e_4}{\gamma^2} \tag{2.77}$$

将式（2.76）和式（2.77）代入式（2.75），有

$$\psi_2 = -\overline{c}_1 e_1^2 - c_2 e_2^2 + e_2\tilde{\theta}\sin(x_1+\delta_0) + \frac{1}{\rho}\tilde{\theta}\dot{\hat{\theta}} + e_3\Bigg(k_2 e_2 - T_1 x_3 - C_1 u_1 + \frac{e_3}{2\gamma^2} + \frac{1}{k_2}\Bigg\{c_{21}c_1 x_2 + (l_2+c_{21})[k_1 x_2 + \theta\sin(x_1+\delta_0) + k_2(x_3+x_4+a_0)] + \frac{e_2}{\gamma^2}\Bigg\}\Bigg) + e_4\Bigg(k_2 e_2 - T_2 x_4 - C_2 u_2 + \frac{e_4}{2\gamma^2} + \frac{1}{k_2}\Bigg\{(l_1+c_{22}c_1)x_2 + \dot{\hat{\theta}}\sin(x_1+\delta_0) + \hat{\theta}\cos(x_1+\delta_0)x_2 + c_{22}\Bigg[k_1 x_2 + \theta\sin(x_1+\delta_0) + k_2(x_3+x_4+a_0) + \frac{e_2}{\gamma^2}\Bigg]\Bigg\}\Bigg) \tag{2.78}$$

选择控制律为

$$u_1 = \frac{1}{C_1}\Bigg(k_2 e_2 - T_1 x_3 + \frac{e_3}{2\gamma^2} + c_3 e_3 + \frac{1}{k_2}\Bigg\{c_{21}c_1 x_2 + (l_2+c_{21})[k_1 x_2 + \hat{\theta}\sin(x_1+\delta_0) + k_2(x_3+x_4+a_0)] + \frac{e_2}{\gamma^2}\Bigg\}\Bigg) \tag{2.79}$$

$$u_2 = \frac{1}{C_2}\Bigg(k_2 e_2 - T_2 x_4 + \frac{e_4}{2\gamma^2} + c_4 e_4 + \frac{1}{k_2}\Bigg\{(l_1+c_{22}c_1)x_2 + \dot{\hat{\theta}}\sin(x_1+\delta_0) + \hat{\theta}\cos(x_1+\delta_0)x_2 + c_{22}\Bigg[k_1 x_2 + \hat{\theta}\sin(x_1+\delta_0) + k_2(x_3+x_4+a_0) + \frac{e_2}{\gamma^2}\Bigg]\Bigg\}\Bigg) \tag{2.80}$$

选择自适应律为

$$\dot{\hat{\theta}} = \rho\left[e_2\sin(x_1+\delta_0) + \frac{l_2+c_{21}}{k_2}e_3\sin(x_1+\delta_0) + \frac{c_{22}}{k_2}e_4\sin(x_1+\delta_0)\right] \tag{2.81}$$

因此有

$$\psi_2 = -\overline{c}_1 e_1^2 - c_2 e_2^2 - c_3 e_3^2 - c_4 e_4^2 \leqslant 0$$

令 $V(x) = 2V_3(x)$，则有

$$\dot{V}(x) \leqslant \gamma^2\|\varepsilon\|^2 - \|z\|^2 \tag{2.82}$$

其中，$\varepsilon=[\varepsilon_1 \quad \varepsilon_2]^{\mathrm{T}}$。当$x(0)=0$时，$V[x(0)]=2V_3[x(0)]$，对于任意给定的$t>0$，对式（2.82）两边同时取积分可得耗散不等式（2.28），因此系统从扰动到输出具有L_2增益，且对任意的扰动都有$\psi_2 \leqslant 0$。

当$\varepsilon=0$时，在自适应反馈控制律式（2.79）～式（2.81）作用下的闭环误差系统渐近稳定，表达式如下：

$$\begin{cases}\dot{e}_1=e_2-c_1e_1\\ \dot{e}_2=(k_1c_1-l_2c_1+c_1^2-l_1)e_1+(k_1-l_2+c_1-c_{21}-c_{22})e_2\\ \qquad +k_2e_3+k_2e_4+\tilde{\theta}\sin(e_1+\delta_0)\\ \dot{e}_3=-\dfrac{e_3}{2\gamma^2}-c_3e_3-\dfrac{e_2}{k_2\gamma^2}+\dfrac{1}{k_2}(l_2+c_{21})\tilde{\theta}\sin(e_1+\delta_0)\\ \dot{e}_4=-\dfrac{e_4}{2\gamma^2}-c_4e_4-\dfrac{e_2}{k_2\gamma^2}+\dfrac{c_{22}}{k_2}\tilde{\theta}\sin(e_1+\delta_0)\\ \dot{\tilde{\theta}}=\rho\left[e_2\sin(e_1+\delta_0)+\dfrac{l_2+c_{21}}{k_2}e_3\sin(e_1+\delta_0)\right.\\ \qquad \left.+\dfrac{c_{22}}{k_2}e_4\sin(e_1+\delta_0)\right]\end{cases} \tag{2.83}$$

由式（2.82）可得$\dot{V}_3+\dfrac{1}{2}\|z\|^2\leqslant 0$，因为$\dot{V}_3\leqslant 0$，即$V_3(t)\leqslant V_3(0)$，所以$e_1$、$e_2$、$e_3$、$e_4$、$x_1$、$x_2$、$x_3$、$x_4$均有界。并且当$t\to\infty$时，$e_1\to 0$，$e_2\to 0$，$e_3\to 0$，$e_4\to 0$，$x_1\to 0$，$x_2\to 0$，$x_3\to 0$，$x_4\to 0$。

注 2.4：系统式（2.54）～式（2.57）本身不是标准的下三角结构，因为式（2.55）中同时出现了状态变量x_3和x_4，本小节将这两个状态变量同时视作虚拟控制输入，并分别设计反馈控制律，使逆推过程得以顺利进行。

2.3.3 仿真分析

本小节将针对单机无穷大系统进行扰动抑制的仿真分析，物理参数选择如表 2.1 所示。系统设计参数选择为$\gamma=0.4$，$\rho=1$，$\sigma=1$，$c_1=1$，$c_2=1$，$q_1=0.5$，$q_2=0.5$。

1. 系统未受任何扰动的仿真分析

考虑系统式（2.20）未受任何扰动时，在本小节所设计的控制器和常规控制器作用下，闭环系统动态响应曲线分别如图 2.9 和图 2.10 所示。

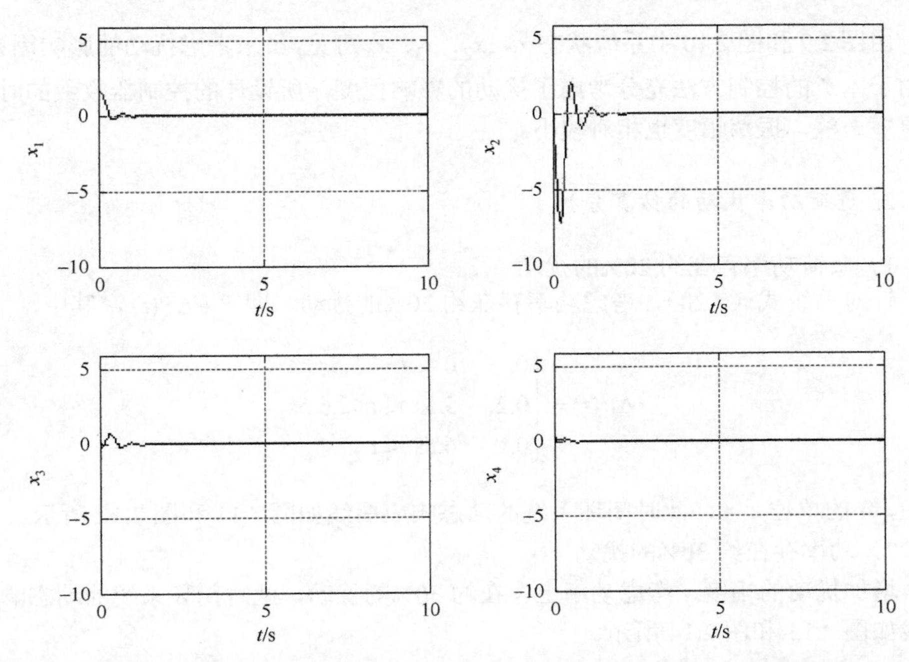

图 2.9 系统未受任何扰动时具有控制器式（2.41）和式（2.42）的闭环系统动态响应曲线

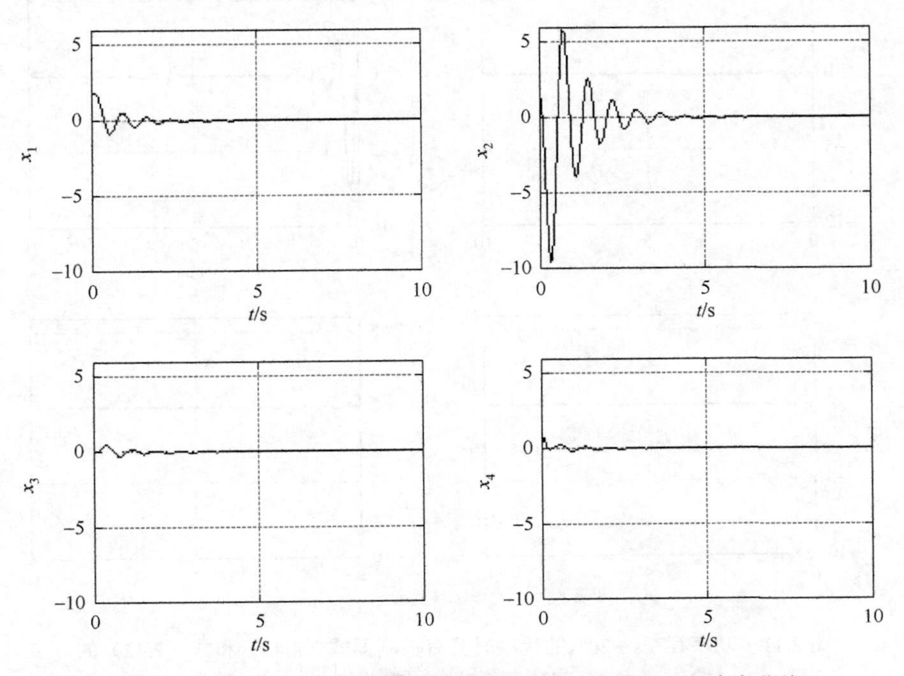

图 2.10 系统未受任何扰动时常规控制器的闭环系统动态响应曲线

由图 2.9 和图 2.10 中系统状态 x_1、x_2、x_3、x_4 可见，虽未考虑扰动的影响因素，但由于本章的控制方法充分考虑了扰动的影响程度，所设计的控制器收敛的时间要更短一些，振荡幅度也相对较小。

2. 负荷功率扰动的仿真分析

1）负荷功率存在约 20%的扰动

针对系统式（2.20），考虑功率存在约 20%的扰动，即 $P+\Delta P(t)$，其中，

$$\Delta P(t)=\begin{cases}0, & 0\leqslant t<5.5\text{s}\\ 0.2, & 5.5\text{s}\leqslant t\leqslant 6.5\text{s}\\ 0, & 6.5\text{s}<t\end{cases}$$

其中，t 的单位是 s，此时闭环系统的动态响应曲线如图 2.11 和图 2.12 所示。

2）功率存在约 30%的扰动

增加扰动的幅度，考虑功率上存在约 30%的扰动，此时闭环系统的动态响应曲线如图 2.13 和图 2.14 所示。

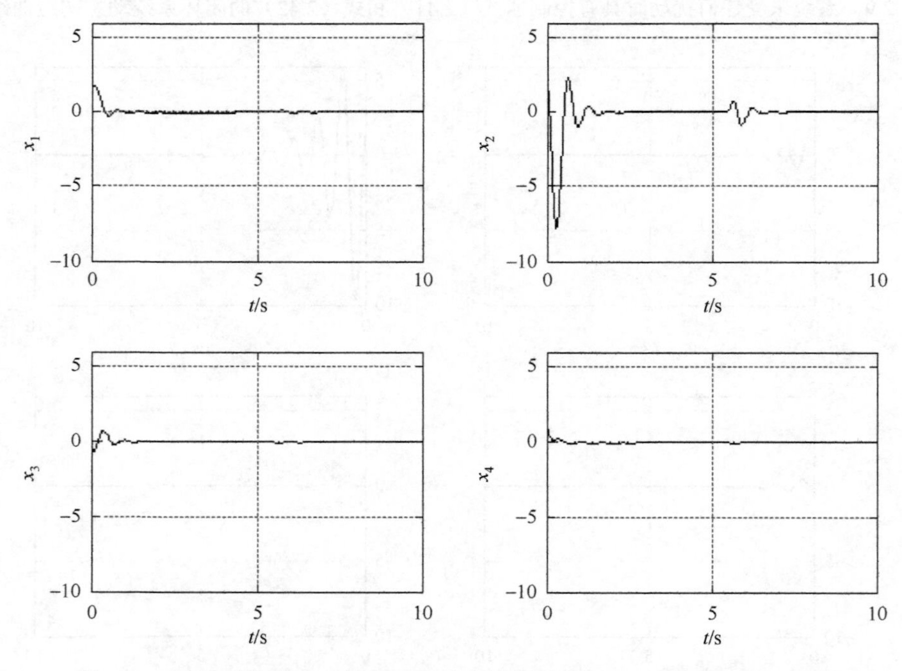

图 2.11　功率存在约 20%的扰动时具有控制器式（2.41）和式（2.42）的闭环系统动态响应曲线

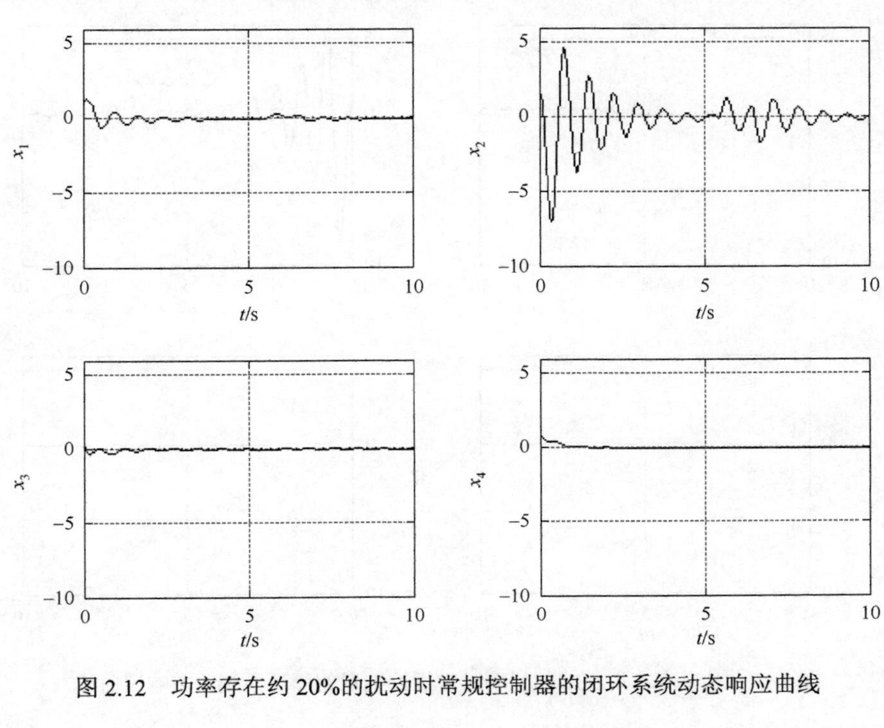

图 2.12 功率存在约 20%的扰动时常规控制器的闭环系统动态响应曲线

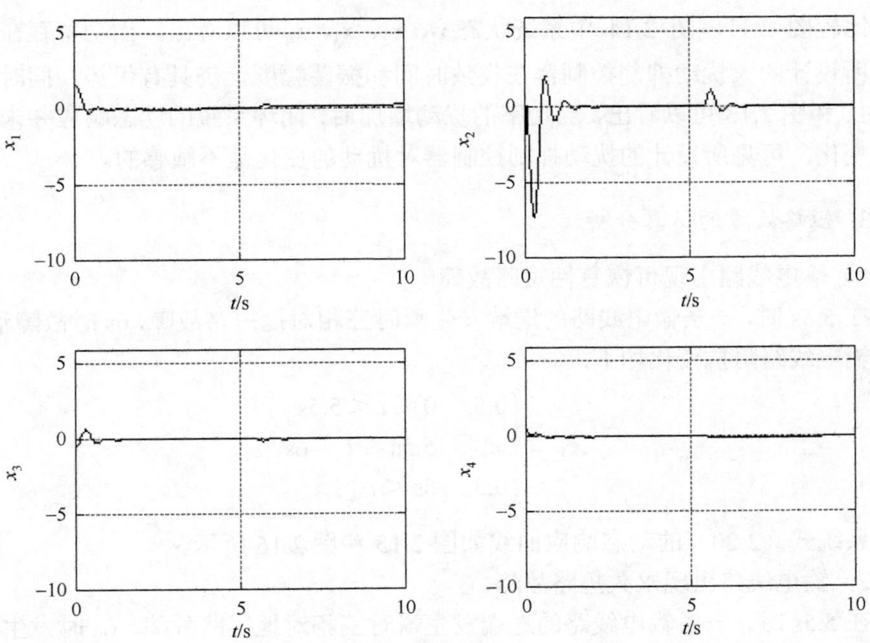

图 2.13 功率存在约 30%的扰动时具有控制器式（2.41）和式（2.42）的闭环系统动态响应曲线

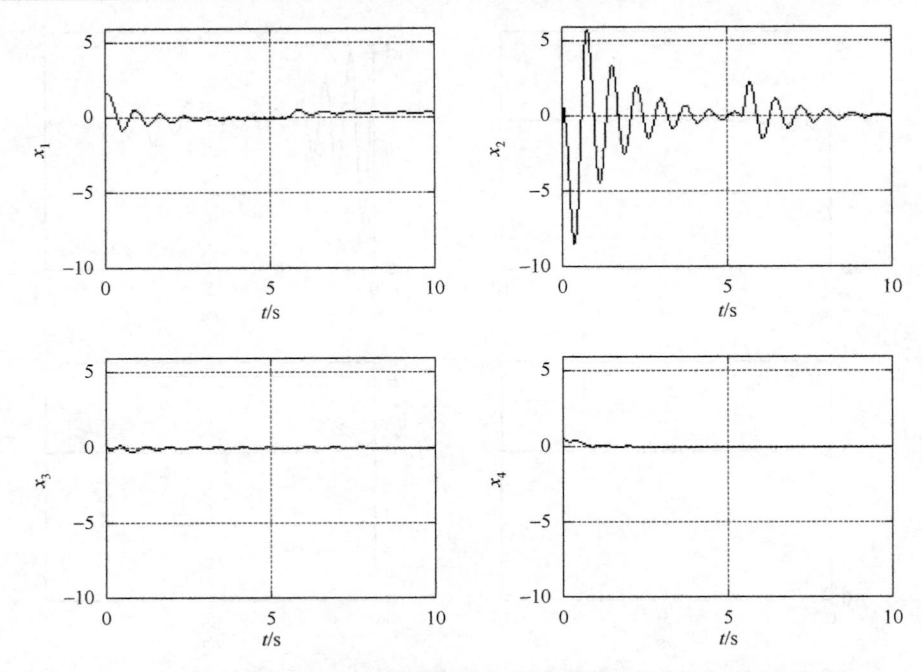

图 2.14　功率存在约 30%的扰动时常规控制器的闭环系统动态响应曲线

比较图 2.11～图 2.14 中系统状态 x_1、x_2、x_3、x_4 可以看出，当功率存在扰动时，所设计的大扰动抑制控制器在收敛时间和振荡幅度上仍具有优势。同时，从图 2.11 和图 2.13 可以看出，当功率的扰动增加后，闭环系统的动态响应并未发生明显变化，可见所设计的扰动抑制控制器对扰动的变化是不敏感的。

3. 短路故障的仿真分析

1）输电线路出现可恢复性短路故障

在 5.5s 时，一条输电线路的送端发生瞬时三相对地短路故障，6s 时故障消失，其中输电线路阻抗变化如下：

$$X_{\mathrm{L}}=\begin{cases}0.5, & 0\leqslant t<5.5\mathrm{s}\\ \infty, & 5.5\mathrm{s}\leqslant t\leqslant 6\mathrm{s}\\ 0.5, & 6\mathrm{s}<t\end{cases}$$

系统式（2.20）的动态响应曲线如图 2.15 和图 2.16 所示。

2）输电线路出现永久短路故障

在 5.5s 时，一条输电线路的送端发生瞬时三相对地短路故障，6s 时发生故障的输电线路被切除，这时整个输电线路的阻抗发生变化，系统响应的参数变化，其中输电线路阻抗变化如下：

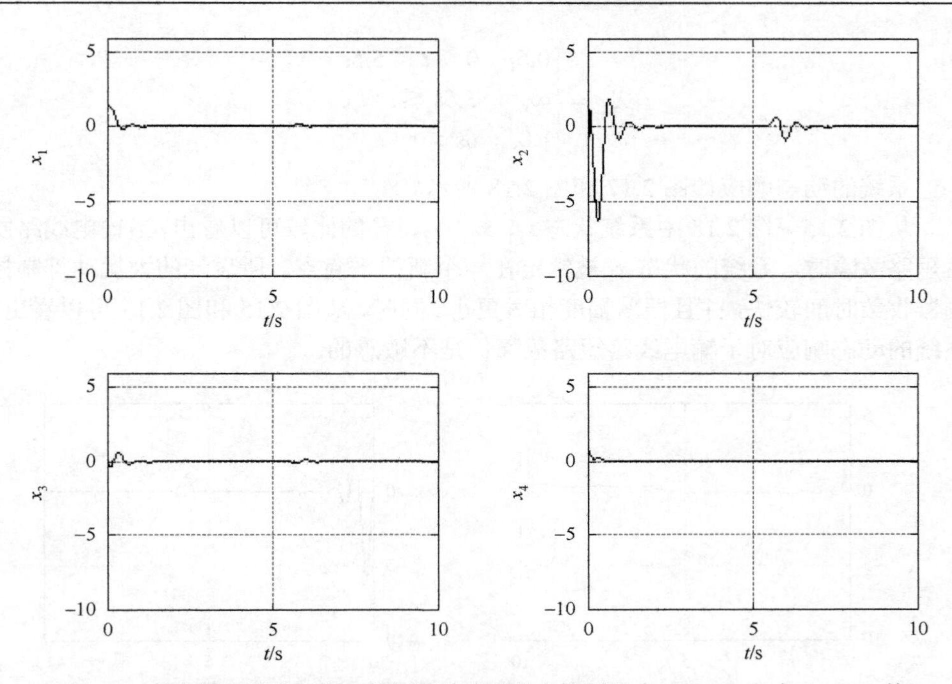

图 2.15　传输线路存在可恢复性短路故障时具有控制器式（2.41）和式（2.42）的闭环系统动态响应曲线

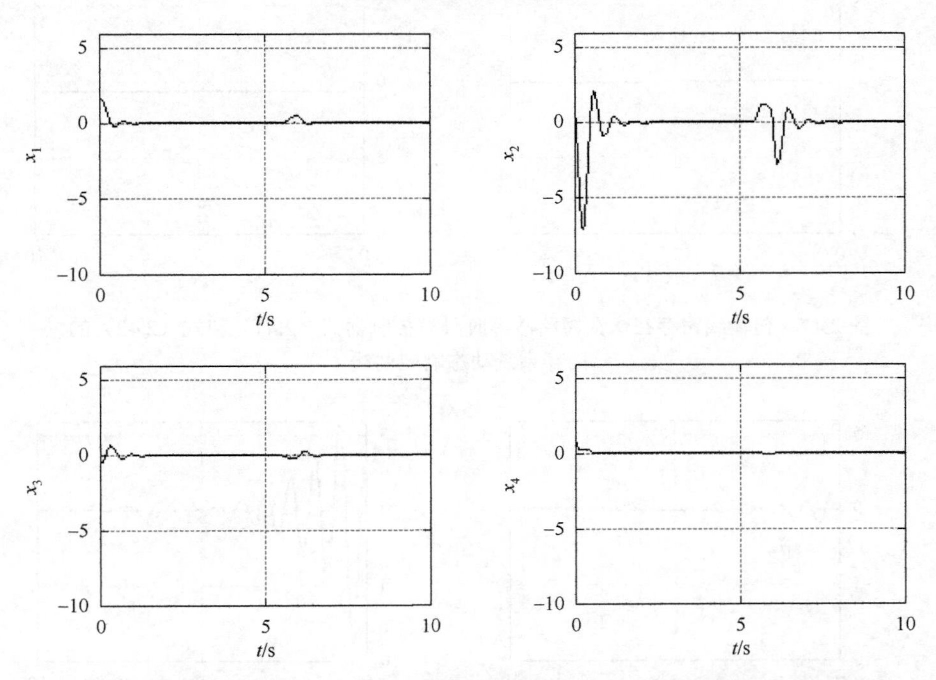

图 2.16　传输线路存在可恢复性短路故障时常规控制器的闭环系统动态响应曲线

$$X_{\mathrm{L}}=\begin{cases}0.5, & 0\leqslant t<5.5\mathrm{s}\\ \infty, & 5.5\mathrm{s}\leqslant t\leqslant 6\mathrm{s}\\ 1.0, & 6\mathrm{s}<t\end{cases}$$

系统的动态响应如图 2.17 和图 2.18 所示。

从图 2.15～图 2.18 中系统状态 x_1、x_2、x_3、x_4 的比较可以看出，当输电线路发生短路故障时，系统的状态 x_1 被镇定在一个新的平衡点。所设计的大扰动抑制控制器收敛时间较快，并且振荡幅度相对更小。同时，从图 2.15 和图 2.17 可以看出，系统的动态响应对于输电线路短路故障仍是不敏感的。

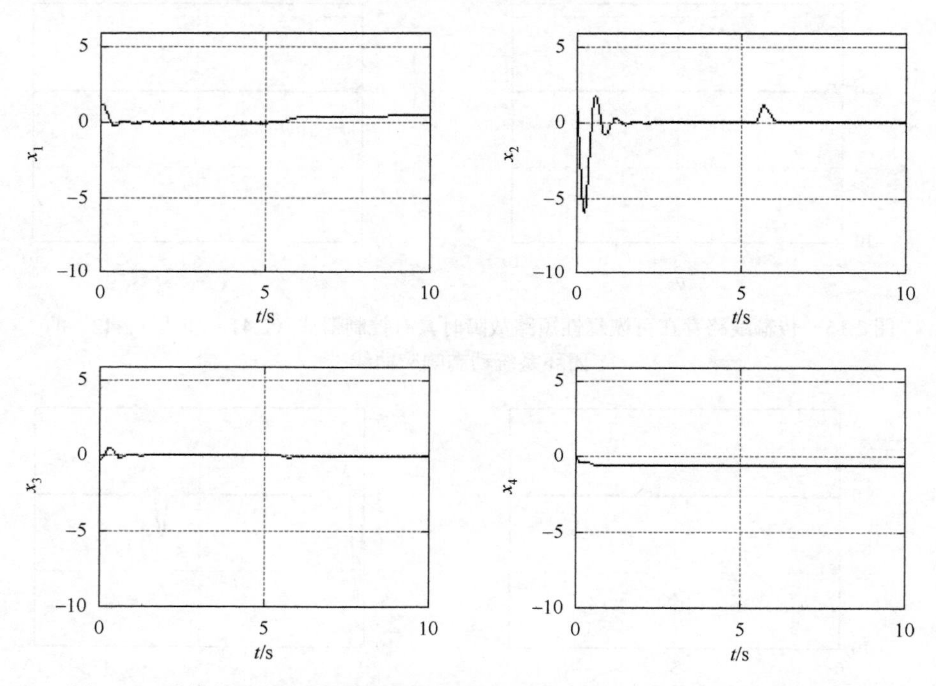

图 2.17　传输线路存在永久短路故障时具有控制器式（2.41）和式（2.42）的闭环系统动态响应曲线

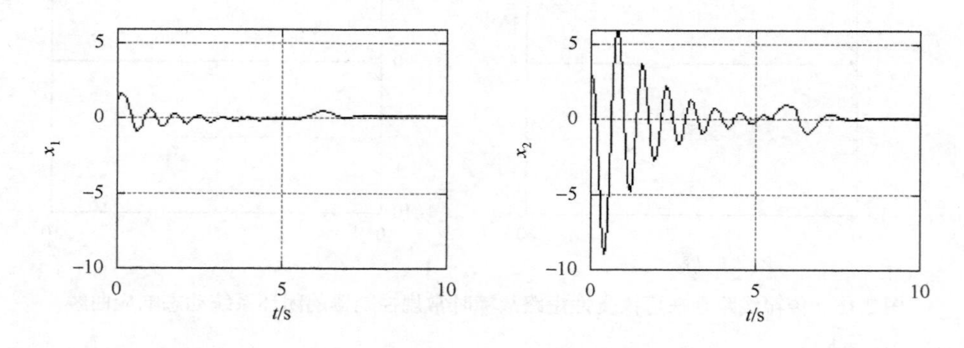

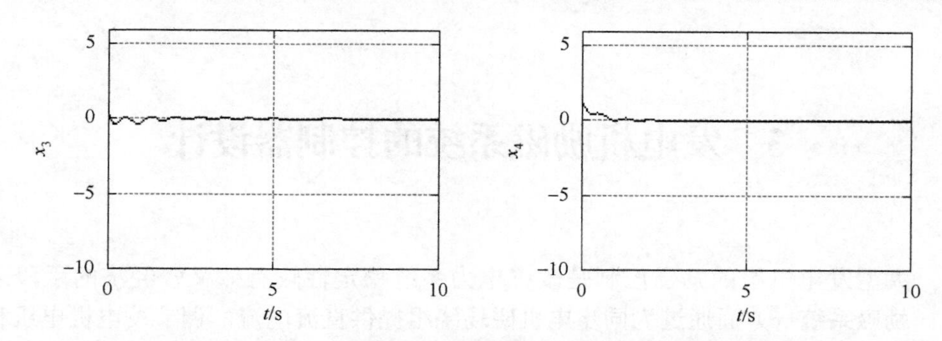

图 2.18　传输线路存在永久故障时常规控制器的闭环系统动态响应曲线

3　发电机励磁系统的控制器设计

大型发电机组的励磁控制是改善电力系统稳定性较有效又较经济的手段之一。励磁系统一方面通过为同步电机磁场绕组提供直流电流，调节发电机电压和无功功率输出；另一方面通过控制磁场电压并随之控制磁场电流，完成控制和保护功能，进而保证电力系统具有令人满意的性能。因此，发电机励磁控制一直受到广大电力工作者的关注。

20 世纪 50～60 年代，发电机的励磁调节器大多采用基于发电机的机端电压偏差进行 PID 调节，其控制目标是提高机端电压的调节精度。许多研究结果表明，该类型的调节器可以保证发电机机端电压的调节精度，但难以有效改善电力系统的稳定性和故障后系统的动态品质。随着电力系统规模升级、长距离输电方式的出现及快速励磁系统的引入，系统中产生了低频振荡现象，提高电力系统小扰动稳定性问题已成为主要的研究目标。大量的研究集中在寻找新的发电机励磁调节规律[97, 98]，但是，这些励磁控制器的设计都是依据近似线性化的数学模型，当实际系统的运行状态对于所设计的平衡状态有较大偏差时，励磁控制器对运行状态远离平衡点的电力系统难以发挥应有的作用。特别是当电力系统遭受大的扰动后，电力系统的暂态稳定性就成了限制电网传输容量的一个主要矛盾。文献[9]首次从理论上把微分几何法应用于发电机励磁控制设计中，但是由于反馈精确线性化方法要求模型精确可知，所以在实际中达不到理论上的控制效果。文献[99]～[101]提出了多种非线性鲁棒励磁控制规律，这些鲁棒镇定控制器和扰动抑制控制器的设计基础都是通过构造保证系统无源性的能量函数得到的，然而由于能量函数不易找到，所以这种方法存在一定的局限性。

本章将讨论与发电机励磁系统相关的鲁棒控制器设计方法。3.1 节仅考虑励磁系统，设计扰动抑制控制器；3.2 节考虑励磁-汽门协调控制系统，设计扰动抑制控制器。

3.1　励磁系统的非线性扰动抑制控制器设计

3.1.1　发电机励磁系统模型

考虑带有励磁闭环控制的单机无穷大总线系统，系统结构图如图 3.1 所示。

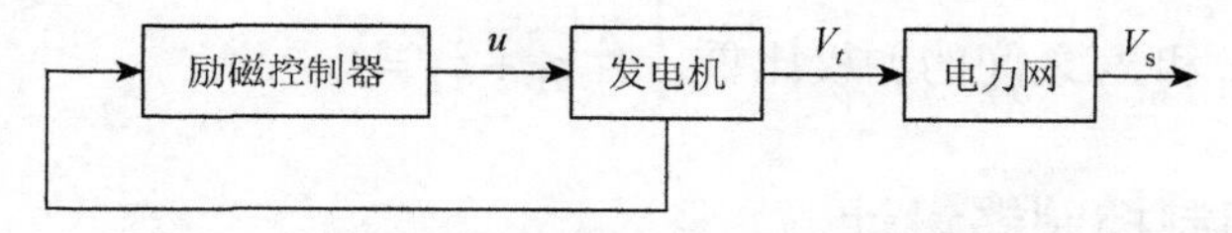

图 3.1 单机无穷大励磁闭环控制系统结构图

励磁闭环控制系统的数学模型如下：

$$\begin{cases}\dot{\delta}=\omega_0\omega_r \\ \dot{\omega}_r=\dfrac{1}{H}(P_{\mathrm{m}}-P_{\mathrm{e}}-P_{\mathrm{D}}) \\ \dot{E}'_q=\dfrac{1}{T'_{d0}}(-E_q+E_{fds}+u_f)\end{cases} \tag{3.1}$$

其中，δ 为发电机转子运行角；ω_0 是发电机的同步角速度，$\omega_0=1$；ω_r 是转子角速度与同步角速度的偏差，$\omega_r=\dfrac{\omega-\omega_0}{\omega_0}$；$P_{\mathrm{m}}$ 为原动机输出的功率；P_{e} 为发电机的电磁功率；P_{D} 为发电机阻尼功率；H 为发电机转子的转动惯量；E_q 是发电机 q 轴励磁电势；E'_q 是发电机 q 轴暂态电势；E_{fds} 表示给定的励磁电压常数；T'_{d0} 为励磁绕组时间常数；u_f 是励磁电压调节信号，为控制变量。同时有

$$P_{\mathrm{e}}=\frac{E'_qV_{\mathrm{s}}}{X'_{d\Sigma}}\sin\delta+\frac{X'_d-X_q}{X_{q\Sigma}X'_{d\Sigma}}\frac{V_{\mathrm{s}}^2}{2}\sin(2\delta)$$

$$P_{\mathrm{D}}=D\omega_r$$

$$E_q=\frac{X_{d\Sigma}}{X'_{d\Sigma}}E'_q-\frac{X_d-X'_d}{X'_{d\Sigma}}V_{\mathrm{s}}\cos\delta$$

其中，$X'_{d\Sigma}$ 为系统 d 轴的等值电抗；X'_d 为发电机 d 轴暂态电抗；X_d 为发电机 d 轴等值电抗；$X_{q\Sigma}$ 为系统 q 轴的等值电抗；X_q 为发电机 q 轴暂态电抗。定义状态变量为 $x_1=\delta_0$、$x_2=\omega_r$、$x_3=E'_q$。

ε_1 和 ε_2 分别为发电机转子受到的外界未知扰动，则系统式（3.1）可转化为

$$\dot{x}_1=x_2 \tag{3.2}$$

$$\dot{x}_2=-b_1x_3\sin x_1-b_2x_2+a_2m_1\sin(2x_1)+m_1P_{\mathrm{m}}+\varepsilon_1 \tag{3.3}$$

$$\dot{x}_3=b_3\cos x_1-b_4x_3+E+u_1+\varepsilon_2 \tag{3.4}$$

$$z=\begin{bmatrix}q_1x_1\\ q_2x_2\end{bmatrix} \tag{3.5}$$

其中，$a_2=\dfrac{X_q-X'_d}{2X_{q\Sigma}X'_{d\Sigma}}V_{\mathrm{s}}^2$；$b_1=\dfrac{V_{\mathrm{s}}}{HX'_{d\Sigma}}$；$b_2=\dfrac{D}{H}$；$m_1=\dfrac{1}{H}$；$b_3=\dfrac{X_d-X'_d}{T'_{d0}X'_{d\Sigma}}V_{\mathrm{s}}$；$b_4=\dfrac{X_{d\Sigma}}{T'_{d0}X'_{d\Sigma}}$；$E=\dfrac{1}{T'_{d0}}E_{fds}$；$u_1=\dfrac{1}{T'_{d0}}u_f$；$z$ 为调节输出；q_1 和 q_2 为非负权重系

数，它们表示 x_1 和 x_2 之间的加权比重，且 $q_1 + q_2 = 1$。

3.1.2 扰动抑制控制器设计

非线性励磁大扰动抑制控制器的设计问题归结如下：对于任意给定小的 $\gamma > 0$，针对系统受到的外界大扰动和不确定性摄动的情形，求自适应的状态反馈 $u = \alpha(x_1, x_2, x_3)$，使得子系统式（3.2）～式（3.4）对扰动有

$$V[x(t)] - V[x(0)] \leqslant \int_0^T \left(\gamma^2 \| \varepsilon \|^2 - \| z \|^2\right) \mathrm{d}t$$

且系统在平衡点附近渐近稳定。

第 1 步：对于子系统式（3.2），将 x_2 看作虚拟控制，并选择 $x_2^* = -c_1 x_1, c_1 > 0$，定义 $e_1 = x_1$，$e_2 = x_2 - x_2^*$。选取第一个能量函数为

$$V_1 = \frac{\sigma}{2} e_1^2 \tag{3.6}$$

其中，$\sigma > 0$。则

$$\dot{V}_1 = \sigma e_1 e_2 - \sigma c_1 e_1^2 \tag{3.7}$$

第 2 步：考虑子系统式（3.2）和式（3.3），对式（3.6）进行增广，构造新的 Lyapunov 函数为

$$V_2 = V_1 + \frac{1}{2} e_2^2 \tag{3.8}$$

为让所考虑的子系统针对任意的扰动都满足稳定不等式条件，定义性能指标函数为

$$J_1 = \int_0^\infty \left(\| z \|^2 - \gamma^2 \| \varepsilon_1 \|^2\right) \mathrm{d}t \tag{3.9}$$

检验函数为

$$\psi_1 = \dot{V}_2 + \frac{1}{2}\left(\| z \|^2 - \gamma^2 \| \varepsilon_1 \|^2\right) \tag{3.10}$$

将 $\dot{V}_2 = \dot{V}_1 + e_2 \dot{e}_2$ 代入式（3.10）有

$$\begin{aligned}
\psi_1 &= \dot{V}_1 + e_2 \dot{e}_2 + \frac{1}{2}\left(\| z \|^2 - \gamma^2 \| \varepsilon_1 \|^2\right) \\
&= -\sigma c_1 e_1^2 + e_2[\sigma e_1 - b_1 x_3 \sin x_1 - b_2 x_2 + a_2 m_1 \sin(2x_1) + m_1 P_\mathrm{m} + \varepsilon_1] \\
&\quad + \frac{1}{2} q_1^2 x_1^2 + \frac{1}{2} q_2^2 x_2^2 - \frac{1}{2} \gamma^2 \varepsilon_1^2 \\
&= -\sigma c_1 e_1^2 + e_2[\sigma e_1 - b_1 x_3 \sin x_1 - b_2 x_2 + a_2 m_1 \sin(2x_1) + m_1 P_\mathrm{m}] \\
&\quad + \frac{1}{2} q_1^2 e_1^2 + \frac{1}{2} q_2^2 (e_2 - c_1 e_1)^2 + e_2 \varepsilon_1 - \frac{1}{2} \gamma^2 \varepsilon_1^2
\end{aligned} \tag{3.11}$$

对ψ_1关于ε_1求一阶导数，并且令一阶导数等于 0，则有

$$\varepsilon_1^* = \frac{1}{\gamma^2} e_2 \tag{3.12}$$

继续求其二阶导数，有$\dfrac{\partial^2 \psi_1}{\partial {\varepsilon_1}^2} = -\gamma^2 < 0$，可知$\psi_1$关于$\varepsilon_1$有极大值，根据讨论 2.1 可知，$\varepsilon_1^*$是使系统受影响最大的扰动。

将式（3.12）代入式（3.11），则

$$\psi_1 = -\alpha e_1^2 + e_2[h_1 x_1 + h_2 x_2 - b_1 x_3 \sin x_1 + a_2 m_1 \sin(2x_1) + m_1 P_{\mathrm{m}}] \tag{3.13}$$

其中，$\alpha = \sigma c - \dfrac{1}{2} q_1^2 - \dfrac{1}{2} q_2^2 c_1^2$；$h_1 = \sigma - q_2^2 c_1 + \dfrac{1}{2\gamma^2} c_1$；$h_2 = \dfrac{1}{2} q_2^2 - b_2 + \dfrac{1}{2\gamma^2} + c_1$。

令$h_1 x_1 + h_2 x_2 - b_1 x_3 \sin x_1 + a_2 m_1 \sin(2x_1) + m_1 P_{\mathrm{m}} = -c_2 e_2$，则可选择

$$x_3^* = \frac{1}{b_1 \sin x_1} \left[h_1 x_1 + h_2 x_2 + a_2 m_1 \sin(2x_1) + m_1 P_{\mathrm{m}} + c_2 e_2 \right] \tag{3.14}$$

则

$$\psi_1 = -\alpha e_1^2 - c_2 e_2^2 - b_1 e_2 e_3 \sin x_1 \tag{3.15}$$

第 3 步：考虑整个系统，对式（3.8）进行增广，构造新的 Lyapunov 函数为

$$V_3 = V_2 + \frac{1}{2} e_3^2 \tag{3.16}$$

其中，$e_3 = x_3 - x_3^*$。选择性能指标函数为

$$J_2 = \int_0^\infty \left(\| z \|^2 - \gamma^2 \| \varepsilon \|^2 \right) \mathrm{d}t$$

检验函数为

$$\psi_2 = \dot{V}_3 + \frac{1}{2} \left(\| z \|^2 - \gamma^2 \| \varepsilon \|^2 \right) \tag{3.17}$$

进而有

$$\begin{aligned}
\psi_2 &= \dot{V}_3 + \frac{1}{2} \left(\| z \|^2 - \gamma^2 \| \varepsilon \|^2 \right) \\
&= \dot{V}_2 + e_3 \dot{e}_3 + \frac{1}{2} q_1^2 x_1^2 + \frac{1}{2} q_2^2 x_2^2 - \frac{1}{2} \gamma^2 \varepsilon_1^2 - \frac{1}{2} \gamma^2 \varepsilon_2^2 \\
&= H_1 + e_3 \dot{e}_3 - \frac{1}{2} \gamma^2 \varepsilon_2^2 \\
&= H_1 + e_3 \left(\dot{x}_3 - \dot{x}_3^* \right) - \frac{1}{2} \gamma^2 \varepsilon_2^2
\end{aligned} \tag{3.18}$$

又由于

$$\dot{x}_3^* = -\frac{x_2 \cos x_1}{b_1 \sin^2 x_1}\left[h_1 x_1 + h_2 x_2 + a_2 m_1 \sin(2x_1) + m_1 P_{\mathrm{m}} + c_2 e_2\right] + \frac{1}{b_1 \sin x_1}\left[h_1 x_2 + h_2 \dot{x}_2 + 2a_2 m_1 \cos(2x_1) + c_2 \dot{x}_2 + c_2 c_1 \dot{x}_1\right] \tag{3.19}$$

将式（3.19）代入式（3.18），则有

$$\begin{aligned}\psi_2 = {} & -\alpha e_1^2 - c_2 e_2^2 - \frac{1}{2}\gamma^2 \varepsilon_2^2 + e_3 \Bigg\{ b_3 n_3 - b_4 x_3 + E + u_1 + \varepsilon_2 \\ & + \frac{x_2 n_3}{b_1 n_1^2}\left[h_1 x_1 + h_2 x_2 + a_2 m_1 \sin(2x_1) + m_1 P_{\mathrm{m}} + c_2 e_2\right] \\ & - \frac{1}{b_1 n_1}\Bigg[h_1 x_2 + (h_2 + c_2)\Bigg(-b_1 x_3 n_1 - b_2 x_2 + a_2 m_1 n_2 \\ & + m_1 P_{\mathrm{m}} + \frac{1}{\gamma^2} e_2 \Bigg) + 2a_2 m_1 n_4 x_2 + c_2 c_1 x_2 \Bigg]\Bigg\}\end{aligned} \tag{3.20}$$

其中，$n_1 = \sin x_1$；$n_2 = \sin(2x_1)$；$n_3 = \cos x_1$；$n_4 = \cos(2x_1)$。

对 ψ_2 关于 ε_2 求一阶导数，并令其导数等于 0，可得 $e_3 - \gamma^2 \varepsilon_2 = 0$，则

$$\varepsilon_2^* = \frac{1}{\gamma^2} e_3 \tag{3.21}$$

将式（3.21）代入式（3.20）得

$$\begin{aligned}\psi_2 = {} & -\alpha e_1^2 - c_2 e_2^2 + e_3 \Bigg\{ b_3 n_3 - b_4 x_3 + E + u_1 + \frac{1}{2\gamma^2} x_3 \\ & + N_1\left[h_1 x_1 + h_2 x_2 + a_2 m_1 \sin(2x_1) + m_1 P_{\mathrm{m}} + c_2 x_2 + c_2 c_1 x_1\right] \\ & - \Bigg[N_2 x_2 + N_3 \Bigg(-b_1 x_3 n_1 - b_2 x_2 + a_2 m_1 n_2 + m_1 P_{\mathrm{m}} + \frac{1}{\gamma^2} x_2 \\ & + \frac{1}{\gamma^2} c_1 x_1 \Bigg) + N_4 x_2 + N_5 x_2 \Bigg]\Bigg\}\end{aligned} \tag{3.22}$$

其中，$N_1 = \dfrac{n_3 x_2}{b_1 n_1^2} - \dfrac{1}{2\gamma^2 b_1 n_1}$；$N_2 = \dfrac{h_1}{b_1 n_1}$；$N_3 = \dfrac{h_2 + c_2}{b_1 n_1}$；$N_4 = \dfrac{2a_2 m_1 n_4}{b_1 n_1}$；$N_5 = \dfrac{c_2 c_1}{b_1 n_1}$。

令 $h_3 = N_1 h_1 + c_2 c_1 + \dfrac{N_3}{\gamma^2} c_1$，$h_4 = N_1 h_2 + c_2 x_2 + N_2 - N_3 b_2 + \dfrac{N_3}{\gamma^2} + N_4 + N_5$，$h_5 = -b_4 + \dfrac{1}{2\gamma^2} - b_1 n_1 N_3$，$h_6 = b_3 n_3 + E + (N_1 - N_3) m_1 P_{\mathrm{m}} + m_1 a_2 n_2 N_3$，则

$$\psi_2 = -\alpha e_1^2 - c_2 e_2^2 + e_3 (h_3 x_1 + h_4 x_2 + h_5 x_3 + h_6 + u_1) \tag{3.23}$$

选择

$$u_1 = -h_3 x_1 - h_4 x_2 - h_5 x_3 - h_6 - c_3 e_3 \tag{3.24}$$

由 $u_1 = \dfrac{1}{T'_{d0}} u_f$，可得

$$u_f = T'_{d0} \left\{ \frac{c_3}{b_1 n_1} [h_1 x_1 + h_2 x_2 + a_2 m_1 \sin(2x_1) + m_1 P_{\mathrm{m}} + c_2 x_2 + c_2 c_1 x_1] - h_3 x_1 + h_4 x_2 - h_5 x_3 - h_6 - c_3 x_3 \right\} \tag{3.25}$$

因此有

$$\psi_2 = -\alpha e_1^2 - c_2 e_2^2 - c_3 e_3^2 \leqslant 0 \tag{3.26}$$

令 $V(x) = 2V_3(e_1, e_2, e_3)$，则

$$\dot{V} \leqslant \gamma^2 \| \varepsilon \|^2 - \| z \|^2 \tag{3.27}$$

对任意给定的 $t > 0$ 及初始状态，对式（3.27）两侧积分可以得到耗散不等式，而且对任意的扰动都有 $H_2 \leqslant 0$，则在反馈控制律式（3.24）下闭环误差系统都是渐近稳定的。根据虚拟控制的定义可知，系统状态 x_1、x_2、x_3 是有界收敛的。

3.1.3 仿真分析

以下将给出针对图 3.1 所示的单机无穷大系统设计扰动抑制控制器的仿真分析，仿真参数选取如表 3.1 所示。

表 3.1 仿真参数选取（标幺值）

参数	取值	参数	取值	参数	取值	参数	取值
ω_{s}	1.0	δ_0	0.557	D	0.1	V_{s}	0.995
E_{fds}	1.8846	T'_{d0}	7.4	P_{m0}	0.9	H	7
X'_d	0.3	X_{T}	0.15	X_{L}	0.2		

在模型中定义的系统参数计算如下：

$$b_1 = 47.0059, b_2 = 0.014285714, b_3 = 0.2123, b_4 = 0.3485$$

$$E = 0.25467, m_1 = 44.87857, m_2 = 5, d_1 P = 28.2735, d_2 P = 1.35$$

1. 负荷功率扰动

1）功率存在约 20%的扰动

考虑功率存在缺额的情况，在 10～11s 时出现功率不平衡，$P_{\mathrm{e}} = P_{\mathrm{e}} + \Delta P_{\mathrm{e}}$，11s 后调整到平衡状态，功率缺额如下：

$$\Delta=\begin{cases}0, & 0\leqslant t<10\text{s}\\ 0.2, & 10\text{s}\leqslant t\leqslant 11\text{s}\\ 0, & 11\text{s}<t\end{cases}$$

其中，t 的单位是 s 。此时闭环系统的动态响应曲线如图 3.2 和图 3.3 所示。

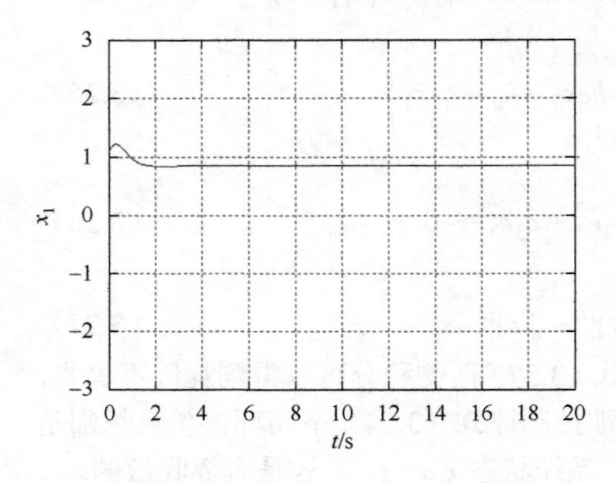

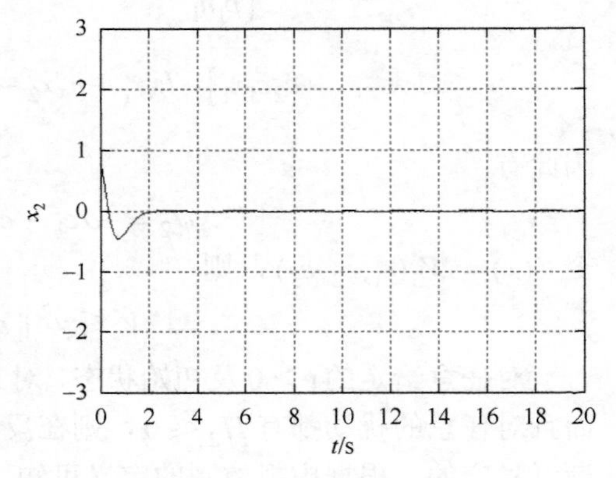

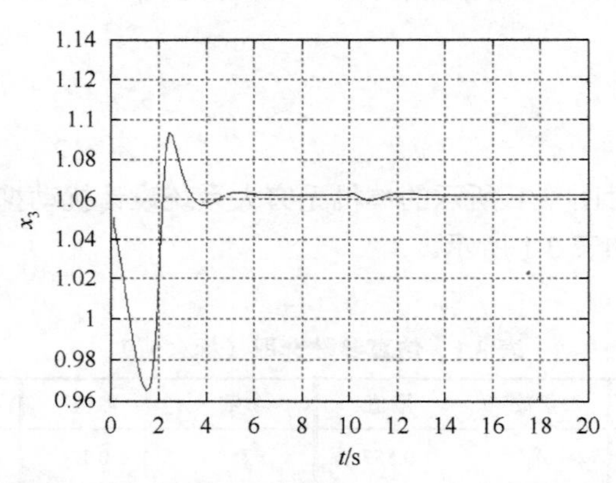

图 3.2　功率缺额约 20%时具有控制器式（3.25）时闭环系统的动态响应曲线

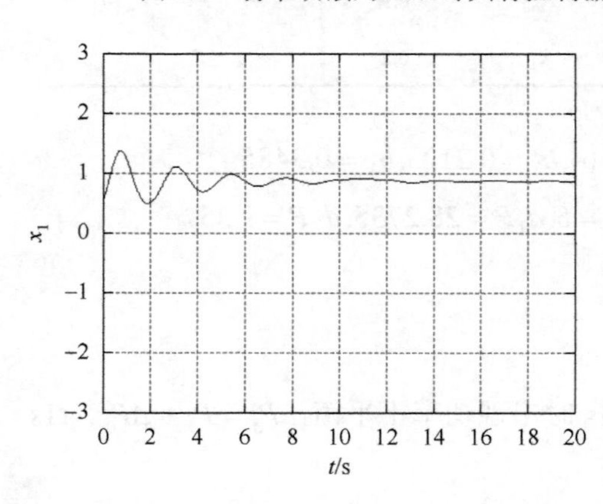

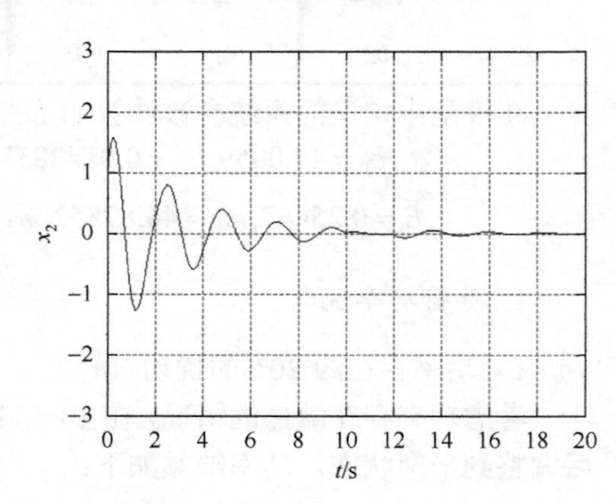

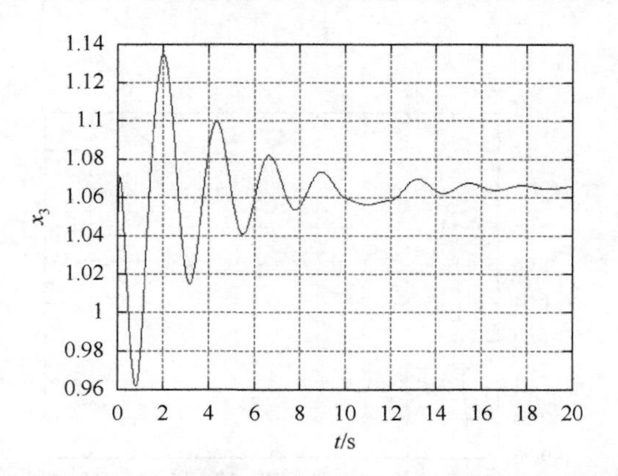

图 3.3 功率缺额约 20%时具有常规控制器时闭环系统的动态响应曲线

由图 3.2 和图 3.3 可以看到，在控制器式（3.25）的作用下，当功率扰动时，系统在不到 3s 的时间即可进入稳定状态；而常规控制器作用下，需要更长的时间，历经更多的振荡周期才进入稳定状态。

2）功率存在约 30%的扰动

增加功率扰动的程度到约 30%，系统的动态响应曲线如图 3.4 和图 3.5 所示。

由图 3.4 和图 3.5 可以看出，当扰动增大时，在控制器式（3.25）作用下的系统在收敛时间、振荡幅度方面依然具有优势。由图 3.2 和图 3.4 可知，增加扰动程度并未对系统造成明显影响。

3）功率存在不可恢复的扰动

考虑功率存在不可恢复的扰动情况，即在 10s 时功率发生永久性变化：

$$\varDelta=\begin{cases}0, & 0\leqslant t<10\text{s}\\0.3, & 10\text{s}\leqslant t\end{cases}$$

在这种状况下，系统的动态响应曲线如图 3.6 和图 3.7 所示。

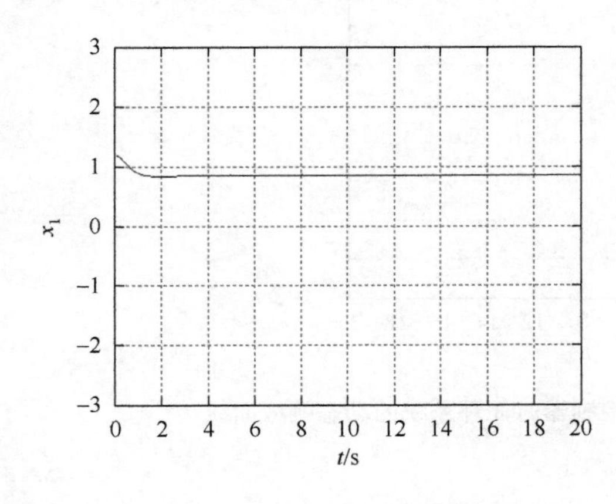

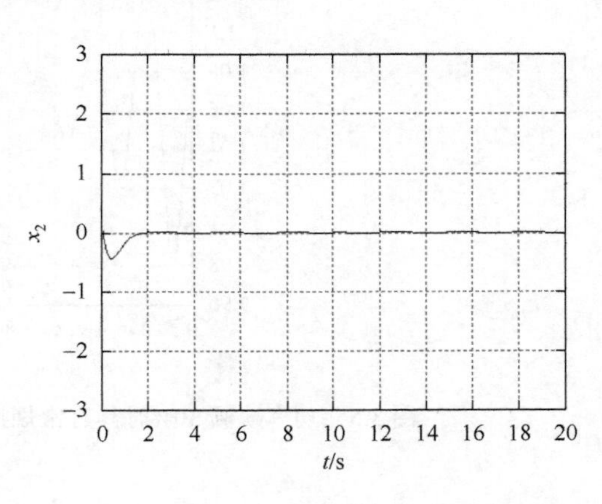

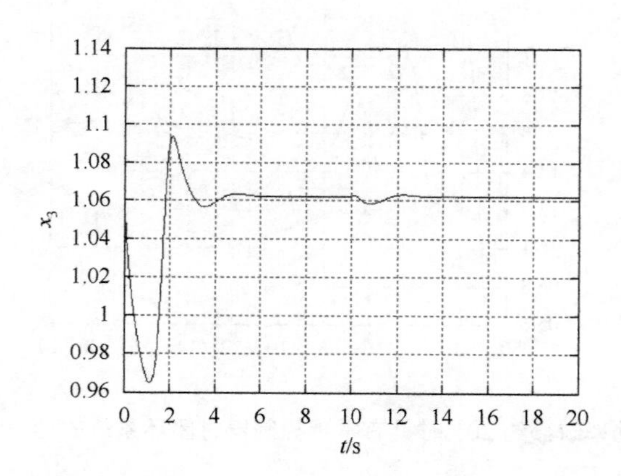

图 3.4　功率缺额 30%时具有控制器式（3.25）时闭环系统的动态响应曲线

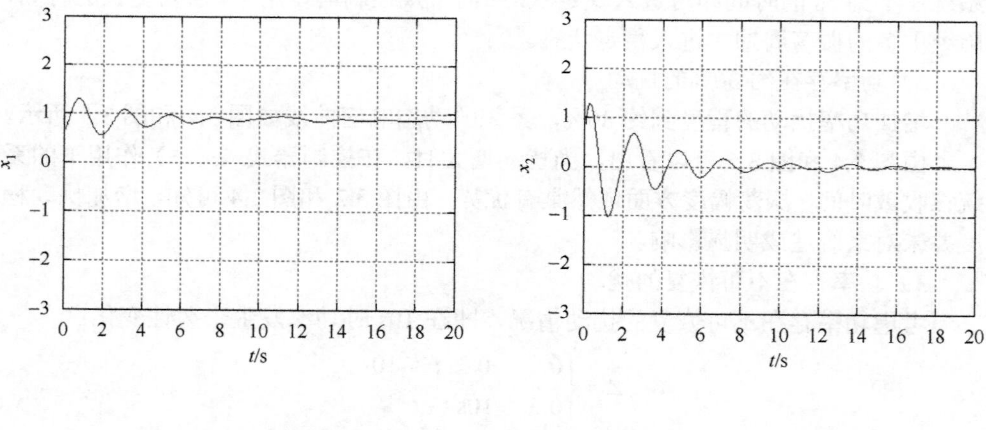

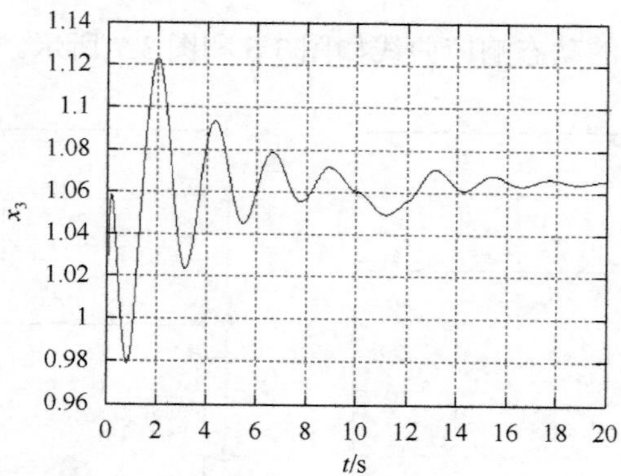

图 3.5　功率缺额 30%时具有常规控制器时闭环系统的动态响应曲线

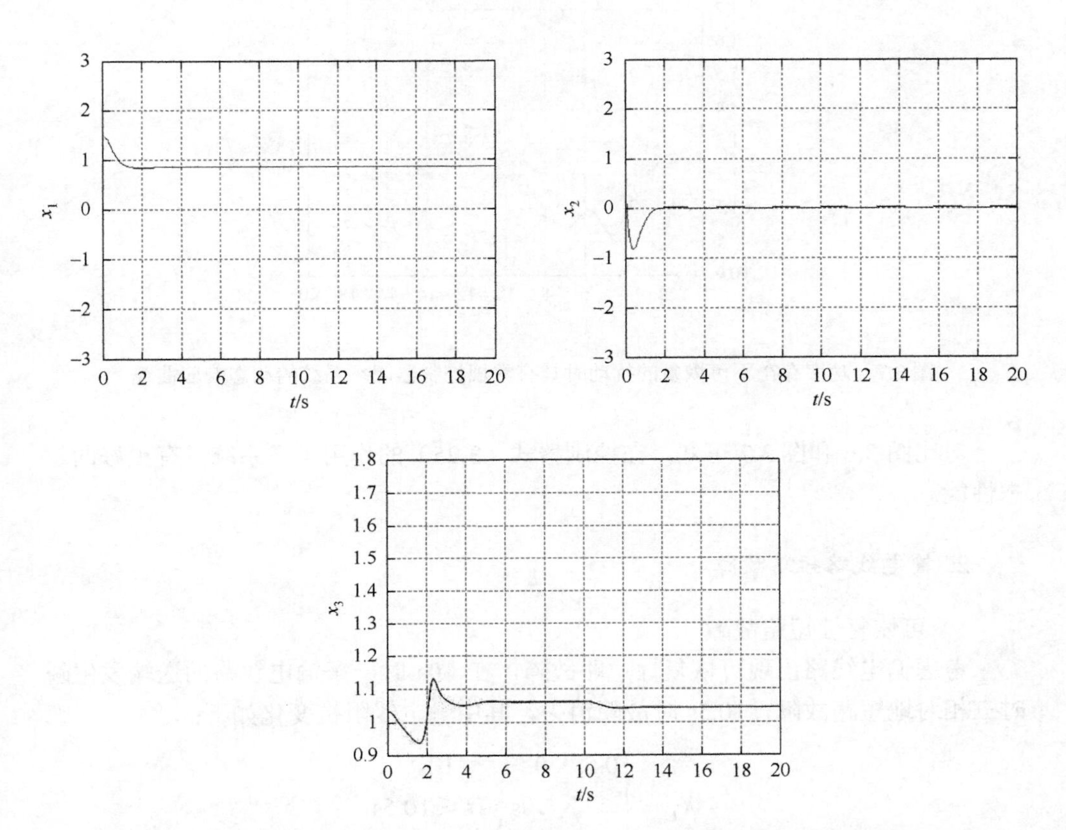

图 3.6 功率存在不可恢复的扰动时具有控制器式（3.25）闭环系统的动态响应曲线

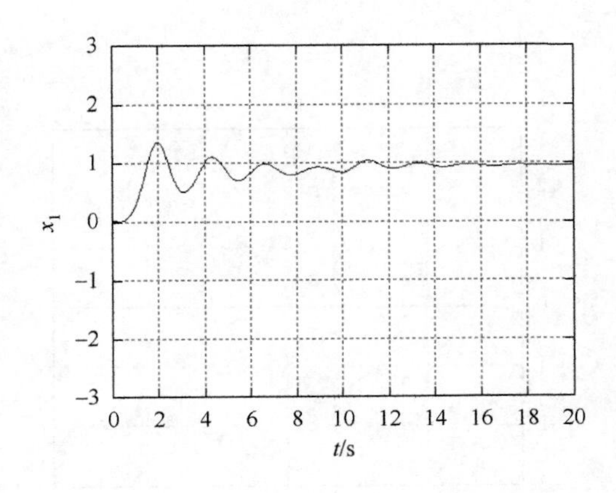

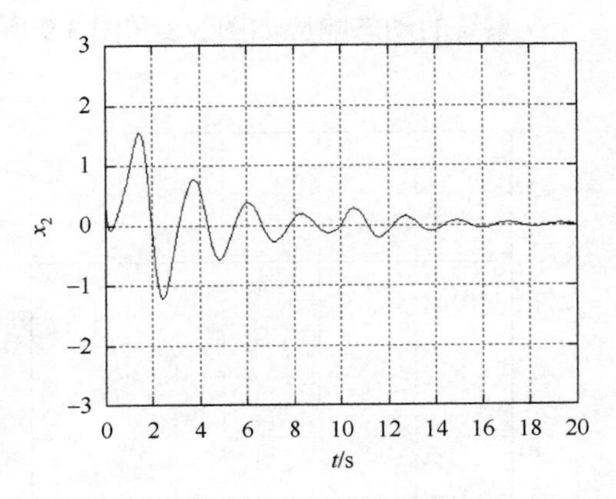

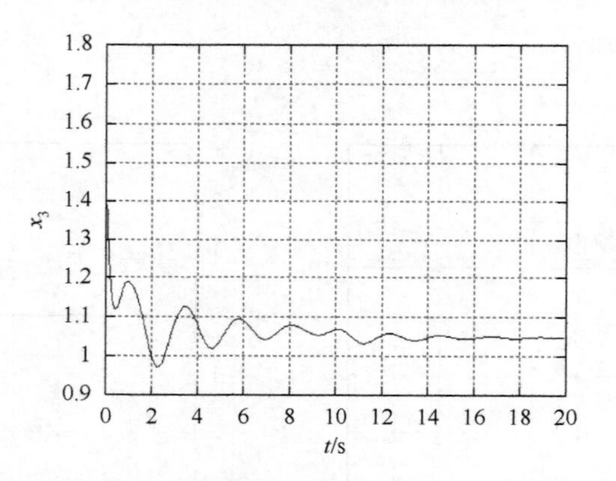

图 3.7 功率存在不可恢复的扰动时具有常规控制器闭环系统的动态响应曲线

对比图 3.6 和图 3.7 可知，在控制器式（3.25）的作用下，系统具有更好的暂态性能。

2. 输电线路短路故障

1）可恢复性短路故障

考虑输电线路出现可恢复性短路故障，在 10s 时一条输电线路的送端发生瞬时三相对地短路故障，10.5s 时故障消失，其中输电线阻抗变化如下：

$$X_{\mathrm{L}}=\begin{cases}0.5, & 0\leqslant t<10\mathrm{s}\\ \infty, & 10\mathrm{s}\leqslant t\leqslant 10.5\mathrm{s}\\ 0.5, & 10.5\mathrm{s}<t\end{cases}$$

系统的动态响应如图 3.8 和图 3.9 所示。

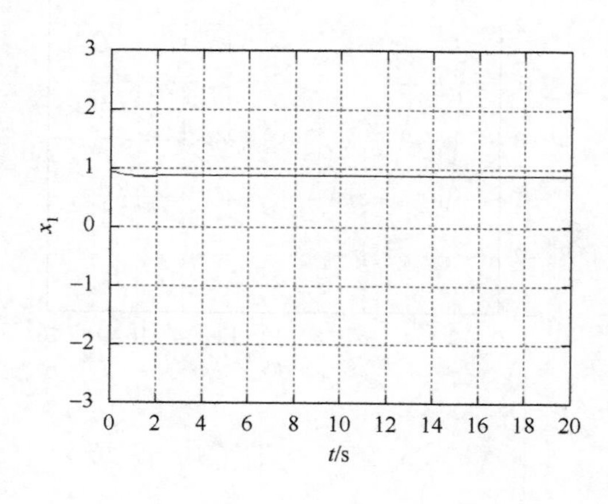

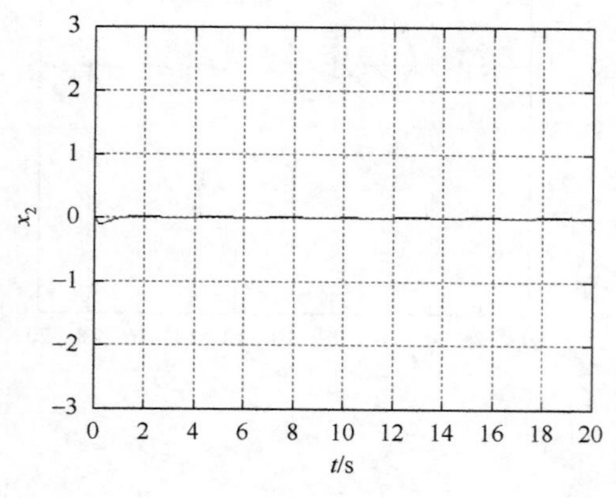

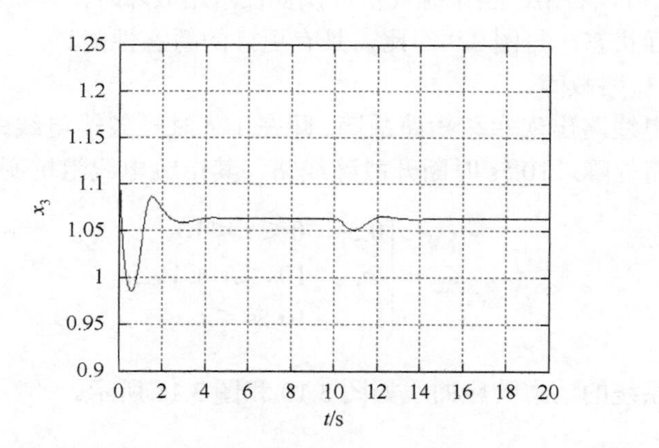

图 3.8　传输线路存在可恢复性短路故障时具有控制器式（3.25）的闭环系统动态响应曲线

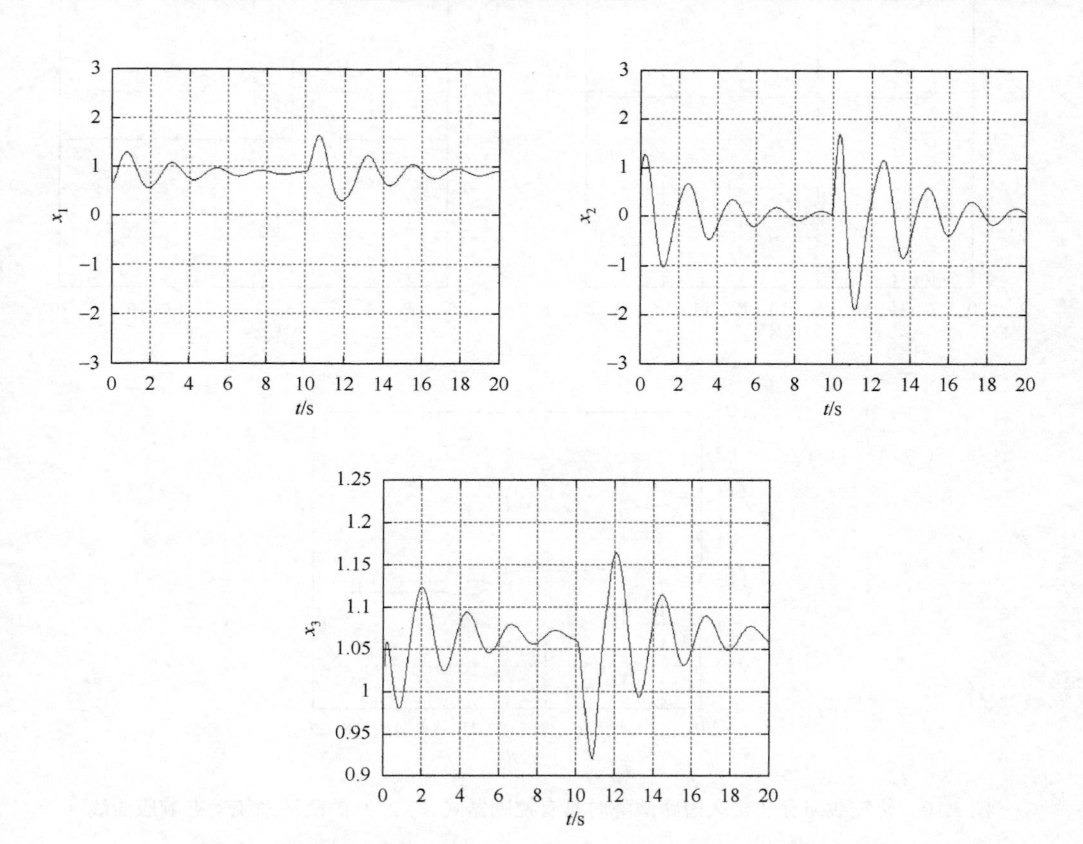

图 3.9　传输线路存在可恢复性短路故障时具有常规控制器的闭环系统动态响应曲线

从图 3.8 可以看出，当系统发生可恢复性短路故障时，系统经过短时振荡又恢复到初始运行状态，与图 3.9 对比，具有更好的暂态性能。

2）永久短路故障

考虑输电线路出现永久短路故障，即在 10s 时一条输电线路的送端发生瞬时三相对地短路故障，10.5s 时断开故障线路，其中输电线阻抗变化如下：

$$X_{\mathrm{L}}=\begin{cases}0.5, & 0\leqslant t<10\mathrm{s}\\ \infty, & 10\mathrm{s}\leqslant t\leqslant 10.5\mathrm{s}\\ 1, & 10.5\mathrm{s}<t\end{cases}$$

该闭环系统的动态响应曲线如图 3.10 和图 3.11 所示。

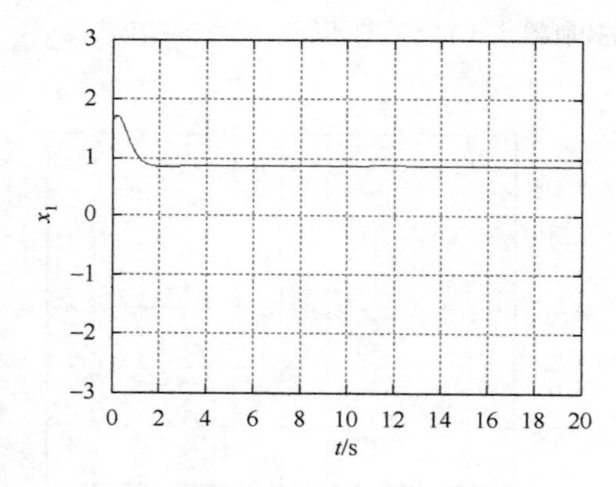

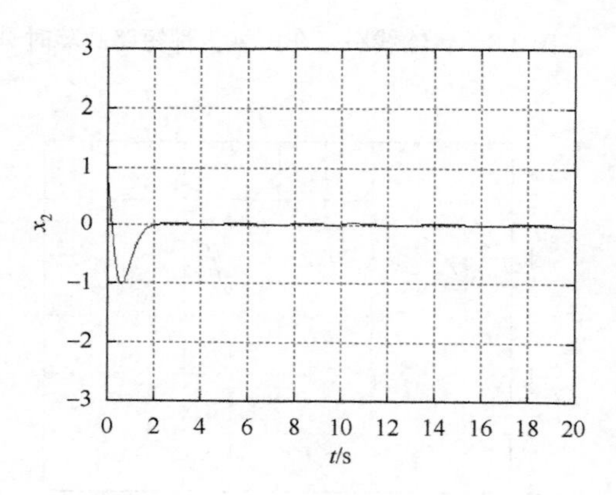

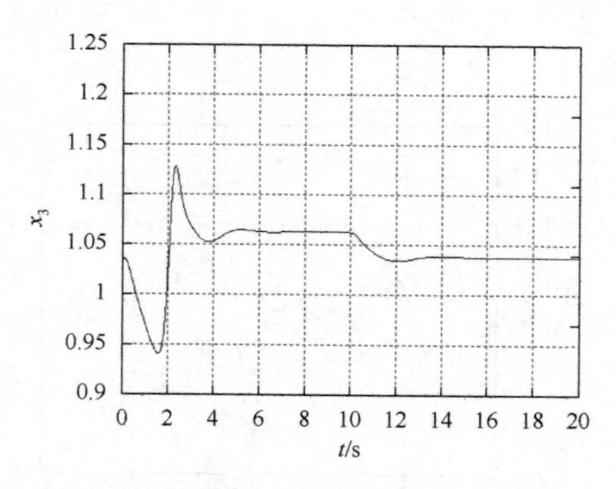

图 3.10　传输线路存在永久短路故障时具有控制器式（3.25）的闭环系统动态响应曲线

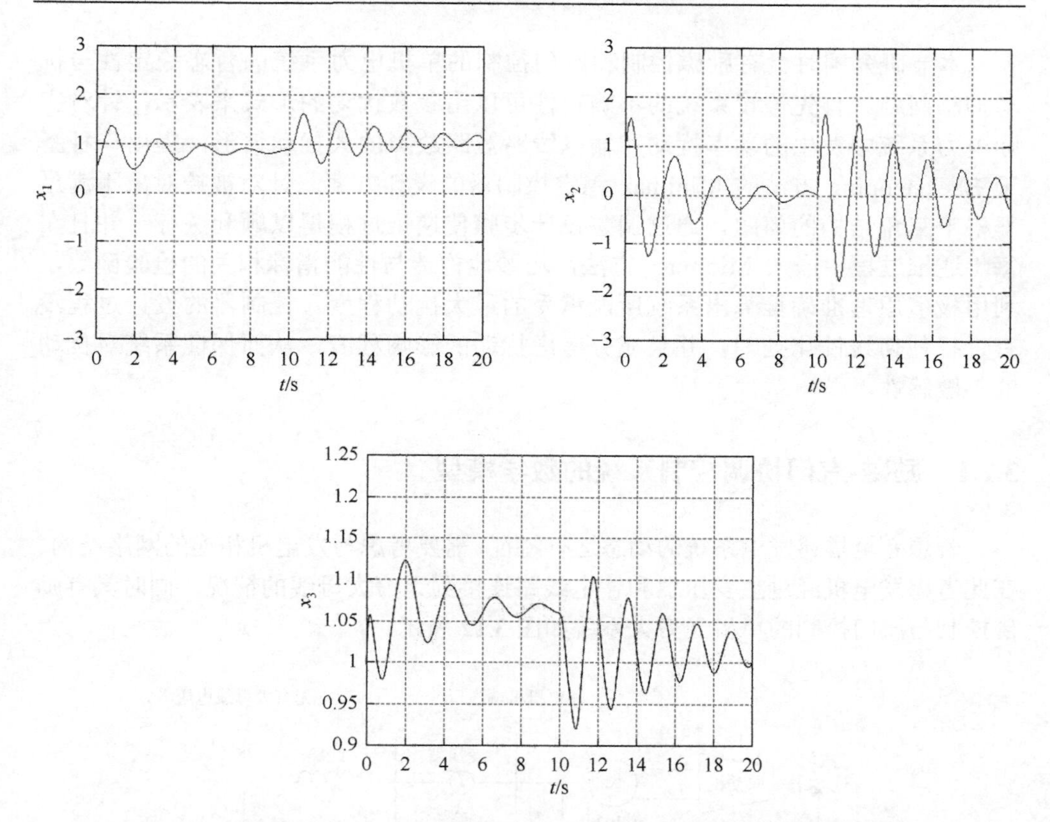

图 3.11 传输线路存在永久短路故障时具有常规控制器的闭环系统动态响应曲线

从图 3.10 系统状态 x_1、x_2、x_3 的响应曲线可以看出，当输电线路发生永久短路故障时，系统状态 x_3 被镇定在一个新的平衡点，对比图 3.11，本书所设计的控制器更具优势。本书所设计的大扰动抑制控制器在收敛时间和振荡幅度方面都是比较理想的。虽然改变了扰动的形式，但系统的动态响应曲线并未发生明显变化，可见系统的动态响应对于输电线路短路故障扰动仍是不敏感的。

3.2 励磁-汽门协调控制系统

随着现代电网结构的日益复杂和庞大，并列运行在电力系统中的发电机台数越来越多，使得稳定性问题极为突出。由于受到励磁电流极值的限制，仅依靠励磁控制提高系统的暂态稳定性，其能力是有限的。汽轮机控制系统通过调节汽门开度来控制所注入的功率，从而实现快速改善暂态稳定性的目的。因此，利用励磁控制与汽门控制的协调作用，有利于快速高效地促进系统的稳定。

本节研究同时具有励磁控制和汽门控制的单机电力系统的暂态稳定性与扰动抑制问题。首先假设系统的不确定性可以用参数扰动的形式来表示，针对实际电力系统中发生的功率扰动和输电线路短路故障的大扰动情形，提出一种基于 Backstepping 方法的 Minimax 稳定控制器的设计方案。针对被控对象不满足严格下三角结构的问题，通过调整设计步骤使逆推过程得以顺利进行，并且在每步逆推过程中嵌入 Minimax 方法，巧妙地构造与性能指标相关的检验函数，利用极值原理准确推算出系统所能承受的最大扰动程度。控制器的设计过程没有进行任何线性化处理，并且充分考虑扰动的影响程度，从而保证系统对扰动的不敏感性。

3.2.1　励磁-汽门协调控制系统的数学模型

若想完全描述发电系统的动态运行特征，需要考虑与发电机相连的网络结构。在此考虑发电机经过主变压器和输电线路连接到无穷大母线的情况，同时具有励磁控制与汽门控制的单机无穷大系统如图 3.12 所示。

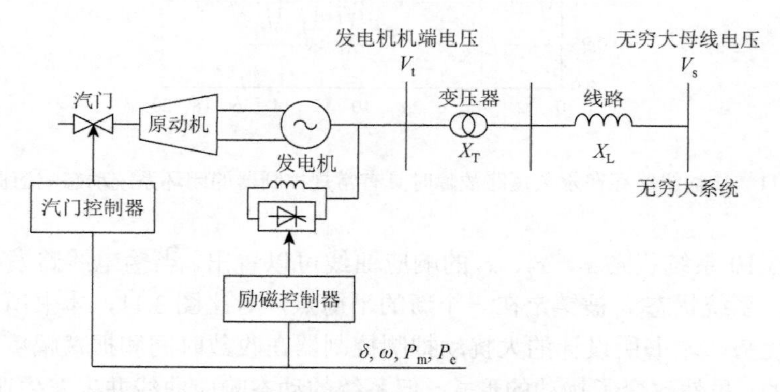

图 3.12　单机无穷大励磁-汽门协调控制系统结构图

以高压主汽门和励磁系统为调节对象，得到蒸汽调节系统的动力学方程为

$$\dot{\delta} = \omega - \omega_0 \tag{3.28}$$

$$\dot{\omega} = \frac{\omega_0}{H}(P_m - P_e - P_D) \tag{3.29}$$

$$\dot{E}'_q = \frac{1}{T'_{d0}}\left(-\frac{X_{d\Sigma}}{X'_{d\Sigma}}E'_q + \frac{X_d - X'_d}{X'_{d\Sigma}}V_s\cos\delta + E_{fds} + u_f\right) \tag{3.30}$$

$$\dot{P}_H = -\frac{1}{T_{H\Sigma}}P_H + \frac{C_H}{T_{H\Sigma}}P_{m0} + \frac{C_H}{T_{H\Sigma}}u_g \tag{3.31}$$

其中，δ 为转子运行角；ω 为转子角速度；ω_0 为同步角速度；H 为惯性常数；P_{m} 为发电机的功率；P_{e} 为发电机的电磁功率，$P_{\mathrm{e}}=\dfrac{E'_q V_{\mathrm{s}}}{X'_{d\Sigma}}\sin\delta$；$E'_q$ 为发电机 q 轴暂态电势；V_{s} 为无穷大母线电压；$X'_{d\Sigma}=X'_d+X_{\mathrm{T}}+X_{\mathrm{L}}$ 为 q 轴暂态电势 E'_q 和无穷大母线电压 V_{s} 之间的等值电抗，X'_d 为发电机 d 轴暂态电抗，X_{T} 为变压器漏抗，X_{L} 为输电线路电抗；P_{D} 为一个正比于相对角速度的阻尼功率，$P_{\mathrm{D}}=\dfrac{D(\omega-\omega_0)}{\omega_0}$，$D$ 为阻尼系数；T'_{d0} 是励磁绕组时间常数；$X_{d\Sigma}=X_d+X_{\mathrm{T}}+X_{\mathrm{L}}$ 是 q 轴电势 E_q 和 V_{s} 之间的等值电抗，X_d 是发电机 d 轴电抗；u_f 为励磁控制输入电压；$T_{\mathrm{H}\Sigma}$ 为高压缸调节汽门控制系统等效时间常数；C_{H} 为高压缸功率分配系数；u_g 是蒸汽调节的电控信号。原动机的控制实际上是通过对汽轮机汽门开度的调节来控制所注入的功率，从而达到改善电力系统暂态稳定性的目的；总功率 $P_{\mathrm{m}}=P_{\mathrm{H}}+P_{\mathrm{ML}}$，其中，$P_{\mathrm{H}}$ 为高压缸输出的功率，P_{ML} 为中低压缸输出的功率。

根据方程式（3.28）～式（3.31），定义状态变量为 $x_1=\delta-\delta_0$，$x_2=\omega-\omega_0$，$x_3=E'_q-E'_{q0}$，$x_4=P_{\mathrm{H}}-C_{\mathrm{H}}P_{\mathrm{m0}}$，其中，$(\delta_0,\omega_0,E'_{q0},P_{\mathrm{m0}})$ 为某一选定的发电机稳定状态运行工作点。同时考虑扰动 $\varepsilon=[\varepsilon_1\ \ \varepsilon_2\ \ \varepsilon_3]^{\mathrm{T}}$，其中 ε_1、ε_2、ε_3 为属于 L_2 空间的函数，分别表示发电机转子、励磁绕组电磁和高压缸输出功率上受到的外界未知扰动。则被控对象的动态方程可变换为

$$\dot{x}_1=x_2 \tag{3.32}$$

$$\dot{x}_2=-a_0(x_3+E'_{q0})\sin(x_1+\delta_0)-a_1x_2+a_2(x_4+P_{\mathrm{m0}})+\varepsilon_1 \tag{3.33}$$

$$\dot{x}_3=b_0\cos(x_1+\delta_0)-b_1(x_3+E'_{q0})+E+u_1+\varepsilon_2 \tag{3.34}$$

$$\dot{x}_4=-b_2x_4+u_2+\varepsilon_3 \tag{3.35}$$

$$z=\begin{bmatrix} q_1x_1 \\ q_2x_2 \end{bmatrix} \tag{3.36}$$

其中，$a_0=\dfrac{V_{\mathrm{s}}\omega_0}{HX'_{d\Sigma}}$；$a_1=\dfrac{D}{H}$；$a_2=\dfrac{\omega_0}{H}$；$b_0=\dfrac{X_d-X'_d}{T'_{d0}X'_{d\Sigma}}V_{\mathrm{s}}$；$b_1=\dfrac{X_{d\Sigma}}{T'_{d0}X'_{d\Sigma}}$；$b_2=\dfrac{1}{T_{\mathrm{H}\Sigma}}$；$E=\dfrac{E_{fds}}{T'_{d0}}$；$u_1=\dfrac{1}{T'_{d0}}u_f$；$u_2=\dfrac{C_{\mathrm{H}}}{T_{\mathrm{H}\Sigma}}u_g$；$z$ 是调节输出；q_1 和 q_2 是非负权重系数，表示 x_1 和 x_2 之间的加权比重，且 $q_1+q_2=1$；第一项 q_1x_1 是为了保持系统的功角稳定；第二项 q_2x_2 是为了保持频率稳定。

3.2.2 励磁-汽门扰动抑制协调控制器设计

本小节应用 Backstepping 方法同时设计励磁与汽门扰动抑制协调控制器，达到快速镇定系统的目的。

1. 控制目标

Minimax 扰动抑制控制设计需要满足如下两条原则：

（1）当扰动 $\varepsilon = 0$ 时，闭环系统是渐近稳定的；

（2）当扰动 $\varepsilon \neq 0$ 时，设计过程可以转化为通过构造存储函数 $V(x)$ 找到合适的状态反馈 $u = [u_1 \ \ u_2]^{\mathrm{T}}$，使得系统式（3.32）～式（3.35）对于供给率 $S = \gamma^2 \| \varepsilon \|^2 - \| z \|^2$ 具有耗散性，即使如下耗散不等式

$$V[x(t)] - V[x(0)] \leqslant \int_0^T \left(\gamma^2 \| \varepsilon \|^2 - \| z \|^2 \right) \mathrm{d}t \tag{3.37}$$

对任意 $T > 0$ 成立，此时系统的 L_2 增益小于等于 γ，其中 $\gamma > 0$ 为扰动抑制常数。

2. 非线性扰动抑制协调控制器设计

下面针对含有未知扰动的励磁与汽门协调控制系统式（3.32）～式（3.35），应用 Backstepping 方法与 Minimax 理论设计非线性反馈控制器，设计步骤如下。

第 1 步：首先考虑式（3.32），定义 $e_1 = x_1$，从而得

$$\dot{e}_1 = x_2 \tag{3.38}$$

将 x_2 看作控制变量，并定义 x_2^* 为虚拟控制律，令 $e_2 = x_2 - x_2^*$，表示系统状态 x_2 与虚拟控制律 x_2^* 之间的误差变量。根据式（3.38）可得

$$\dot{e}_1 = e_2 + x_2^* \tag{3.39}$$

本步的目的在于通过设计虚拟控制律 x_2^* 令 $e_1 \to 0$。选取如下 Lyapunov 函数：

$$V_1 = \frac{\sigma}{2} e_1^2 \tag{3.40}$$

其中，$\sigma > 0$ 是待定参数。V_1 沿系统式（3.40）的解轨迹对时间 t 的导数为

$$\dot{V}_1 = \sigma e_1 (e_2 + x_2^*) \tag{3.41}$$

选择合适的虚拟控制律 x_2^*，从而镇定第一个子系统：

$$x_2^* = -c_1 x_1 \tag{3.42}$$

其中，$c_1 > 0$ 是待定参数。由式（3.41）和式（3.42）可得

$$\dot{V}_1 = \sigma e_1 e_2 - \sigma c_1 e_1^2 \tag{3.43}$$

如果 $e_2 = 0$，则能够保证 $V_1 = -\sigma c_1 e_1^2 \leqslant 0$，从而 e_1 渐近稳定。但是，在一般情

况下$e_2 \neq 0$，因此在下一步中将引入新的虚拟控制律使得误差变量e_2具有期望的渐近性。

第2步：结合式（3.42），得到误差变量e_2的动态方程为

$$\begin{aligned}\dot{e}_2 &= \dot{x}_2 - \dot{x}_2^* \\ &= -a_0(x_3 + E'_{q0})\sin(x_1 + \delta_0) - a_1 x_2 + a_2(x_4 + P_{m0}) + \varepsilon_1 + c_1 x_2\end{aligned} \tag{3.44}$$

状态变量x_3和x_4同时出现在本步中，这不符合标准的下三角结构，为了确保逆推过程顺利进行，在此调整设计步骤，将x_3和x_4两项均看作虚拟控制输入，并分别定义虚拟控制律x_3^*和x_4^*，进一步定义误差变量$e_3 = x_3 - x_3^*$和$e_4 = x_4 - x_4^*$。同时，对式（3.40）进行增广，构造前两阶子系统的Lyapunov函数为

$$V_2 = V_1 + \frac{1}{2}e_2^2 \tag{3.45}$$

进而得到能量函数V_2对时间t的导数为

$$\begin{aligned}\dot{V}_2 = \sigma e_1 e_2 - \sigma c_1 e_1^2 + e_2\Big[&-a_0\left(e_3 + x_3^* + E'_{q0}\right)\sin(x_1 + \delta_0) \\ &-a_1 x_2 + a_2\left(e_4 + x_4^* + P_{m0}\right) + \varepsilon_1 + c_1 x_2\Big]\end{aligned} \tag{3.46}$$

式（3.46）中出现了未知扰动项ε_1，考虑性能指标函数为

$$J_1 = \int_0^\infty \left(\| z \|^2 - \gamma^2 \| \varepsilon_1 \|^2\right) \mathrm{d}t \tag{3.47}$$

构造检验函数为

$$\psi_1 = \dot{V}_2 + \frac{1}{2}\left(\| z \|^2 - \gamma^2 \| \varepsilon_1 \|^2\right) \tag{3.48}$$

将式（3.46）代入式（3.48）得

$$\begin{aligned}\psi_1 = \sigma e_1 e_2 - \sigma c_1 e_1^2 + e_2\Big[&-a_0\left(e_3 + x_3^* + E'_{q0}\right)\sin(x_1 + \delta_0) - a_1 x_2 \\ &+a_2\left(e_4 + x_4^* + P_{m0}\right) + \varepsilon_1 + c_1 x_2\Big] + \frac{1}{2}\left(q_1^2 x_1^2 + q_2^2 x_2^2 - \gamma^2 \varepsilon_1^2\right)\end{aligned} \tag{3.49}$$

利用极值原理，对ψ_1关于ε_1求一阶导数，并令导数等于0，得

$$\varepsilon_1^* = \frac{1}{\gamma^2} e_2 \tag{3.50}$$

继续求二阶导数得

$$\frac{\partial^2 \psi_1}{\partial \varepsilon_1^2} = -\gamma^2 < 0$$

由此可知ψ_1关于ε_1有极大值，即ε_1^*是对系统影响程度最大的扰动。将最大扰动ε_1^*代入检验函数ψ_1得

$$\psi_1=-\sigma c_1 e_1^2+e_2\left[\sigma e_1-a_0\left(e_3+x_3^*+E'_{q0}\right)\sin(x_1+\delta_0)-a_1x_2\right.$$
$$\left.+a_2\left(e_4+x_4^*+P_{\mathrm{m}0}\right)+\frac{e_2}{\gamma^2}+c_1x_2\right]+\frac{1}{2}q_1^2x_1^2+\frac{1}{2}q_2^2x_2^2-\frac{e_2^2}{2\gamma^2}$$
$$=-\left(\sigma c_1-\frac{1}{2}q_1^2-\frac{1}{2}q_2^2c_1^2\right)e_1^2+e_2\left[\sigma x_1-a_0\left(e_3+x_3^*+E'_{q0}\right)\sin(x_1+\delta_0)\right.$$
$$\left.-a_1x_2+a_2\left(e_4+x_4^*+P_{\mathrm{m}0}\right)+\frac{e_2}{\gamma^2}+c_1x_2+\frac{1}{2}q_2^2e_2-q_2^2c_1x_1-\frac{e_2}{2\gamma^2}\right]$$
$$=-\overline{c}_1e_1^2+e_2\left[l_1x_1+l_2x_2-a_0\left(e_3+x_3^*+E'_{q0}\right)\sin(x_1+\delta_0)\right.$$
$$\left.+a_2\left(e_4+x_4^*+P_{\mathrm{m}0}\right)+\left(\frac{1}{2\gamma^2}+\frac{1}{2}q_2^2\right)e_2\right] \tag{3.51}$$

其中，$\overline{c}_1=\sigma c_1-\frac{1}{2}q_1^2-\frac{1}{2}q_2^2c_1^2$，式（3.51）中均为待定参数，通过选择合适的参数值即可保证$\overline{c}_1>0$；$l_1=\sigma-q_2^2c_1$；$l_2=c_1-a_1$。

选择如下虚拟控制律：

$$x_3^*=-E'_{q0} \tag{3.52}$$

$$x_4^*=-\frac{1}{a_2}(l_1x_1+l_2x_2+l_3e_2)-P_{\mathrm{m}0} \tag{3.53}$$

其中，$l_3=c_2+\frac{1}{2\gamma^2}+\frac{1}{2}q_2^2$，$c_2>0$是待定参数。进而有

$$\psi_1=-\overline{c}_1e_1^2-c_2e_2^2-a_0e_2e_3\sin(x_1+\delta_0)+a_2e_2e_4 \tag{3.54}$$

如果$e_3=0$，$e_4=0$，则$\psi_1=-\overline{c}_1e_1^2-c_2e_2^2\leqslant 0$。$a_0e_2e_3\sin(x_1+\delta_0)$和$a_2e_2e_4$两项将在下一步中进行处理。

第 3 步：同时考虑子系统式（3.34）和式（3.35），并根据式（3.52）和式（3.53）的结果推导误差变量的动态方程为

$$\dot{e}_3=b_0\cos(x_1+\delta_0)-b_1(x_3+E'_{q0})+E+u_1+\varepsilon_2 \tag{3.55}$$

$$\dot{e}_4=-b_2x_4+u_2+\varepsilon_3+\frac{1}{a_2}\left\{(l_1+l_3c_1)x_2+(l_2+l_3)\left[-a_0(x_3+E'_{q0})\right.\right.$$
$$\left.\left.\times\sin(x_1+\delta_0)-a_1x_2+a_2(x_4+P_{\mathrm{m}0})+\frac{e_2}{\gamma^2}\right]\right\} \tag{3.56}$$

式（3.55）和式（3.56）中分别出现了实际控制输入u_1和u_2，以及未知扰动ε_2

和 ε_3。与第 2 步推导过程相似，在设计控制输入 u_1 和 u_2 之前，首先采用 Minimax 方法估计未知扰动的最大影响。

对式（3.45）进行增广，得到新的 Lyapunov 函数为

$$V_3 = V_2 + \frac{1}{2}e_3^2 + \frac{1}{2}e_4^2 \tag{3.57}$$

考虑性能指标函数为

$$J_2 = \int_0^{\infty}\left(\| z \|^2 - \gamma^2 \| \varepsilon \|^2\right)\mathrm{d}t \tag{3.58}$$

构造检验函数为

$$\psi_2 = \dot{V}_3 + \frac{1}{2}\left(\| z \|^2 - \gamma^2 \| \varepsilon \|^2\right) \tag{3.59}$$

将 V_3 的导数代入式（3.59）得

$$\begin{aligned}
\psi_2 &= \dot{V}_2 + e_3\dot{e}_3 + e_4\dot{e}_4 + \frac{1}{2}\left(q_1^2x_1^2 + q_2^2x_2^2 - \gamma^2\varepsilon_1^2 - \gamma^2\varepsilon_2^2 - \gamma^2\varepsilon_3^2\right) \\
&= \psi_1 + e_3\left[b_0f_c - b_1(x_3 + E'_{q0}) + E + u_1 + \varepsilon_2\right] + e_4\left(-b_2x_4 + u_2\right. \\
&\quad + \varepsilon_3 + \frac{1}{a_2}\left\{(l_1 + l_3c_1)x_2 + (l_2 + l_3)\left[-a_0(x_3 + E'_{q0})f_s - a_1x_2\right.\right. \\
&\quad \left.\left.\left. + a_2(x_4 + P_{\mathrm{m}0}) + \frac{e_2}{\gamma^2}\right]\right\}\right) - \frac{1}{2}\gamma^2\varepsilon_2^2 - \frac{1}{2}\gamma^2\varepsilon_3^2 \\
&= -\overline{c}_1e_1^2 - c_2e_2^2 - a_0e_2e_3f_s + a_2e_2e_4 + e_3[b_0f_c - b_1(x_3 + E'_{q0}) + E \\
&\quad + u_1 + \varepsilon_2] + e_4\left(-b_2x_4 + u_2 + \varepsilon_3 + \frac{1}{a_2}\left\{(l_1 + l_3c_1)x_2 + (l_2 + l_3)\right.\right. \\
&\quad \left.\left.\times\left[-a_0(x_3 + E'_{q0})f_s - a_1x_2 + a_2(x_4 + P_{\mathrm{m}0}) + \frac{e_2}{\gamma^2}\right]\right\}\right) - \frac{1}{2}\gamma^2\varepsilon_2^2 - \frac{1}{2}\gamma^2\varepsilon_3^2
\end{aligned} \tag{3.60}$$

其中，$f_s = \sin(x_1 + \delta_0)$；$f_c = \cos(x_1 + \delta_0)$。采用与第 2 步相同的方法，利用极值原理对式（4.30）关于 ε_2 和 ε_3 分别进行极大化处理，推算出系统所能承受的最大扰动如下：

$$\varepsilon_2^* = \frac{1}{\gamma^2}e_3 \tag{3.61}$$

$$\varepsilon_3^* = \frac{1}{\gamma^2}e_4 \tag{3.62}$$

将式（3.61）和式（3.62）代入式（3.60），检验函数 ψ_2 变换为

$$\psi_2 = -\bar{c}_1 e_1^2 - c_2 e_2^2 + e_3\left[-a_0 e_2 f_s + b_0 f_c - b_1(x_3 + E'_{q0}) + E + u_1 + \frac{e_3}{2\gamma^2}\right] + e_4\left(a_2 e_2 - b_2 x_4 + u_2 + \frac{e_4}{2\gamma^2} + \frac{1}{a_2}\left\{(l_1 + l_3 c_1)x_2 + (l_2 + l_3)\left[-a_0(x_3 + E'_{q0})f_s - a_1 x_2 + a_2(x_4 + P_{m0}) + \frac{e_2}{\gamma^2}\right]\right\}\right) \tag{3.63}$$

选择如下控制律：

$$u_1 = -\left[\left(c_3 + \frac{1}{2\gamma^2}\right)e_3 - a_0 e_2 f_s + b_0 f_c - b_1(x_3 + E'_{q0}) + E\right] \tag{3.64}$$

$$u_2 = -\left(\left(c_4 + \frac{1}{2\gamma^2}\right)e_4 + a_2 e_2 - b_2 x_4 + \frac{1}{a_2}\left\{(l_1 + l_3 c_1)x_2 + (l_2 + l_3) \times\left[-a_0(x_3 + E'_{q0})f_s - a_1 x_2 + a_2(x_4 + P_{m0}) + \frac{e_2}{\gamma^2}\right]\right\}\right) \tag{3.65}$$

其中，$c_3 > 0$、$c_4 > 0$ 为待定参数。由于 $u_1 = \frac{1}{T'_{d0}}u_f$，$u_2 = \frac{C_{\mathrm{H}}}{T_{\mathrm{H}\Sigma}}u_g$，所以

$$u_f = -T'_{d0}\left[\left(c_3 + \frac{1}{2\gamma^2}\right)(x_3 + E'_{q0}) - a_0 e_2 f_s + b_0 f_c - b_1(x_3 + E'_{q0}) + E\right] \tag{3.66}$$

$$u_g = -\frac{T_{\mathrm{H}\Sigma}}{C_{\mathrm{H}}}\left(\left(c_4 + \frac{1}{2\gamma^2}\right)\left[x_4 + \frac{1}{a_2}(l_1 x_1 + l_2 x_2 + l_3 x_2 + l_3 c_1 x_1) + P_{m0}\right] + a_2(x_2 + c_1 x_1) - b_2 x_4 + \frac{1}{a_2}\left\{(l_1 + l_3 c_1)x_2 + (l_2 + l_3) \times\left[-a_0(x_3 + E'_{q0})f_s - a_1 x_2 + a_2(x_4 + P_{m0}) + \frac{e_2}{\gamma^2}\right]\right\}\right) \tag{3.67}$$

将式（3.66）和式（3.67）代入式（3.63）可得

$$\psi_2 = \dot{V}_3 + \frac{1}{2}\left(\| z \|^2 - \gamma^2 \| \varepsilon \|^2\right) = -\bar{c}_1 e_1^2 - c_2 e_2^2 - c_3 e_3^2 - c_4 e_4^2 \leqslant 0 \tag{3.68}$$

若令 $V(x) = 2V_3(x)$ 为整个系统的 Lyapunov 函数，则

$$\dot{V}(x) \leqslant \gamma^2 \| \varepsilon \|^2 - \| z \|^2 \tag{3.69}$$

当 $x(0) = 0$ 时，$V[x(0)] = 2V_3[x(0)] = 0$，对于任意给定的 $t > 0$，对式（3.69）两侧同时积分可得耗散不等式（3.37），因此系统从扰动到输出具有 L_2 增益，且对任意的扰动都有 $\psi_2 \leqslant 0$ 。

当 $\varepsilon=0$ 时，在反馈控制律式（3.66）和式（3.67）作用下的闭环误差系统

$$\begin{cases}\dot{e}_1=e_2-c_1e_1\\ \dot{e}_2=a_2e_4-a_0e_3f_s-l_3e_2-l_1e_1\\ \dot{e}_3=-\left(c_3+\dfrac{1}{2\gamma^2}\right)e_3+a_0e_2f_s\\ \dot{e}_4=-\left(c_4+\dfrac{1}{2\gamma^2}\right)e_4-a_2e_2\end{cases} \tag{3.70}$$

渐近稳定。进而可知状态变量 $x_1\to0$， $x_2\to0$， $x_3\to0$， $x_4\to0$。

3.2.3　仿真分析

本小节将利用 MATLAB 软件，针对功率存在扰动和传输线路发生对地短路故障的情况，对图 3.12 所示的单机无穷大系统进行仿真研究，并将所设计的 Minimax 扰动抑制协调控制器（MB）与一般 Backstepping 方法设计的控制器（BC）的控制效果进行比较与分析。

励磁-汽门协调控制系统的物理参数选取如表 3.2 所示。

表 3.2　物理参数选取

参数	取值	参数	取值	参数	取值	参数	取值
ω_0	314.159rad/s	H	7s	D	0.1p.u.	V_{s}	0.995p.u.
T'_{d0}	7.4s	$T_{\mathrm{H}\Sigma}$	0.2s	P_{m0}	0.9p.u.	E_{fds}	1.8846p.u.
C_{H}	0.3	C_{ML}	0.7	X_{T}	0.15p.u.	X_{L}	1.0p.u.
X_d	1.8p.u.	X'_d	0.3p.u.	δ_0	0.8713p.u.	E'_{q0}	1.123p.u.

注：p.u.为标幺值。

控制器设计参数选择如下：

$$\sigma=1,c_1=2,c_2=2,c_3=2,c_4=2,q_1=0.5,q_2=0.5,\gamma=0.5$$

1. 负荷功率扰动

考虑负荷功率存在可恢复扰动的情况，在 6s 时功率出现 20% 上升的扰动，即 $P_{\mathrm{e}}=P_{\mathrm{e}}+\varDelta P_{\mathrm{e}}$，7s 时又恢复到初始值。功率变化率 $\varDelta$ 的动态过程如下：

$$\varDelta=\begin{cases}0, & 0\leqslant t<6\text{s}\\ 0.2, & 6\text{s}\leqslant t\leqslant 7\text{s}\\ 0, & 7\text{s}<t\end{cases}$$

在任意非零初始条件下，分别对系统施加设计的扰动抑制控制器和一般的逆推控制器，并选择相同的控制参数，仿真得到闭环系统的动态响应曲线如图 3.13 和图 3.14 所示。

通过图 3.13 和图 3.14 可以看出，20%上升的功率扰动对系统状态 x_3（即 q 轴暂态电势 E_q'）几乎没有影响，而其余三个状态均发生了不同程度的波动。在

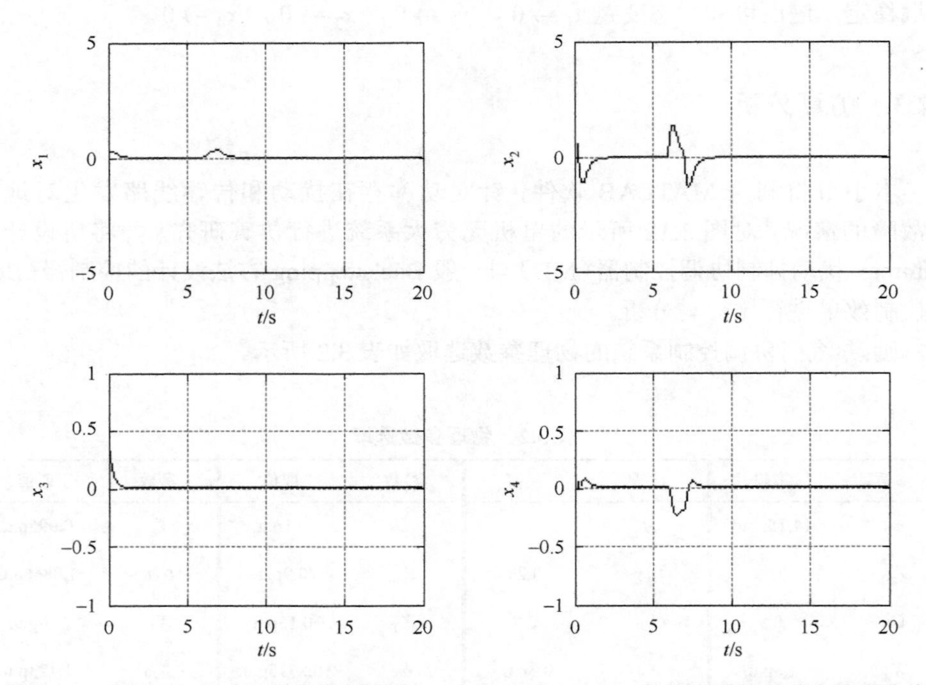

图 3.13　功率 20%扰动时具有控制器式（3.66）和式（3.67）的闭环系统的动态响应曲线

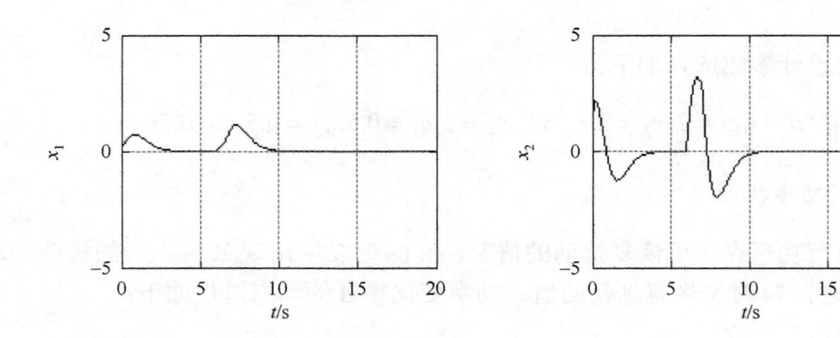

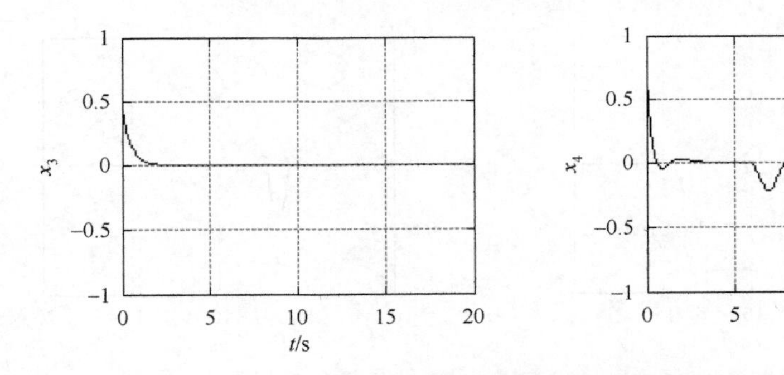

图 3.14　功率 20%扰动时具有常规控制器的闭环系统的动态响应曲线

控制器式（3.66）和式（3.67）的作用下，系统状态 x_1、x_2、x_4 相继在 7.5～9s 的时间内重新进入稳定状态，而在常规控制器的作用下，这三个状态几乎都是在 9s 以后才逐渐收敛。对比图 3.13 和图 3.14 中系统状态 x_1 和 x_2 两条曲线在不同控制器作用下的动态响应发现，图 3.14 曲线的振荡幅度相当于图 3.13 曲线振荡幅度的 2 倍。由此可见，所设计的控制器在响应时间与振荡幅值上具有优势。

为了更全面地分析控制器的性能与控制效果，进一步增加扰动的程度，即在 6s 时功率出现 30% 上升的扰动，7s 时又恢复到原来值，其中扰动变化率 Δ 的动态过程如下：

$$\Delta=\begin{cases}0, & 0\leqslant t<6\text{s}\\ 0.3, & 6\text{s}\leqslant t\leqslant 7\text{s}\\ 0, & 7\text{s}<t\end{cases}$$

闭环系统的动态响应曲线如图 3.15 和图 3.16 所示。

图 3.15 和图 3.16 说明，当系统出现 30% 上升的功率扰动时，采用控制器式（3.66）和式（3.67）系统的状态能够在很短的时间（0.5～3s）内便相继进入稳定状态，相比于常规控制器的收敛时间（>4s），图 3.15 曲线收敛速度更快。以系统状态 x_2 为例，曲线振荡在(−2, 2)内，而图 3.16 曲线正向振荡的最高点接近 5，相

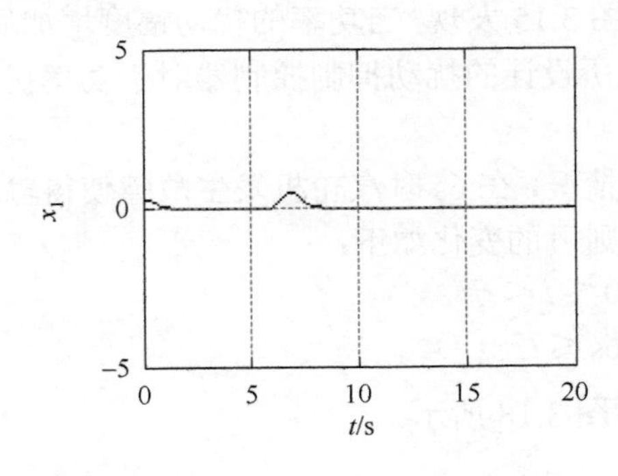

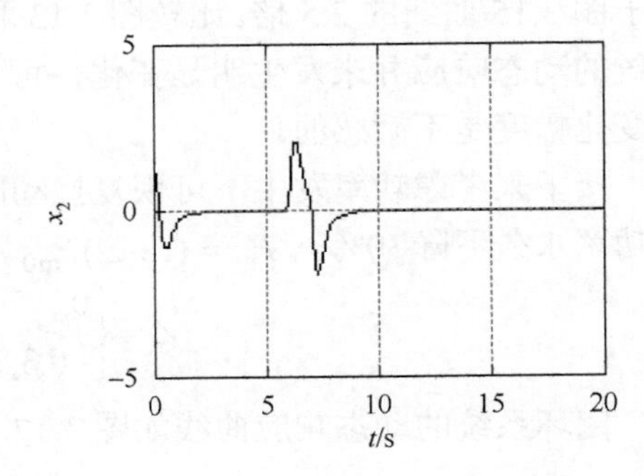

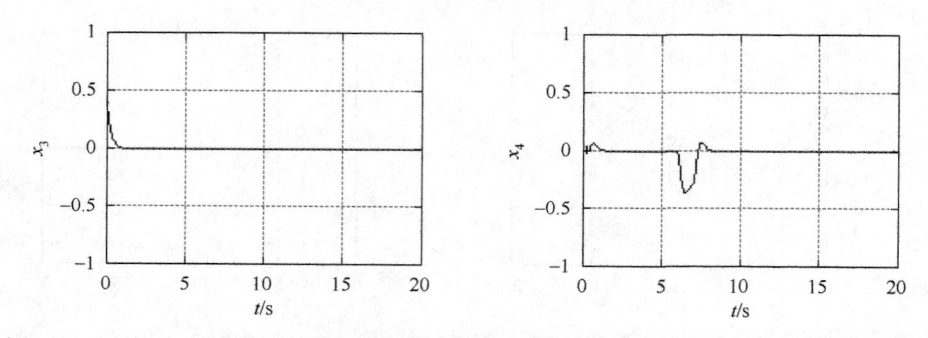

图 3.15　功率 30%扰动时具有控制器式（3.66）和式（3.67）的闭环系统的动态响应曲线

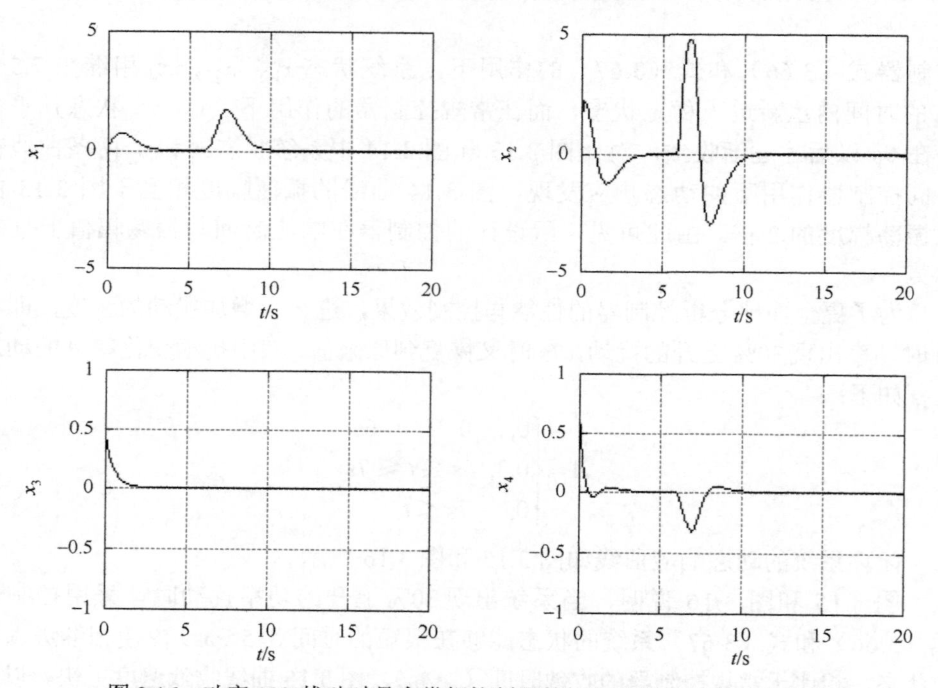

图 3.16　功率 30%扰动时具有常规控制器的闭环系统的动态响应曲线

当于图 3.15 曲线的 2.5 倍。比较图 3.13 和图 3.15 发现，当功率的扰动幅度增加后，系统的动态响应并未发生明显变化，可见所设计的扰动抑制控制器对于功率扰动的变化幅度是不敏感的。

接下来考虑功率发生不可恢复扰动的情况，在 6s 时汽轮机发生故障使得输出的功率永久下降 30%，$P_{\mathrm{m}}=(1+\varDelta)P_{\mathrm{m0}}$，则 $\varDelta$ 的变化如下：

$$\varDelta=\begin{cases}0, & 0\leqslant t<6\mathrm{s}\\ -0.3, & 6\mathrm{s}\leqslant t\end{cases}$$

闭环系统的动态响应曲线如图 3.17 和图 3.18 所示。

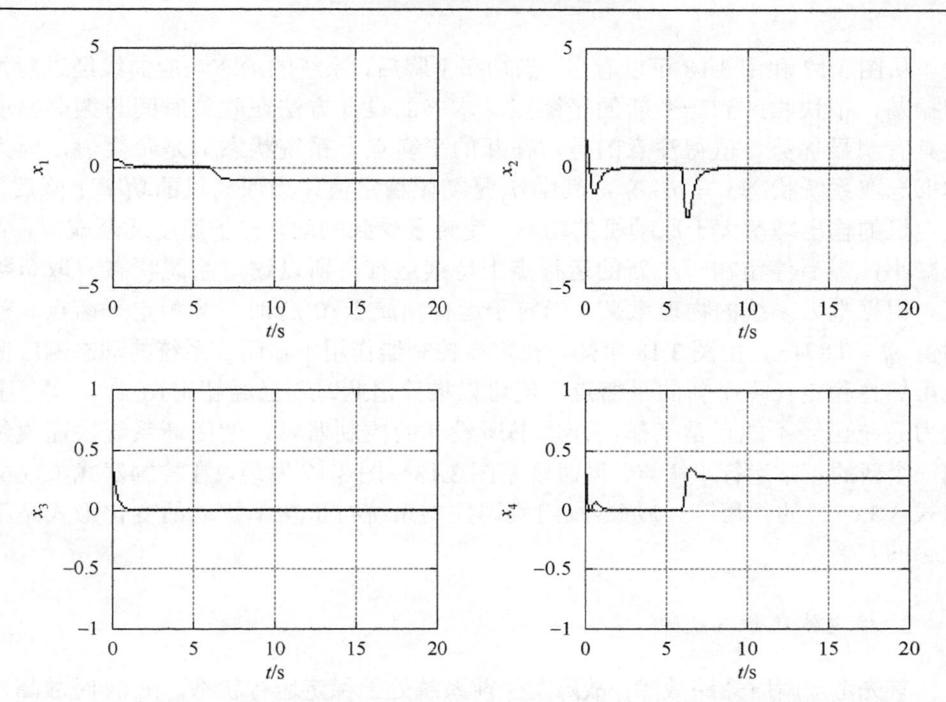

图 3.17 功率出现不可恢复扰动时具有控制器式（3.66）和式（3.67）的闭环系统动态响应曲线

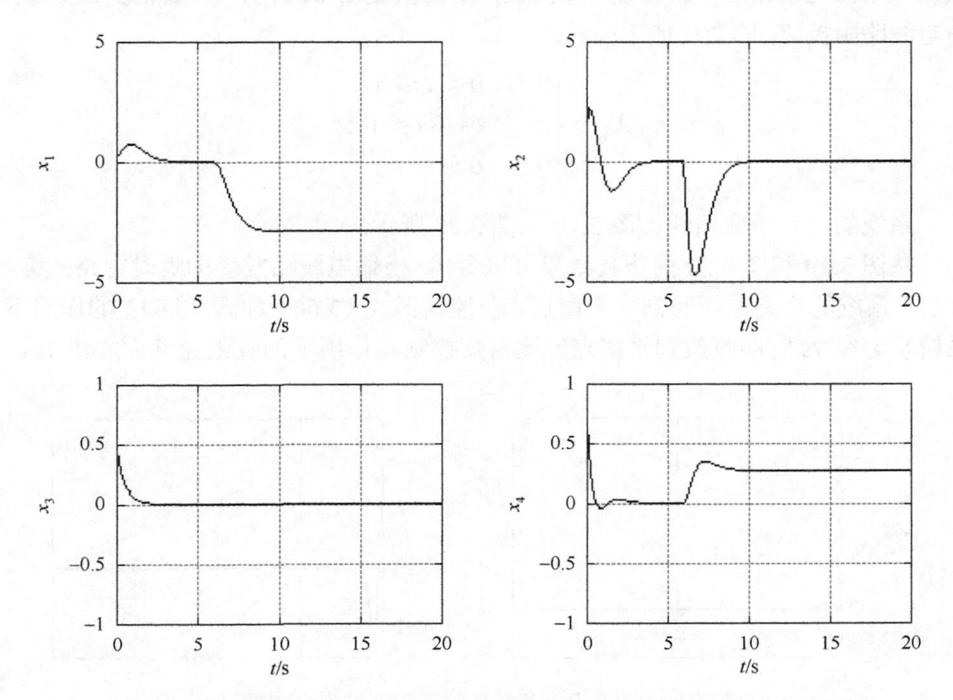

图 3.18 功率出现不可恢复扰动时具有常规控制器的闭环系统动态响应曲线

从图 3.17 和图 3.18 可以看出，当功率下降后，系统的动态响应曲线经过短暂的振荡，很快收敛到一个新的平衡点。本书的设计方法在收敛时间与振荡幅度上具有明显优势。值得注意的是，在新的平衡点上系统状态 x_1 是负数值，因为本书选取系统状态 $x_1=\delta-\delta_0$，其中 δ_0 是初始稳定值，当原动机的功率下降后，发电机的输出功率大于原动机的功率，使转子受到制动，转子速度逐渐减慢，δ 角减小，最后停留在一个新的运行点上持续运行，所以这里系统状态 x_1 取负数值。根据电力系统的物理意义，当转子运行角属于 $(0,\pi)$ 时，为稳定平衡点。初始值 $\delta_0=0.8713$，由图 3.18 可知，在常规控制器作用下，闭环系统的动态响应曲线虽然也稳定在一个新的平衡点，但可以推算出此时 δ 已经超出 $(0,\pi)$，实际上电力系统已经不能正常工作。而本书所设计的控制器可以使闭环系统快速收敛到一个新的正常运行平衡点。同时观察图 3.13～图 3.17 发现，在控制器式（3.66）和式（3.67）的作用下，励磁-汽门协调控制系统对于功率扰动的变化形式是不敏感的。

2. 输电线路短路故障

首先考虑瞬时短路故障，故障发生前系统处于稳定运行状态，在 6s 时故障发生在一条输电线路上，0.5s 后故障消失，系统恢复正常结构。在这种扰动状况下，输电线路阻抗 X_{L} 的变化如下：

$$X_{\mathrm{L}}=\begin{cases}0.5, & 0\leqslant t<6\mathrm{s}\\ \infty, & 6\mathrm{s}\leqslant t\leqslant 6.5\mathrm{s}\\ 0.5, & 6.5\mathrm{s}<t\end{cases}$$

系统的动态响应曲线如图 3.19 和图 3.20 所示。

从图 3.19 和图 3.20 的仿真结果可以看出，当输电线路发生的瞬时短路故障消失后，系统的状态重新回到了平衡点。在控制器式（3.66）和式（3.67）的作用下，系统状态在 7s 时即收敛到平衡点，比常规控制器作用下的收敛速度大约快 1s。

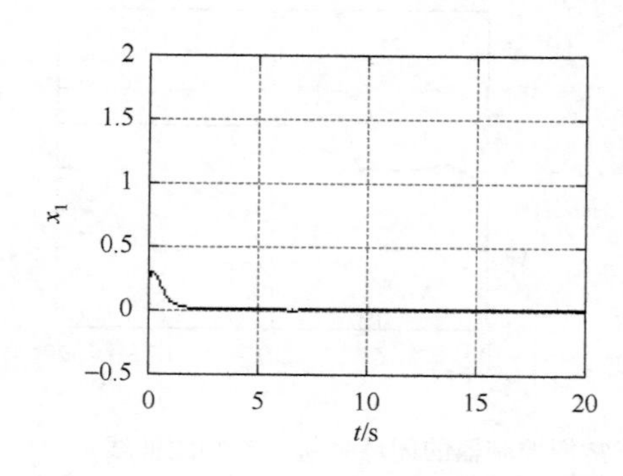

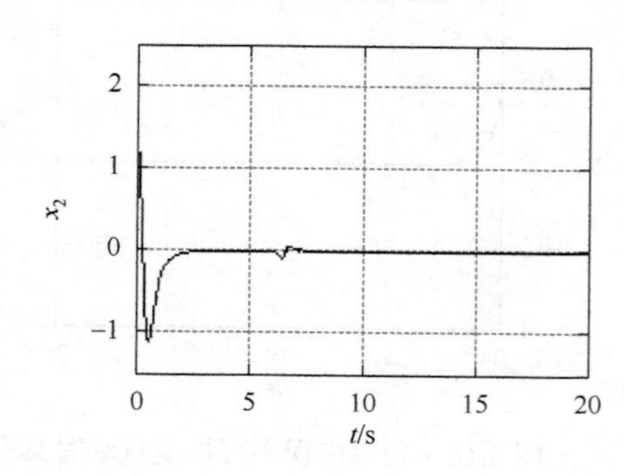

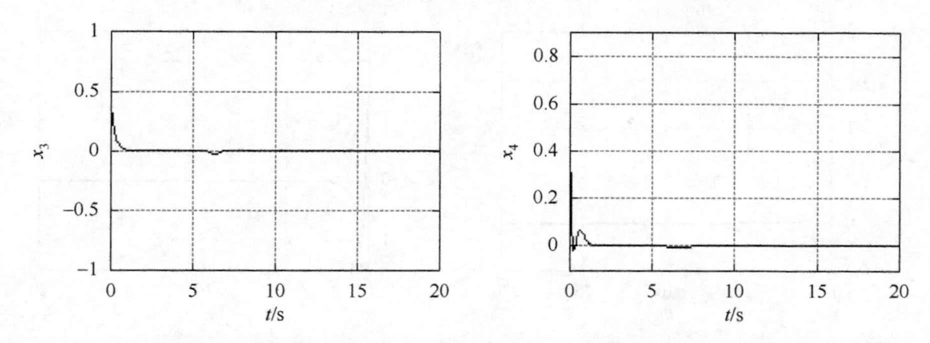

图 3.19 瞬时短路故障时具有控制器式（3.66）和式（3.67）的闭环系统的动态响应曲线

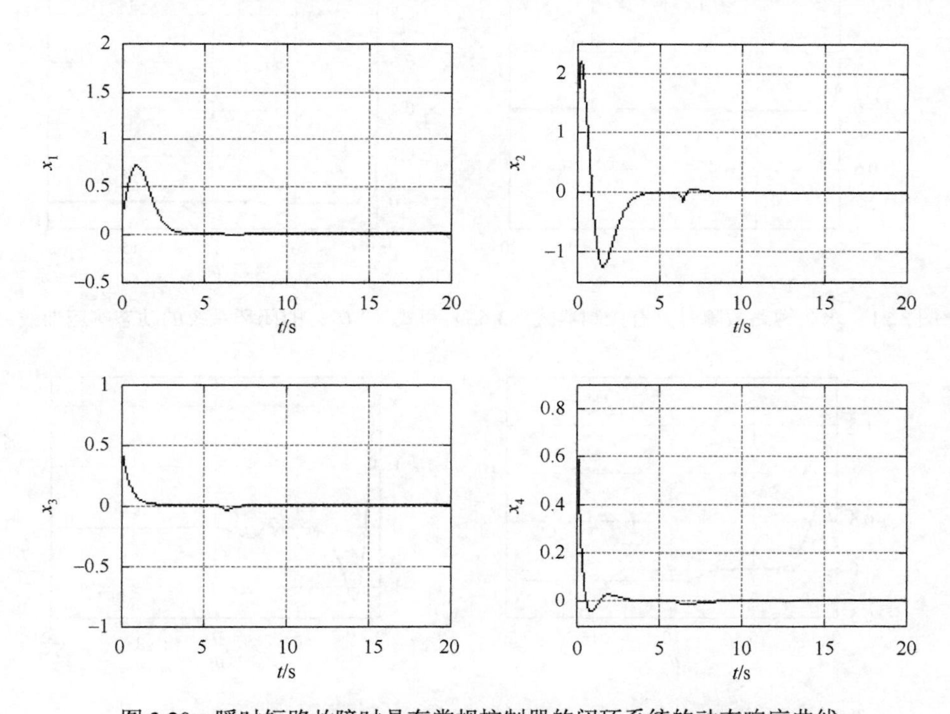

图 3.20 瞬时短路故障时具有常规控制器的闭环系统的动态响应曲线

接下来考虑永久短路故障的状况。在 6s 时一条输电线路上发生短路故障，6.5s 时发生短路故障的输电线路被切除，这时整个输电系统的阻抗发生变化，变化过程如下：

$$X_{\mathrm{L}}=\begin{cases}0.5, & 0\leqslant t<6\mathrm{s}\\ \infty, & 6\mathrm{s}\leqslant t\leqslant 6.5\mathrm{s}\\ 1, & 6.5\mathrm{s}<t\end{cases}$$

系统的动态响应曲线如图 3.21 和图 3.22 所示。

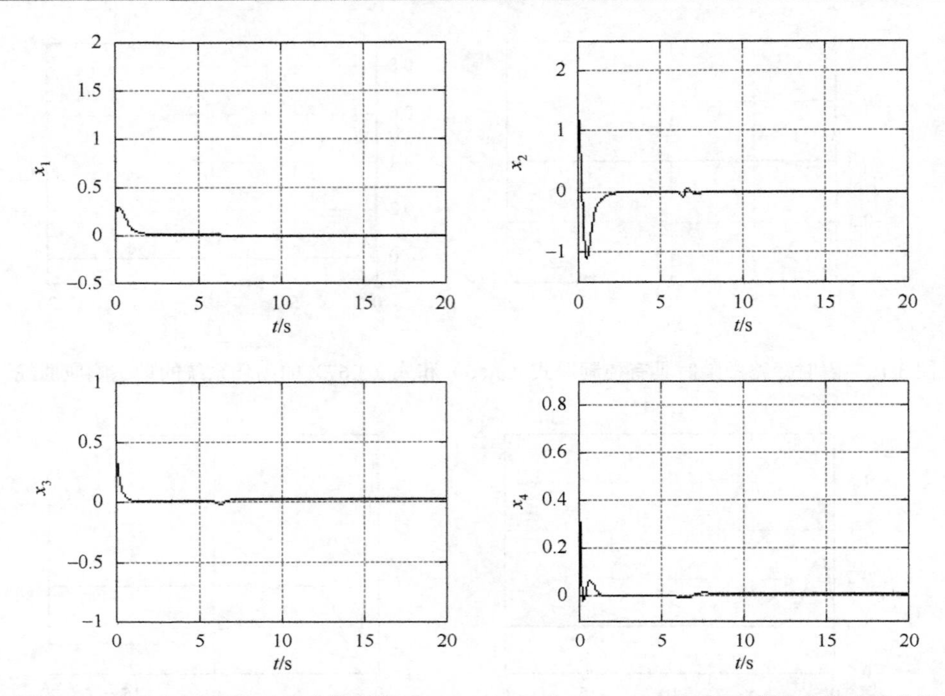

图 3.21　永久短路故障时具有控制器式（3.66）和式（3.67）的闭环系统的动态响应曲线

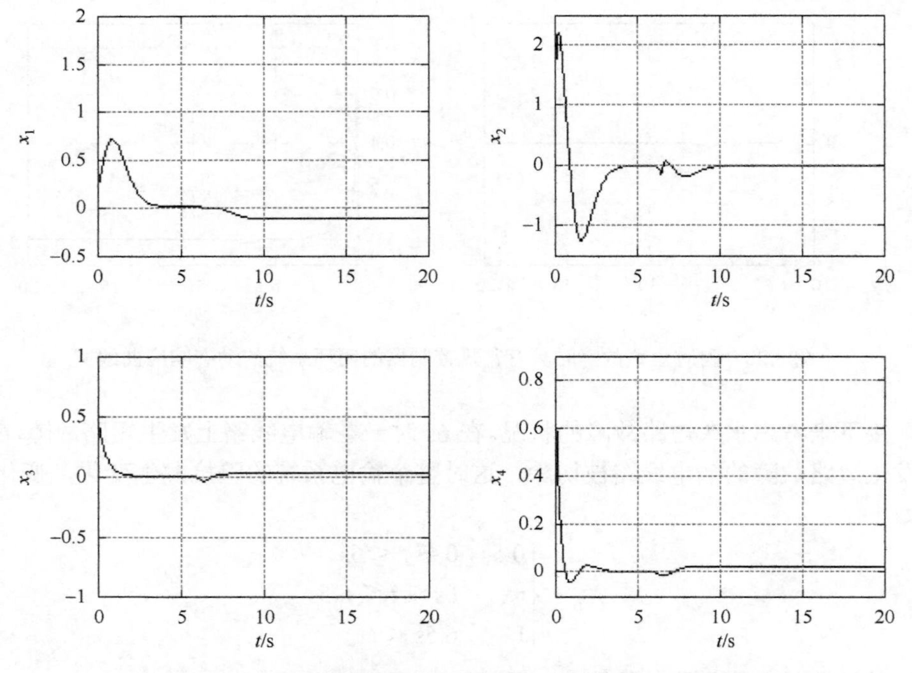

图 3.22　永久短路故障时具有常规控制器的闭环系统的动态响应曲线

图 3.21 和图 3.22 说明，当永久短路故障发生后，在励磁-汽门干扰抑制协调控制器的作用下系统进入调节过程，并在故障输电线路切除后系统被镇定到一个新的平衡点。对比常规控制器，具有扰动抑制作用的控制器式（3.66）和式（3.67）在收敛时间和振荡幅值上仍然具有明显优势，可使闭环系统具有更好的动态特性。图 3.15～图 3.21 说明，虽然改变了扰动的形式，但系统的响应曲线并未发生明显变化，可见系统的动态响应对于输电线路短路故障扰动仍是不敏感的。

4 励磁和汽门开度系统的切换控制器设计

在第 3 章的基础上，本章考虑快速汽门的调节作用，设计协调控制系统的汽门切换控制器。

4.1 汽门的切换控制

本节假设单机无穷大汽轮机发电机组的励磁控制器在汽门控制运行过程中励磁控制输入不变，仅设计一个有效的汽门切换控制器。

4.1.1 汽门切换控制模型的建立

考虑电力系统中带有主汽门和快速汽门控制的单机无穷大系统，针对本小节中需要考虑的输入幅值约束问题，把汽轮调速系统看作一个由主汽门控制系统（子系统 1）和快速汽门控制系统（子系统 2）组成的切换系统。

对于主汽门控制系统（子系统 1）模型，当只调节主汽门时，受快速汽门控制的中低压缸输出功率不变，即 $\dot{P}_{\mathrm{ML}}=0$，则系统总的输出功率动态为 $\dot{P}_{\mathrm{m}}=\dot{P}_{\mathrm{H}}$；对于快速汽门控制系统（子系统 2）模型，当只调节快速汽门时，受主汽门控制的高压缸输出功率不变，即 $\dot{P}_{\mathrm{H}}=0$，则系统总的输出功率动态为 $\dot{P}_{\mathrm{m}}=\dot{P}_{\mathrm{ML}}$。

主汽门控制系统（子系统 1）和快速汽门控制系统（子系统 2）的切换模型如下：选取状态变量 $z_1=\delta-\delta_0$，$z_2=\omega-\omega_0$，$z_3=P_{\mathrm{m}}-P_{\mathrm{m0}}$，为了方便控制器的设计过程，进行变量替换，即 $x_1=z_1$，$x_2=z_2$，$x_3+x_4=z_3$，$x_3=P_{\mathrm{H}}-C_{\mathrm{H}}P_{\mathrm{m0}}$，$x_4=P_{\mathrm{ML}}-C_{\mathrm{ML}}P_{\mathrm{m0}}$，则子系统 1 的动态方程转化为

$$\dot{x}_1=x_2 \tag{4.1}$$

$$\dot{x}_2=\theta x_2+k_1x_3+k_1x_4+a_0+k_2\sin(x_1+\delta_0)+\xi_1 \tag{4.2}$$

$$\dot{x}_3=-\frac{1}{T_{\mathrm{H}\Sigma}}x_3+\frac{C_{\mathrm{H}}}{T_{\mathrm{H}\Sigma}}u_1+\xi_2,\quad u_{1\min}\leqslant u_1\leqslant u_{1\max} \tag{4.3}$$

$$\dot{x}_4=0 \tag{4.4}$$

$$z=[q_1x_1\ \ q_2x_2]^{\mathrm{T}} \tag{4.5}$$

子系统 2 的动态方程转化为

$$\dot{x}_1=x_2 \tag{4.6}$$

$$\dot{x}_2 = \theta x_2 + k_1 x_3 + k_1 x_4 + a_0 + k_2 \sin(x_1 + \delta_0) + \xi_1 \tag{4.7}$$

$$\dot{x}_3 = 0 \tag{4.8}$$

$$\dot{x}_4 = -\frac{1}{T_{\mathrm{ML}\Sigma}} x_4 + \frac{C_{\mathrm{ML}}}{T_{\mathrm{ML}\Sigma}} u_2 + \xi_3, \quad u_{2\min} \leqslant u_2 \leqslant u_{2\max} \tag{4.9}$$

$$z = [q_1 x_1 \;\; q_2 x_2]^{\mathrm{T}} \tag{4.10}$$

其中，$-\dfrac{D}{H} = \theta$，由于阻尼系数 D 难以精确测量，所以参数 θ 为不确定的常量参数；$\dfrac{\omega_0}{H} = k_1$；$\dfrac{\omega_0}{H} P_{\mathrm{m0}} = a_0$；$-\dfrac{\omega_0 E_q' V_{\mathrm{s}}}{1 + X_{d\Sigma}'} = k_2$；$z$ 为系统的调节输出；q_1 和 q_2 为非负权重系数，它们表示 x_1 和 x_2 之间的加权比重，ξ_1、ξ_2、ξ_3 为系统受到的外部未知扰动。

4.1.2 扰动抑制控制器的设计

汽门非线性自适应大扰动抑制控制器的设计目标如下：对于任意给定小的 $\gamma > 0$，针对系统可能受到的外界大扰动的情形，求系统的控制器 u，若系统满足耗散不等式的条件

$$V[x(t)] - V[x(0)] \leqslant \int_0^T \left(\gamma^2 \| \xi \|^2 - \| z \|^2\right) \mathrm{d}t \tag{4.11}$$

则说明系统在平衡点附近渐近稳定。控制器的设计步骤如下：

第 1 步：定义误差函数 $e_1 = x_1$，并构造第一阶系统的 Lyapunov 函数，该函数为主汽门控制系统（即子系统 1 模型中的式（4.1））和快速汽门控制系统（即子系统 2 模型中的式（4.6））共同的 Lyapunov 函数，形式如下：

$$V_1 = \frac{1}{2} e_1^2 \tag{4.12}$$

定义误差变量 $e_2 = x_2 - x_2^*$，将 x_2 看作虚拟控制，并选择虚拟控制律

$$x_2^* = -c_1 x_1 \tag{4.13}$$

其中，$c_1 > 0$ 为设计参数。因此，有

$$\dot{V}_1 = e_1 \dot{e}_1 = e_1(e_2 - c_1 e_1) = -c_1 e_1^2 + e_1 e_2 \tag{4.14}$$

很显然，当 $e_2 = 0$ 时，有 $\dot{V}_1 < 0$。

第 2 步：对 V_1 进行增广，形成子系统 1 和子系统 2 前两阶的共同 Lyapunov 函数为

$$V_2 = V_1 + \frac{1}{2} e_2^2 \tag{4.15}$$

定义性能指标函数为

$$J_1 = \int_0^\infty \left(\| z \|^2 - \gamma^2 \| \xi_1 \|^2\right) \mathrm{d}t \tag{4.16}$$

及检验函数为

$$H_1 = \dot{V}_2 + \frac{1}{2}\left(\| z \|^2 - \gamma^2 \| \xi_1 \|^2\right) \tag{4.17}$$

把V_2的导数代入式（4.17）得

$$\begin{aligned}
H_1 &= \dot{V}_1 + e_2\dot{e}_2 + \frac{1}{2}\left(\| z \|^2 - \gamma^2 \| \xi_1 \|\right) \\
&= -c_1e_1^2 + e_1e_2 + e_2(\dot{x}_2 + c_1x_2) + \frac{1}{2}\left(\| z \|^2 - \gamma^2 \| \xi_1 \|\right) \\
&= -c_1e_1^2 + e_1e_2 + e_2\left[\theta x_2 + k_1x_3 + k_1x_4 + a_0 + k_2\sin(x_1 + \delta_0) + \xi_1 + c_1x_2\right] \\
&\quad + \frac{1}{2}\left(\| z \|^2 - \gamma^2 \| \xi_1 \|\right) \\
&= -c_1e_1^2 + e_2\left[e_1 + \theta x_2 + k_1x_3 + k_1x_4 + a_0 + k_2\sin(x_1 + \delta_0) + \xi_1 + c_1x_2\right] \\
&\quad + \frac{1}{2}q_1^2x_1^2 + \frac{1}{2}q_2^2x_2^2 - \frac{1}{2}\gamma^2\xi_1^2
\end{aligned} \tag{4.18}$$

H_1对ξ_1求一阶导数，并且令一阶导数等于0，即令$\frac{\partial H_1}{\partial \xi_1} = e_2 - \gamma^2\xi_1 = 0$，进而有

$$\xi_1^* = \frac{e_2}{\gamma^2} \tag{4.19}$$

继续求二阶导数，有$\frac{\partial^2 H_1}{\partial \xi_1^2} = -\gamma^2 < 0$，可知$H_1$关于$\xi_1$有极大值，即$\xi_1$是使系统受影响最大的扰动。

将式（4.19）代入式（4.18），则有

$$\begin{aligned}
H_1 &= -c_1e_1^2 + e_2[e_1 + \theta x_2 + k_1x_3 + k_1x_4 + a_0 + k_2\sin(x_1 + \delta_0) + c_1x_2] + \frac{e_2^2}{\gamma^2} + \frac{1}{2}q_1^2x_1^2 \\
&\quad + \frac{1}{2}q_2^2(e_2 - c_1x_1)^2 - \frac{1}{2}\frac{e_2^2}{\gamma^2} \\
&= -c_1e_1^2 + e_2\left[e_1 + \theta x_2 + k_1x_3 + k_1x_4 + a_0 + k_2\sin(x_1 + \delta_0) + c_1x_2\right] \\
&\quad + \frac{1}{2}q_1^2x_1^2 + \frac{1}{2}q_2^2e_2^2 + \frac{1}{2}q_2^2c_1^2x_1^2 - q_2^2e_2c_1x_1 + \frac{1}{2}\frac{e_2^2}{\gamma^2} \\
&= e_1^2\left(\frac{1}{2}q_1^2 + \frac{1}{2}q_2^2c_1^2 - c_1\right) + e_2\left[\left(1 + \frac{c_1}{2\gamma^2} - \frac{1}{2}q_2^2c_1\right)x_1 + \left(\theta + c_1 + \frac{1}{2\gamma^2} + \frac{1}{2}q_2^2\right)x_2\right. \\
&\quad \left. + a_0 + k_1z_3 + k_2\sin(x_1 + \delta_0)\right] \\
&= -\alpha e_1^2 + e_2[h_1x_1 + h_2x_2 + \theta x_2 + a_0 + k_1z_3 + k_2\sin(x_1 + \delta_0)]
\end{aligned} \tag{4.20}$$

其中，$\alpha = c_1 - \frac{1}{2}q_1^2 - \frac{1}{2}q_2^2c_1^2$；$h_1 = 1 + \frac{c_1}{2\gamma^2} - \frac{1}{2}q_2^2 c_1$；$h_2 = c_1 + \frac{1}{2\gamma^2} + \frac{1}{2}q_2^2$。

令 $h_1x_1 + h_2x_2 + \theta x_2 + a_0 + k_1z_3^* + k_2\sin(x_1+\delta_0) = -c_2e_2$，则可选择

$$z_3^* = \frac{1}{k_1}\left[-c_2e_2 - h_1x_1 - h_2x_2 - a_0 - k_2\sin(x_1+\delta_0) - \hat{\theta}x_2\right] \tag{4.21}$$

其中，$\hat{\theta}$ 为 θ 的估计值。则

$$H_1 = -\alpha e_1^2 - c_2e_2^2 + e_2\left(\theta - \hat{\theta}\right)x_2$$

第 3 步：针对子系统 1 中含有不确定参数 θ，可根据经验预先知道该参数的取值范围，即 $\theta \in [\theta_{\min}, \theta_{\max}]$。因此，引入辅助信号 $\overline{\theta}$ 来确保系统在取值范围内进行参数跟踪。对 V_2 进行增广，形成切换系统的共同 Lyapunov 函数为

$$V_3 = V_2 + \frac{1}{2}e_3^2 + \frac{1}{2\rho}\left[(\overline{\theta}-\theta)^2 - (\overline{\theta}-\hat{\theta})^2\right] \tag{4.22}$$

其中，$\overline{\theta}$ 为映射机制，决定 θ 的估计值 $\hat{\theta}$；ρ 为自适应律的增益，满足不等式条件 $\rho > 0$；定义误差函数 $e_3 = z_3 - z_3^*$。

下面设计子系统 1 的控制器。对子系统 1 选择能量函数为

$$H_2 = \dot{V}_3 + \frac{1}{2}\left(\|z\|^2 - \gamma^2\|\xi\|^2\right) \tag{4.23}$$

及性能指标函数为

$$J_2 = \int_0^\infty \left(\|z\|^2 - \gamma^2\|\xi\|^2\right)\mathrm{d}t \tag{4.24}$$

其中，$\xi = [\xi_1 \ \ \xi_2]^{\mathrm{T}}$。对式（4.22）求导，得

$$\dot{V}_3 = \dot{V}_2 + e_3\dot{e}_3 + \frac{1}{\rho}\left[(\overline{\theta}-\theta)\dot{\overline{\theta}} - (\overline{\theta}-\hat{\theta})(\dot{\overline{\theta}} - \dot{\hat{\theta}})\right] \tag{4.25}$$

对误差函数两边求导，得

$$\begin{aligned}
\dot{e}_3 &= k_3x_3 + k_4u_1 + \xi_2 + \frac{1}{k_1}\Bigg\{(c_2+h_2)\left[\theta x_2 + k_1x_3 + k_1x_4 + a_0 + k_2\sin(x_1+\delta_0) + \frac{e_2}{r^2}\right] \\
&\quad + (c_1c_2+h_1)x_2 + k_2\cos(x_1+\delta_0)x_2 + \hat{\theta}\Bigg[\theta x_2 + k_1x_3 + k_1x_4 + a_0 + k_2\sin(x_1+\delta_0) \\
&\quad + \frac{e_2}{r^2}\Bigg] + \dot{\hat{\theta}}x_2\Bigg\} \\
&= k_3x_3 + k_4u_1 + \xi_2 + m_1\left[\theta x_2 + k_1x_3 + k_1x_4 + a_0 + k_2\sin(x_1+\delta_0) + \frac{e_2}{r^2}\right] + m_2x_2 \\
&\quad + m_3\cos(x_1+\delta_0)x_2 + \frac{\hat{\theta}}{k_1}\left[\theta x_2 + k_1x_3 + k_1x_4 + a_0 + k_2\sin(x_1+\delta_0) + \frac{e_2}{r^2}\right] + \frac{\dot{\hat{\theta}}}{k_1}x_2
\end{aligned} \tag{4.26}$$

其中，$k_3=-\dfrac{1}{T_{\mathrm{H}\Sigma}}$；$k_4=\dfrac{C_{\mathrm{H}}}{T_{\mathrm{H}\Sigma}}$；$m_1=\dfrac{c_2+h_2}{k_1}$；$m_2=\dfrac{c_1c_2+h_1}{k_1}$；$m_3=\dfrac{k_2}{k_3}$。

把式（4.26）代入式（4.24）得

$$\begin{aligned}
H_2&=\dot{V}_3+\frac{1}{2}\left(\|z\|^2-\gamma^2\|\xi\|^2\right)\\
&=\dot{V}_2+e_3\dot{e}_3-\frac{1}{\rho}\left[(\theta-\hat{\theta})\dot{\bar{\theta}}-(\bar{\theta}-\hat{\theta})\dot{\hat{\theta}}\right]+\frac{1}{2}q_1^2x_1^2+\frac{1}{2}q_2^2x_2^2\\
&\quad-\frac{1}{2}\gamma^2\xi_1^2-\frac{1}{2}\gamma^2\xi_2^2\\
&=H_1+e_3\left[k_3x_3+k_4u_1+\xi_2+m_1\dot{x}_2+m_2x_2+m_3\cos(x_1+\delta_0)x_2\right.\\
&\quad\left.+\frac{\hat{\theta}}{k_1}\dot{x}_2+\frac{\dot{\hat{\theta}}}{k_1}x_2\right]-\frac{1}{\rho}\left[(\theta-\hat{\theta})\dot{\bar{\theta}}-(\bar{\theta}-\hat{\theta})\dot{\hat{\theta}}\right]-\frac{1}{2}\gamma^2\xi_2^2
\end{aligned}\tag{4.27}$$

H_2 对 ξ_2 求一阶导数，并且令一阶导数等于 0，即 $\dfrac{\partial H_2}{\partial\xi_2}=e_3-\gamma^2\xi_2=0$，进而有

$$\xi_2^*=\frac{e_3}{\gamma^2}\tag{4.28}$$

H_2 对 ξ_2 求二阶导数，有 $\dfrac{\partial^2H_2}{\partial\xi_2^2}=-\gamma^2<0$，可知 H_2 关于 ξ_2 有极大值。把式（4.28）代入式（4.27）得

$$\begin{aligned}
H_2=&H_1+e_3\left\{k_3x_3+k_4u_1+\frac{e_3}{2\gamma^2}+m_1\left[\theta x_2+k_1x_3+k_1x_4+a_0+k_2\sin(x_1+\delta_0)\right.\right.\\
&\left.+\frac{e_2}{r^2}\right]+m_2x_2+m_3\cos(x_1+\delta_0)x_2+\frac{\hat{\theta}}{k_1}\left[\theta x_2+k_1x_3+k_1x_4+a_0\right.\\
&\left.\left.+k_2\sin(x_1+\delta_0)+\frac{e_2}{r^2}\right]+\frac{\dot{\hat{\theta}}}{k_1}x_2\right\}-\frac{1}{\rho}[(\theta-\hat{\theta})\dot{\bar{\theta}}-(\bar{\theta}-\hat{\theta})\dot{\hat{\theta}}]
\end{aligned}\tag{4.29}$$

令

$$\begin{aligned}
-c_3e_3=&e_3\left\{k_3x_3+k_4u_1+\frac{e_3}{2\gamma^2}+m_1\left[\theta x_2+k_1x_3+k_1x_4+a_0+k_2\sin(x_1+\delta_0)\right.\right.\\
&\left.+\frac{e_2}{r^2}\right]+m_2x_2+m_3\cos(x_1+\delta_0)x_2+\frac{\hat{\theta}}{k_1}\left[\theta x_2+k_1x_3+k_1x_4+a_0\right.\\
&\left.\left.+k_2\sin(x_1+\delta_0)+\frac{e_2}{r^2}\right]+\frac{\dot{\hat{\theta}}}{k_1}x_2\right\}
\end{aligned}$$

则控制器为

$$u_1=-\frac{1}{k_4}\left\{k_3x_3+\frac{e_3}{2\gamma^2}+\left(m_1+\frac{\hat{\theta}}{k_1}\right)\left[\hat{\theta}x_2+k_1x_3+k_1x_4+a_0+k_2\sin(x_1+\delta_0)\right.\right.$$
$$\left.\left.+\frac{e_2}{r^2}\right]+m_2x_3+m_3\cos(x_1+\delta_0)x_2+\frac{\dot{\hat{\theta}}}{k_1}x_2\right\}+c_3e_3 \tag{4.30}$$

把式（4.30）代入式（4.29）得

$$H_2=H_1-c_3e_3^2+e_3\left(m_1+\frac{\hat{\theta}}{k_1}\right)\left(\theta-\hat{\theta}\right)x_2-\frac{1}{\rho}\left[\left(\theta-\hat{\theta}\right)\dot{\bar{\theta}}-\left(\bar{\theta}-\hat{\theta}\right)\dot{\hat{\theta}}\right]$$
$$=-\alpha e_1^2-c_2e_2^2-c_3e_3^2+e_2\left(\theta-\hat{\theta}\right)x_2+e_3\left(m_1+\frac{\hat{\theta}}{k_1}\right)\left(\theta-\hat{\theta}\right)x_2$$
$$-\frac{1}{\rho}\left[\left(\theta-\hat{\theta}\right)\dot{\bar{\theta}}-\left(\bar{\theta}-\hat{\theta}\right)\dot{\hat{\theta}}\right] \tag{4.31}$$

令 $0=e_2\left(\theta-\hat{\theta}\right)x_2+e_3\left(m_1+\frac{\hat{\theta}}{k_1}\right)\left(\theta-\hat{\theta}\right)x_2-\frac{1}{\rho}\left[\left(\theta-\hat{\theta}\right)\dot{\bar{\theta}}-\left(\bar{\theta}-\hat{\theta}\right)\dot{\hat{\theta}}\right]$，则自适应律如下：

$$\dot{\bar{\theta}}=\rho\left[e_2x_2+e_3\left(m_1+\frac{\hat{\theta}}{k_1}\right)x_2+\frac{\dot{\hat{\theta}}}{\rho\left(\theta-\hat{\theta}\right)}\left(\bar{\theta}-\hat{\theta}\right)\right] \tag{4.32}$$

其中，

$$\hat{\theta}=\begin{cases}\theta_{\min}, & \bar{\theta}<\theta_{\min}\\ \bar{\theta}, & \theta_{\min}\leqslant\bar{\theta}\leqslant\theta_{\max}\\ \theta_{\max}, & \theta_{\max}<\bar{\theta}\end{cases}$$

因而可以得

$$H_2=-\alpha e_1^2-c_2e_2^2-c_3e_3^2<0 \tag{4.33}$$

取 $V=2V_3$，则 $\dot{V}=2\dot{V}_3\leqslant\left(\gamma^2\|\xi\|^2-\|z\|^2\right)$，两边取积分得

$$V(\infty)-V(0)\leqslant\int_0^{\infty}(\gamma^2\|\xi\|^2-\|z\|^2)\mathrm{d}t$$

满足耗散不等式，子系统 1 是渐近稳定的。

对于子系统 2，可以采用同样的方法进行设计，为了避免重复，这里不再赘述，只给出设计结果。子系统 2 的反馈控制律为

$$u_2 = -\frac{1}{k_6}\left\{k_5 x_4 + \frac{e_3}{2\gamma^2} + \left(m_1 + \frac{\hat{\theta}}{k_1}\right)\left[\hat{\theta}x_2 + k_1 x_3 + k_1 x_4 + a_0 + k_2\sin(x_1+\delta_0)\right.\right.$$

$$\left.\left.+\frac{e_2}{r^2}\right] + m_2 x_2 + m_3\cos(x_1+\delta_0)x_2 + \frac{\dot{\hat{\theta}}}{k_1}x_2\right\} + c_3 e_3 \tag{4.34}$$

其中，$k_5 = -\frac{1}{T_{\mathrm{ML\Sigma}}}$；$k_6 = \frac{C_{\mathrm{ML}}}{T_{\mathrm{ML\Sigma}}}$。自适应律如下：

$$\dot{\overline{\theta}} = \rho\left[e_2 x_2 + e_3\left(m_1 + \frac{\hat{\theta}}{k_1}\right)x_2 + \frac{\dot{\hat{\theta}}}{\rho(\theta-\hat{\theta})}(\overline{\theta}-\hat{\theta})\right] \tag{4.35}$$

其中，

$$\hat{\theta} = \begin{cases}\theta_{\min}, & \overline{\theta} < \theta_{\min} \\ \overline{\theta}, & \theta_{\min} \leqslant \overline{\theta} \leqslant \theta_{\max} \\ \theta_{\max}, & \theta_{\max} < \overline{\theta}\end{cases}$$

对于切换子系统的共同 Lyapunov 函数，$V = 2V_3$，分别沿着子系统 1 和子系统 2 的闭环误差系统的解轨迹对时间的导数均有

$$V(\infty) - V(0) \leqslant \int_0^{\infty}\left(\gamma^2\|\xi\|^2 - \|z\|^2\right)\mathrm{d}t$$

满足上面提到的耗散不等式。因此，闭环系统是渐近稳定的。又因为各子系统是稳定的，并且在共同 Lyapunov 函数 V 下是稳定的，所以保证切换系统在任意切换律下都是渐近稳定的。

4.1.3　切换律的设计

本小节的目的是设计切换律来保证控制器的幅值约束条件不被破坏。因为子系统存在共同 Lyapunov 函数，并且子系统 1 和子系统 2 都是渐近稳定的，所以保证切换系统在任意切换律下都是渐近稳定的。因此，可以设计任意形式的切换律，为了避免系统频繁的切换，这里设计滞后切换律。

滞后切换律：$\sigma(0)=1$，对于 $t>0$，如果 $\sigma(t^-)=i\in\{1,2\}$，并且 $u_{i\min}\leqslant u_i\leqslant u_{i\max}$，则保持 $\sigma(t)=i$。如果 $\sigma(t^-)=1$，但是 $u_1<u_{1\min}$ 或者 $u_1>u_{1\max}$，则 $\sigma(t)=2$；同样，如果 $\sigma(t^-)=2$，但是 $u_2<u_{2\min}$ 或者 $u_2>u_{2\max}$，则 $\sigma(t)=1$。其中，$\sigma(t)$ 表示切换信号。当 $\sigma(t)=1$ 时，表示运行子系统 1，即主汽门控制系统；当 $\sigma(t)=2$ 时，表示运行子系统 2，即快速汽门控制系统。$u_{i\min}$ 和 $u_{i\max}$ 分别表示主汽门开度或者快速汽门开度的最小值和最大值。滞后切换律保证当切换到子系统 2 时，系统运行一段时间后即使控制输入满足子系统 1 的条件，但为了避免频繁切换还是继续运行子系统 2，直到子系统 2 的约束条件遭到破坏。

4.1.4　仿真分析

根据上述的设计结果进行仿真实验，仿真参数如下：$V_s = 1$，$E'_q = 1.2804$，$T_{H\Sigma} = 0.2$，$T_{ML\Sigma} = 0.35$，$C_H = 0.3$，$C_{ML} = 0.7$，$H = 10$，$u_{1\min} = u_{2\min} = -3$，$u_{1\max} = u_{2\max} = 6$。系统的稳定工作点选为$\delta_0 = 57.3°$，$\omega_0 = 314.159\text{rad/s}$，$P_{m0} = 0.852$。

1. 当控制输入未越限时的仿真分析

在系统未受到扰动时，图 4.1 代表用本章方法设计的控制器的动态响应曲线，图 4.2 代表没有加入 Minimax 的传统自适应设计的控制器的闭环动态响应曲线和控制输入曲线。由图 4.1 和图 4.2 可以看到，由本章方法设计的控制器使系统振荡幅度较小，收敛的时间也要更短一些，系统有较好的收敛性能，在很短的时间内收敛到平衡点。

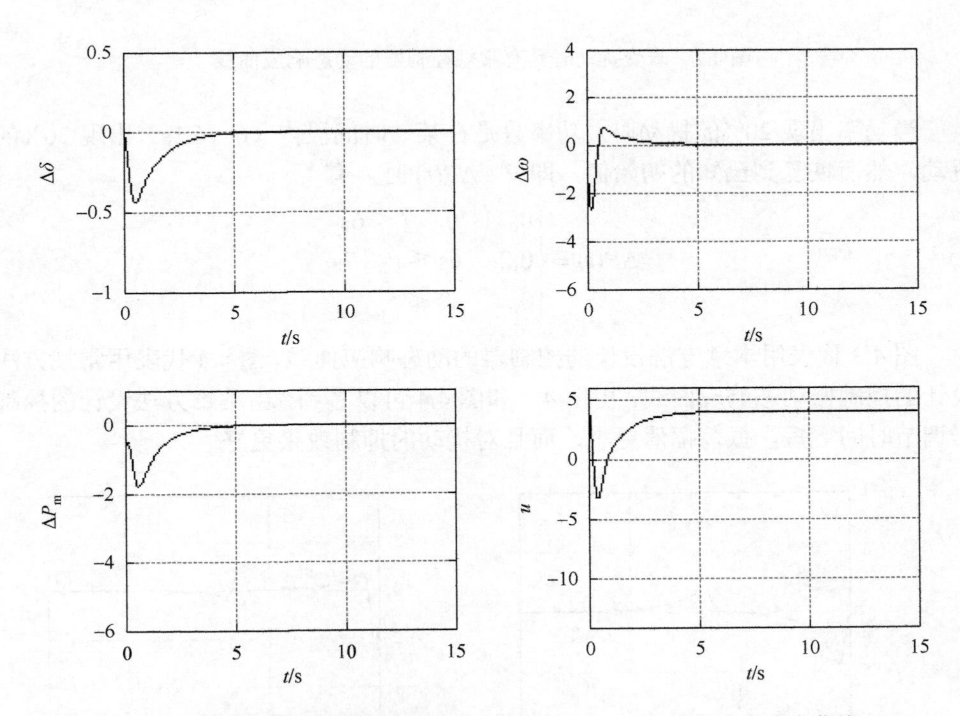

图 4.1　未受扰动时具有控制器式（4.30）和式（4.34）的动态响应曲线

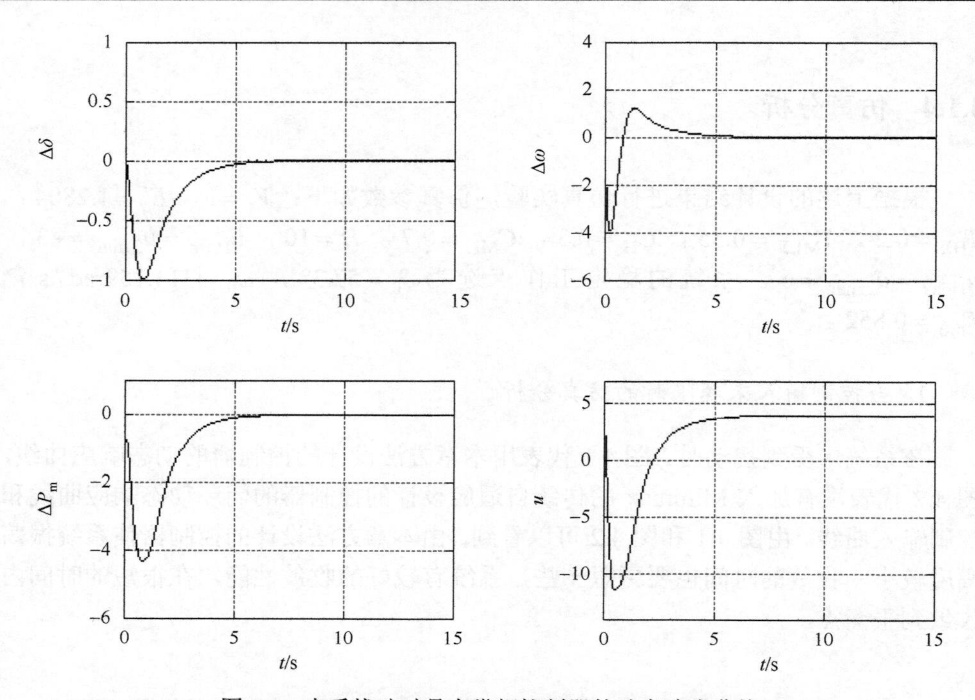

图 4.2　未受扰动时具有常规控制器的动态响应曲线

当功率出现 20%的扰动时，功率只是在某一时间段内（6～6.1s）出现 20%的扰动，然后恢复到已知的初始值，即 $P+\Delta P(t)$ 时，有

$$\Delta P(t)=\begin{cases}0, & 0\leqslant t<6\text{s}\\ 0.2, & 6\text{s}\leqslant t\leqslant 7\text{s}\\ 0, & 7\text{s}<t\end{cases}$$

图 4.3 代表用本章方法设计的控制器的动态响应曲线，图 4.4 代表用常规方法设计的控制器动态响应曲线。由图 4.3 和图 4.4 可以看到，由本章方法设计的控制器调节时间更短，振荡幅值更小，而且对扰动的抑制效果更好。

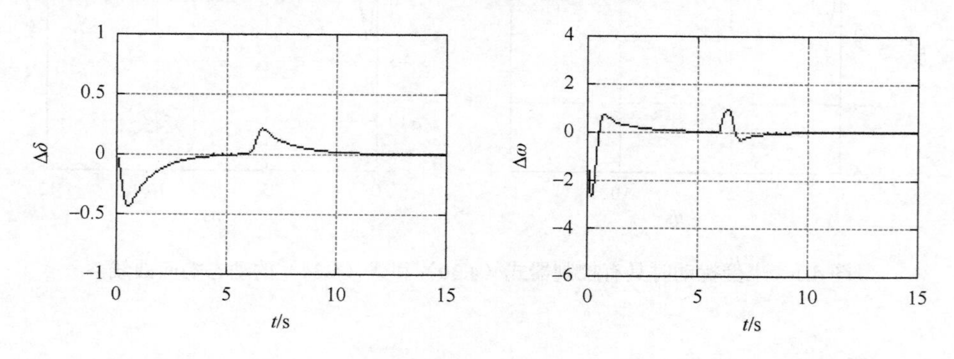

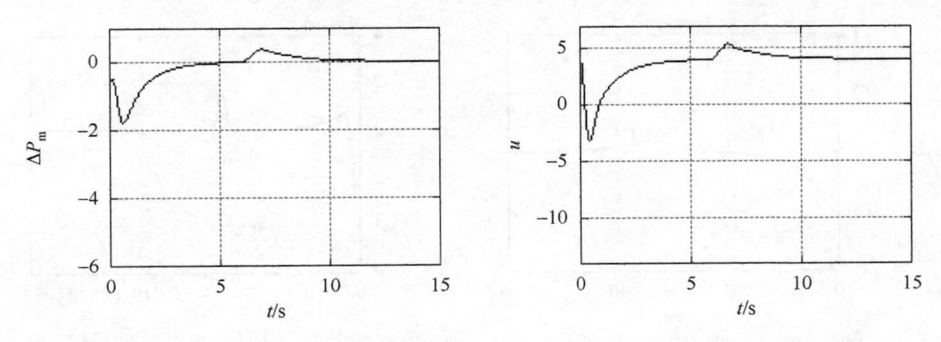

图 4.3 20%功率扰动时具有控制器式（4.30）和式（4.34）的动态响应曲线

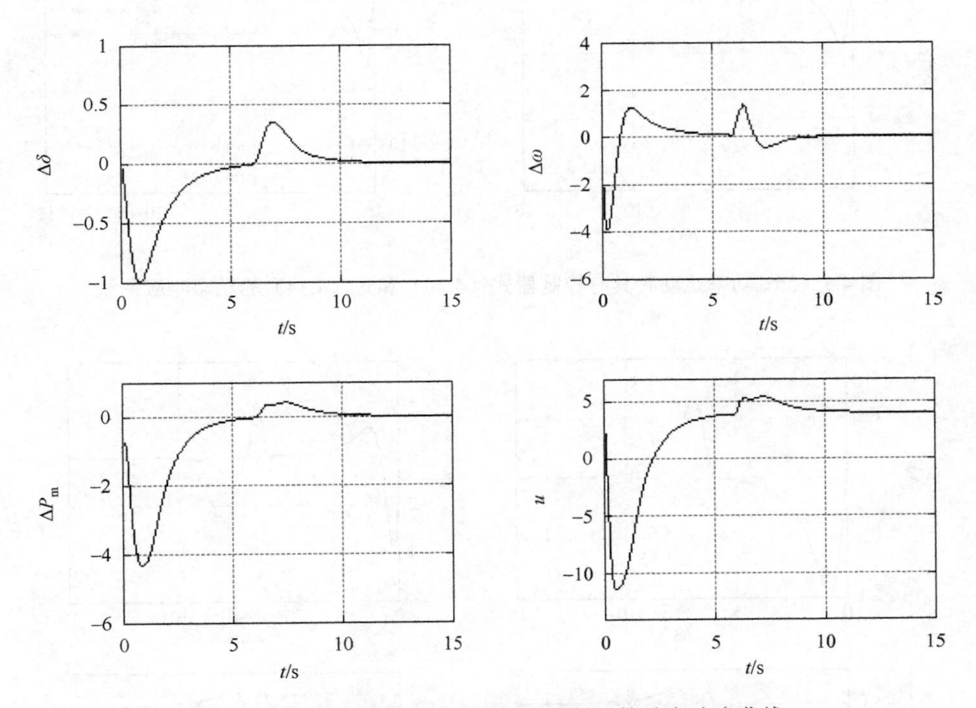

图 4.4 20%功率扰动时具有常规控制器的动态响应曲线

功率只是在某一时间段内（6～6.1s）出现 35%的扰动，然后恢复到已知的初始值，即 $P+\Delta P(t)$ 时，有

$$\Delta P(t)=\begin{cases}0, & 0\leqslant t<6\text{s}\\ 0.35, & 6\text{s}\leqslant t\leqslant 7\text{s}\\ 0, & 7\text{s}<t\end{cases}$$

图 4.5 代表本章方法设计的控制器的动态响应曲线，图 4.6 代表用常规方法设

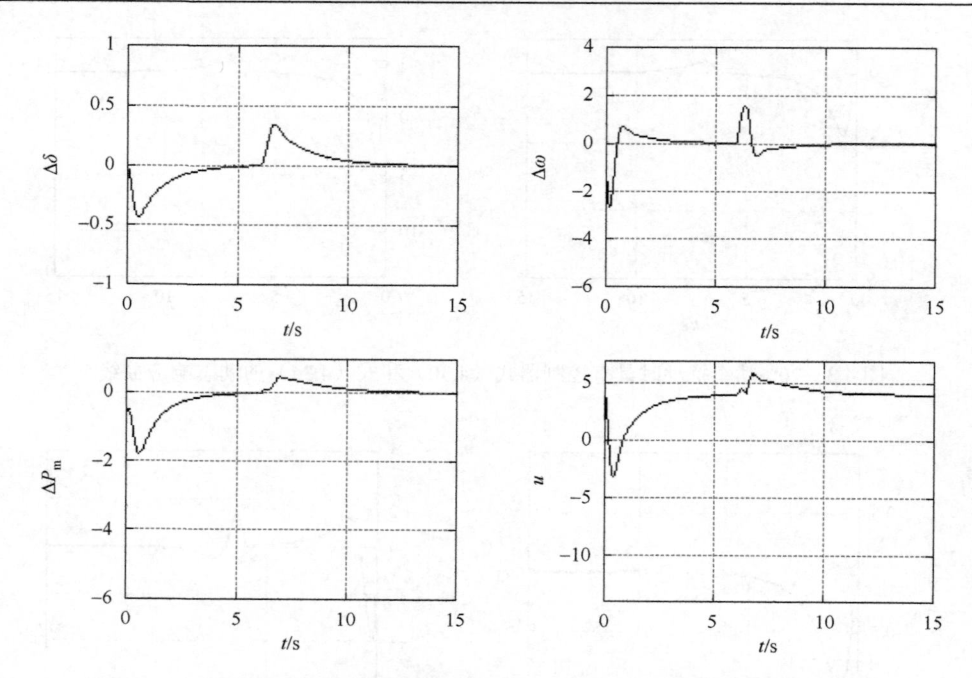

图 4.5　35%功率扰动时具有控制器式（4.30）和式（4.34）的动态响应曲线

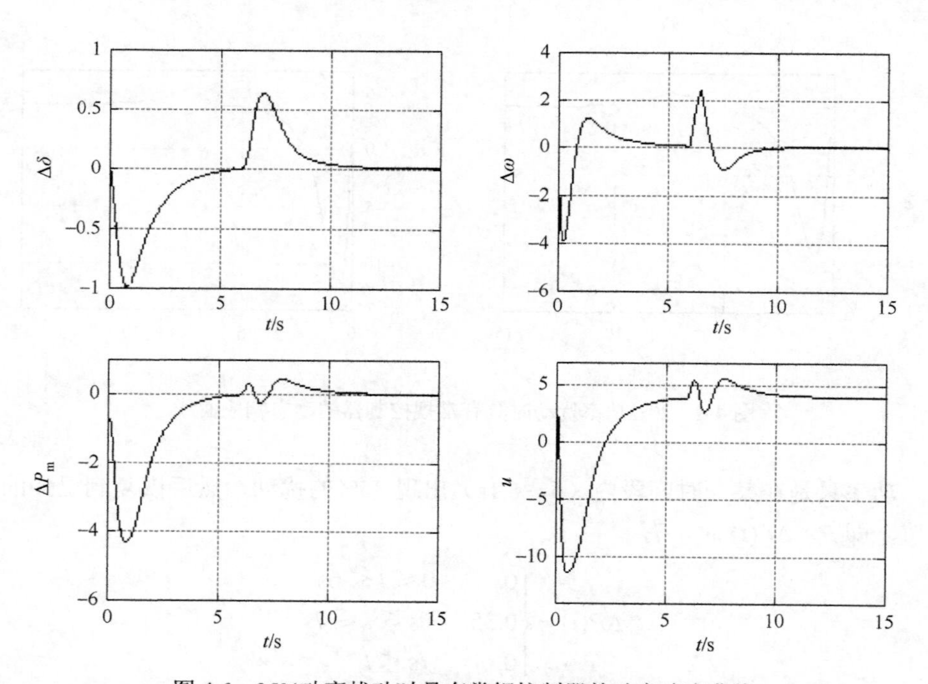

图 4.6　35%功率扰动时具有常规控制器的动态响应曲线

计控制器的动态响应曲线，可以看出当扰动变大时，本章方法设计的控制器的动态响应曲线振荡幅值变化比常规方法设计控制器的动态响应曲线振荡幅值的变化小得多。由此可见，本章方法设计的控制器对扰动的变化是不敏感的。

2. 当控制输入越限时的仿真分析

功率只是在某一时间段内（8～8.1s）出现35%的扰动，然后恢复到已知的初始值，即 $P+\Delta P(t)$，但是控制输入超出限制，子系统1和子系统2发生切换。

$$\Delta P(t)=\begin{cases}0, & 0\leqslant t<8\text{s}\\ 0.35, & 8\text{s}\leqslant t\leqslant 8.1\text{s}\\ 0, & 8.1\text{s}<t\end{cases}$$

图4.7表示闭环系统的动态响应曲线，系统的状态都在有限时间内收敛到稳定值。图4.8表示切换信号，由子系统1切换到子系统2。图4.9表示在控制输入曲线开始运

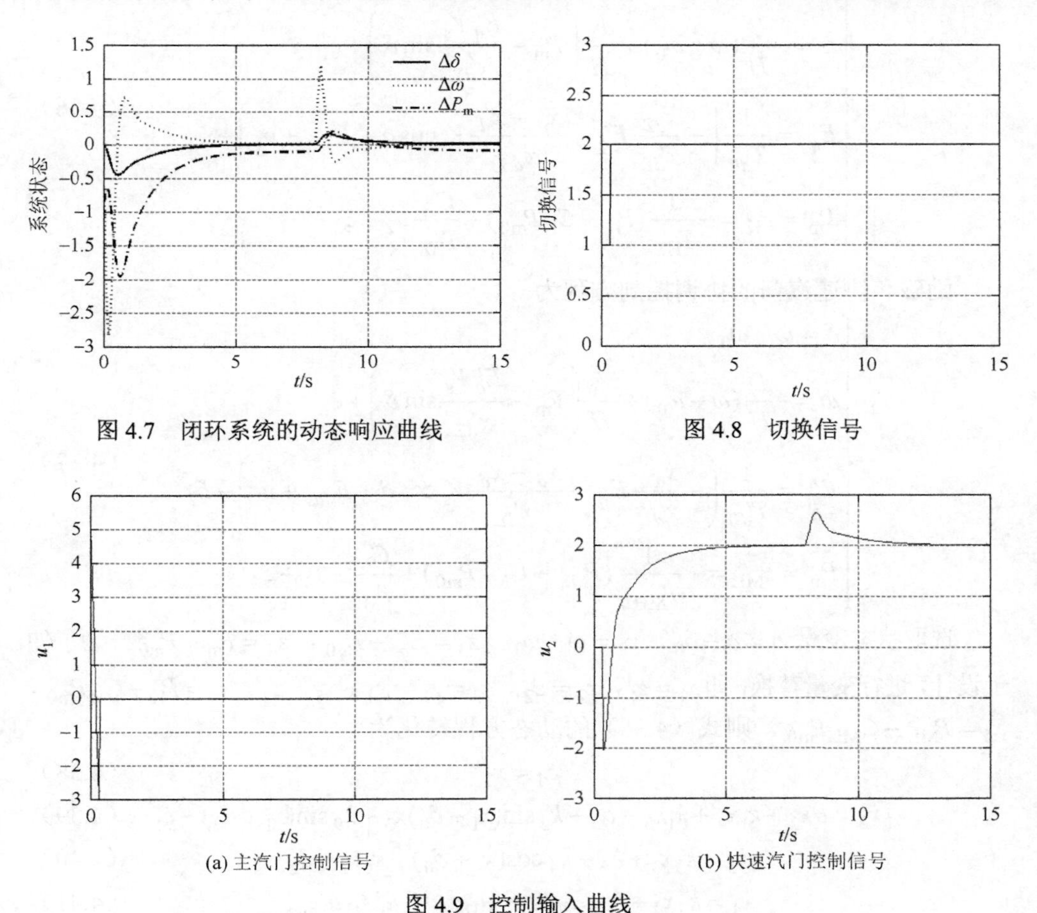

图4.7 闭环系统的动态响应曲线

图4.8 切换信号

(a) 主汽门控制信号

(b) 快速汽门控制信号

图4.9 控制输入曲线

行子系统 1，当主汽门控制超出约束时，切换到子系统 2。由这些图可知，本小节设计的控制器和切换策略能使系统在较短的时间内达到稳定，且控制器约束不被破坏。

4.2 励磁-汽门切换控制

在 4.1 节的基础上，本节综合考虑励磁系统及汽门系统的控制作用，考虑两者的协调控制，并设计主汽门和快速汽门的切换律及整个系统的稳定控制器。

4.2.1 励磁-汽门切换控制模型的建立

考虑励磁的控制作用，励磁和主汽门的协调控制方程为

$$\begin{cases}\dot{\delta}=\omega-\omega_0\\ \dot{\omega}=-\dfrac{D}{H}(\omega-\omega_0)+\dfrac{\omega_0}{H}\left(P_{\mathrm{m}}-\dfrac{E_q' V_{\mathrm{s}}}{x_{d\Sigma}'}\sin\delta\right)+\xi_1\\ \dot{E}_q'=\dfrac{1}{T_{d0}'}\left(-\dfrac{x_{d\Sigma}}{x_{d\Sigma}'}E_q'+\dfrac{x_d-x_d'}{x_{d\Sigma}'}V_{\mathrm{s}}\cos\delta+E_{fds}+u_1\right)+\xi_2\\ \dot{P}_{\mathrm{m}}=\dot{P}_{\mathrm{H}}=-\dfrac{1}{T_{\mathrm{H}\Sigma}}(P_{\mathrm{H}}+C_{\mathrm{H}}P_{\mathrm{m}0})+\dfrac{C_{\mathrm{H}}}{T_{\mathrm{H}\Sigma}}u_2+\xi_3\end{cases} \tag{4.36}$$

励磁和快速汽门的协调控制方程为

$$\begin{cases}\dot{\delta}=\omega-\omega_0\\ \dot{\omega}=-\dfrac{D}{H}(\omega-\omega_0)+\dfrac{\omega_0}{H}\left(P_{\mathrm{m}}-\dfrac{E_q' V_{\mathrm{s}}}{x_{d\Sigma}'}\sin\delta\right)+\xi_1\\ \dot{E}_q'=\dfrac{1}{T_{d0}'}\left(-\dfrac{x_{d\Sigma}}{x_{d\Sigma}'}E_q'+\dfrac{x_d-x_d'}{x_{d\Sigma}'}V_{\mathrm{s}}\cos\delta+E_{fds}+u_1\right)+\xi_2\\ \dot{P}_{\mathrm{m}}=\dot{P}_{\mathrm{ML}}=-\dfrac{1}{T_{\mathrm{MH}\Sigma}}(P_{\mathrm{ML}}-C_{\mathrm{ML}}P_{\mathrm{m}0})+\dfrac{C_{\mathrm{ML}}}{T_{\mathrm{ML}\Sigma}}u_2+\xi_4\end{cases} \tag{4.37}$$

选取状态变量 $z_1=\delta-\delta_0$，$z_2=\omega-\omega_0$，$z_3=E_q'-E_{q0}'$，$z_4=P_{\mathrm{m}}-P_{\mathrm{m}0}$，为了便于设计，进行变量替换，即 $x_1=z_1$，$x_2=z_2$，$x_3=z_3$，$x_4+x_5=z_4$，$x_4=P_{\mathrm{H}}-C_{\mathrm{H}}P_{\mathrm{m}0}$，$x_5=P_{\mathrm{ML}}-C_{\mathrm{ML}}P_{\mathrm{m}0}$，则式（4.36）的动态方程转化为

$$\dot{x}_1=x_2 \tag{4.38}$$

$$\dot{x}_2=\theta x_2+k_1x_4+k_1x_5+a_0+k_2\sin(x_1+\delta_0)x_3+k_9\sin(x_1+\delta_0)+\xi_1 \tag{4.39}$$

$$\dot{x}_3=k_3x_3+k_5+k_4\cos(x_1+\delta_0)+k_6u_1+\xi_2 \tag{4.40}$$

$$\dot{x}_4=k_7x_4+k_8u_1+\xi_3,\quad u_{1\min}\leqslant u_1\leqslant u_{1\max} \tag{4.41}$$

$$\dot{x}_5 = 0 \tag{4.42}$$

$$z = [q_1 x_1 \quad q_2 x_2]^{\mathrm{T}} \tag{4.43}$$

式（4.37）的动态方程转化为

$$\dot{x}_1 = x_2 \tag{4.44}$$

$$\dot{x}_2 = \theta x_2 + k_1 x_4 + k_1 x_5 + a_0 + k_2 \sin(x_1 + \delta_0) x_3 + k_9 \sin(x_1 + \delta_0) + \xi_1 \tag{4.45}$$

$$\dot{x}_3 = k_3 x_3 + k_5 + k_4 \cos(x_1 + \delta_0) + k_6 u_1 + \xi_2 \tag{4.46}$$

$$\dot{x}_4 = 0 \tag{4.47}$$

$$\dot{x}_5 = k_{10} x_4 + k_{11} u_2 + \xi_4, \quad u_{2\min} \leqslant u_2 \leqslant u_{2\max} \tag{4.48}$$

$$z = [q_1 x_1 \quad q_2 x_2]^{\mathrm{T}} \tag{4.49}$$

其中，$-\dfrac{D}{H} = \theta$，阻尼系数 D 难以精确测量，即 θ 为不确定常参数；令 $\dfrac{\omega_0}{H} = k_1$；$\dfrac{\omega_0}{H} P_{\mathrm{m0}} = a_0$；$-\dfrac{\omega_0 V_{\mathrm{s}}}{H x'_{d\Sigma}} = k_2$；$-\dfrac{x_{d\Sigma}}{T'_{d0} x'_{d\Sigma}} = k_3$；$\dfrac{x_d - x'_d}{T'_{d0} x'_{d\Sigma}} V_{\mathrm{s}} = k_4$；$-\dfrac{x_{d\Sigma} E'_{q0}}{T'_{d0}\ x'_{d\Sigma}} + \dfrac{E_{fds}}{T'_{d0}} = k_5$；$\dfrac{1}{T'_{d0}} = k_6$；$-\dfrac{1}{T_{\mathrm{H}\Sigma}} = k_7$；$\dfrac{C_{\mathrm{H}}}{T_{\mathrm{H}\Sigma}} = k_8$；$-\dfrac{\omega_0 E'_q V_{\mathrm{s}}}{1 + X'_{d\Sigma}} = k_9$；$k_{10} = -\dfrac{1}{T_{\mathrm{ML}\Sigma}}$；$k_{11} = \dfrac{C_{\mathrm{ML}}}{T_{\mathrm{ML}\Sigma}}$；$z$ 为调节输出；q_1 和 q_2 为非负权重系数，表示 x_1 和 x_2 之间的加权比重。

4.2.2 扰动抑制控制器的设计

第 1 步：定义 $e_1 = x_1$，定义子系统 1 中式（4.38）和子系统 2 中式（4.44）共同的 Lyapunov 函数为

$$V_1 = \frac{1}{2} e_1^2 \tag{4.50}$$

定义 $e_2 = x_2 - x_2^*$，将 x_2 看作虚拟控制，并选择 $x_2^* = -c_1 x_1$，$c_1 > 0$ 为设计参数，可以得

$$\dot{V}_1 = e_1 \dot{e}_1 = e_1(e_2 - c_1 e_1) = -c_1 e_1^2 + e_1 e_2 \tag{4.51}$$

很显然，当 $e_2 = 0$ 时，有 $\dot{V}_1 < 0$。

第 2 步：对 V_1 进行增广，形成子系统 1 中式（4.38）和式（4.39），以及子系统 2 中式（4.44）和式（4.45）的共同 Lyapunov 函数为

$$V_2 = V_1 + \frac{1}{2} e_2^2 \tag{4.52}$$

定义性能指标函数为

$$J_1 = \int_0^{\infty} \left(\|z\|^2 - \gamma^2 \|\xi_1\|^2 \right) \mathrm{d}t \tag{4.53}$$

及检验函数为

$$H_1 = \dot{V}_2 + \frac{1}{2}\left(\|z\|^2 - \gamma^2\|\xi_1\|^2\right) \tag{4.54}$$

把V_2的导数代入式（4.54）得

$$\begin{aligned}
H_1 &= \dot{V}_1 + e_2\dot{e}_2 + \frac{1}{2}\left(\|z\|^2 - \gamma^2\|\xi_1\|\right) \\
&= -c_1e_1^2 + e_1e_2 + e_2(\dot{x}_2 + c_1x_2) + \frac{1}{2}\left(\|z\|^2 - \gamma^2\|\xi_1\|\right) \\
&= -c_1e_1^2 + e_1e_2 + e_2[\theta x_2 + k_1x_4 + k_1x_5 + a_0 + k_2\sin(x_1+\delta_0)x_3 \\
&\quad + \xi_1 + c_1x_2 + k_9\sin(x_1+\delta_0)] + \frac{1}{2}q_1^2x_1^2 + \frac{1}{2}q_2^2x_2^2 - \frac{1}{2}\gamma^2\xi_1^2
\end{aligned} \tag{4.55}$$

H_1对ξ_1求一阶导数，并且令一阶导数等于 0，即令$\dfrac{\partial H_1}{\partial \xi_1} = e_2 - \gamma^2\xi_1 = 0$，进而得

$$\xi_1^* = \frac{e_2}{\gamma^2} \tag{4.56}$$

H_1对ξ_1求二阶导数，有$\dfrac{\partial^2 H_1}{\partial \xi_1^2} = -\gamma^2 < 0$。由此可知$H_1$关于$\xi_1$有极大值，即$\xi_1^*$使得函数$H_1$取得最大值等价于使性能指标$J_1$取得最大值，进而说明$\xi_1^*$确实是使系统受影响最大的扰动。

将式（4.56）代入式（4.55），则有

$$\begin{aligned}
H_1 &= -c_1e_1^2 + e_2[e_1 + \theta x_2 + k_1x_4 + k_1x_5 + a_0 + k_2\sin(x_1+\delta_0)x_3 + k_9\sin(x_1+\delta_0) \\
&\quad + c_1x_2] + \frac{e_2^2}{\gamma^2} + \frac{1}{2}q_1^2x_1^2 + \frac{1}{2}q_2^2(e_2 - c_1x_1)^2 - \frac{1}{2}\frac{e_2^2}{\gamma^2} \\
&= e_1^2\left(\frac{1}{2}q_1^2 + \frac{1}{2}q_2^2c_1^2 - c_1\right) + e_2\left[\left(1 + \frac{c_1}{2\gamma^2} - \frac{1}{2}q_2^2c_1\right)x_1 + \theta x_2 + \left(c_1 + \frac{1}{2\gamma^2}\right.\right. \\
&\quad \left.\left. + \frac{1}{2}q_2^2\right)x_2 + a_0 + k_1z_4 + k_2\sin(x_1+\delta_0)x_3 + k_9\sin(x_1+\delta_0)\right] \\
&= -\alpha e_1^2 + e_2[h_1x_1 + h_2x_2 + \theta x_2 + a_0 + k_1z_4 + k_2\sin(x_1+\delta_0)x_3 + k_9\sin(x_1+\delta_0)]
\end{aligned} \tag{4.57}$$

其中，$\alpha = c_1 - \dfrac{1}{2}q_1^2 - \dfrac{1}{2}q_2^2c_1^2$；$h_1 = 1 + \dfrac{c_1}{2\gamma^2} - \dfrac{1}{2}q_2^2c_1$；$h_2 = c_1 + \dfrac{1}{2\gamma^2} + \dfrac{1}{2}q_2^2$。令$h_1x_1 + k_2\sin(x_1+\delta_0)x_3 + k_9\sin(x_1+\delta_0) = -e_2$，$\theta x_2 + h_2x_2 + a_0 + k_1z_4 = -e_2$。则可得到虚拟控制律为

$$x_3^* = -\frac{1}{k_2\sin(x_1+\delta_0)}[h_1x_1 + k_9\sin(x_1+\delta_0) + x_2 + c_1e_1] \tag{4.58}$$

$$z_4^* = -\frac{1}{k_1}\left(\hat{\theta}x_2 + h_2x_2 + a_0 + x_2 + c_1e_1\right) \tag{4.59}$$

其中，$\hat{\theta}$ 为 θ 的估计值。则有

$$H_1 = -\alpha e_1^2 - 2e_2^2 + \left(\theta - \hat{\theta}\right)x_2e_2$$

第 3 步：针对子系统 1 中含有不确定参数 θ，可根据经验预先知道该参数的取值范围，即 $\theta \in [\theta_{\min}, \theta_{\max}]$。因此，引入辅助信号 $\bar{\theta}$ 来确保系统在取值范围内进行参数跟踪。对 V_2 进行增广，形成切换系统的共同 Lyapunov 函数为

$$V_3 = V_2 + \frac{1}{2}e_3^2 + \frac{1}{2}e_4^2 + \frac{1}{2\rho}\left[(\bar{\theta}-\theta)^2 - (\bar{\theta}-\hat{\theta})^2\right] \tag{4.60}$$

其中，$\bar{\theta}$ 为映射机制，决定 θ 的估计值 $\hat{\theta}$；ρ 为自适应律的增益，$\rho > 0$；$e_3 = x_3 - x_3^*$；$e_4 = z_4 - z_4^*$。下面分别设计子系统的控制器。

选择能量函数为

$$H_2 = \dot{V}_3 + \frac{1}{2}\left(\|z\|^2 - \gamma^2\|\xi\|^2\right) \tag{4.61}$$

及性能指标函数为

$$J_2 = \int_0^\infty \left(\|z\|^2 - \gamma^2\|\xi\|^2\right)\mathrm{d}t \tag{4.62}$$

其中，$\xi = [\xi_1\ \ \xi_2\ \ \xi_3]^{\mathrm{T}}$。对式（4.60）求导得

$$\dot{V}_3 = \dot{V}_2 + e_3\dot{e}_3 + \frac{1}{\rho}\left[(\bar{\theta}-\theta)\dot{\bar{\theta}} - (\bar{\theta}-\hat{\theta})(\dot{\bar{\theta}}-\dot{\hat{\theta}})\right] \tag{4.63}$$

对误差函数两边求导，得

$$\begin{aligned}\dot{e}_3 &= \dot{x}_3 - \dot{x}_3^* \\ &= k_3x_3 + k_5 + k_4\cos(x_1+\delta_0) + k_6u_1 + \xi_2 \\ &\quad + \frac{h_1x_2 + k_9\cos(x_1+\delta_0)x_2 + \dot{x}_2 + c_1x_2}{k_2\sin(x_1+\delta_0)} \\ &\quad - \frac{[h_1x_1 + k_9\sin(x_1+\delta_0) + x_2 + c_1x_1]k_2\cos(x_1+\delta_0)x_2}{k_2^2\sin^2(x_1+\delta_0)}\end{aligned} \tag{4.64}$$

$$\begin{aligned}\dot{e}_4 &= \dot{z}_4 - \dot{z}_4^* \\ &= k_7x_4 + k_8u_2 + \xi_3 + \frac{1}{k_1}\left[\dot{\hat{\theta}}x_2 + \hat{\theta}x_2 + (h_2+1)\dot{x}_2 + c_1x_2\right]\end{aligned} \tag{4.65}$$

综上，可以得

$$
\begin{aligned}
H_2 &= \dot{V}_2 + e_3\dot{e}_3 + e_4\dot{e}_4 + \frac{1}{2}q_1^2x_1^2 + \frac{1}{2}q_2^2x_2^2 - \frac{1}{2}\gamma^2\xi_1^2 \\
&\quad - \frac{1}{2}\gamma^2\xi_2^2 - \frac{1}{2}\gamma^2\xi_3^2 - \frac{1}{\rho}[(0-\hat{\theta})\dot{\bar{\theta}} - (\bar{\theta}-\hat{\theta})\dot{\hat{\theta}}] \\
&= H_1 + e_3\left\{k_3x_3 + k_5 + k_4\cos(x_1+\delta_0) + k_6u_1 + \xi_2\right. \\
&\quad + \frac{h_1x_2 + k_9\cos(x_1+\delta_0)x_2 + \dot{x}_2 + c_1x_2}{k_2\sin(x_1+\delta_0)} \\
&\quad \left. - \frac{[h_1x_1 + k_9\sin(x_1+\delta_0) + x_2 + c_1x_1]k_2\cos(x_1+\delta_0)x_2}{k_2^2\sin^2(x_1+\delta_0)}\right\} \\
&\quad + e_3\left\{k_7x_4 + k_8u_2 + \xi_3 + \frac{1}{k_1}[\dot{\hat{\theta}}x_2 + \dot{\hat{\theta}}\dot{x}_2 + (h_2+1)\dot{x}_2 + c_1x_2]\right\} \\
&\quad - \frac{1}{2}\gamma^2\xi_2^2 - \frac{1}{2}\gamma^2\xi_3^2 - \frac{1}{\rho}\left[(\theta-\hat{\theta})\dot{\bar{\theta}} - (\bar{\theta}-\hat{\theta})\dot{\hat{\theta}}\right]
\end{aligned} \tag{4.66}
$$

H_2 分别对 ξ_2 和 ξ_3 求一阶导数，并且令一阶导数等于 0，则

$$
\frac{\partial H_2}{\partial \xi_2} = e_3 - \gamma^2\xi_2 = 0
$$

$$
\frac{\partial H_2}{\partial \xi_3} = e_4 - \gamma^2\xi_3 = 0
$$

进而，有

$$
\xi_2^* = \frac{e_3}{\gamma^2} \tag{4.67}
$$

$$
\xi_3^* = \frac{e_4}{\gamma^2} \tag{4.68}
$$

H_2 分别对 ξ_2 和 ξ_3 求二阶导数，有 $\frac{\partial^2 H_2}{\partial \xi_2^2} = -\gamma^2 < 0$，$\frac{\partial^2 H_2}{\partial \xi_3^2} = -\gamma^2 < 0$。由此可知 H_2 分别关于 ξ_2 和 ξ_3 有极大值，证明 ξ_2^* 和 ξ_3^* 为对系统影响程度最大的扰动。代入检验函数可以得

$$
\begin{aligned}
H_2 &= H_1 + e_3\left\{k_3x_3 + k_5 + k_4\cos(x_1+\delta_0) + k_6u_1 + \frac{e_3}{2\gamma^2}\right. \\
&\quad + \frac{h_1x_2 + k_9\cos(x_1+\delta_0)x_2 + \dot{x}_2 + c_1x_2}{k_2\sin(x_1+\delta_0)} \\
&\quad \left. - \frac{[h_1x_1 + k_9\sin(x_1+\delta_0) + x_2 + c_1x_1]k_2\cos(x_1+\delta_0)x_2}{k_2^2\sin^2(x_1+\delta_0)}\right\}
\end{aligned}
$$

$$+e_4\left\{k_7x_4+k_8u_2+\frac{e_4}{2\gamma^2}+\frac{1}{k_1}[\dot{\hat{\theta}}x_2+\hat{\theta}\dot{x}_2+(h_2+1)\dot{x}_2+c_1x_2]\right\}$$
$$-\frac{1}{\rho}\left[(\theta-\hat{\theta})\dot{\bar{\theta}}-(\bar{\theta}-\hat{\theta})\dot{\hat{\theta}}\right] \tag{4.69}$$

令

$$-c_3e_3=k_3x_3+k_5+k_4\cos(x_1+\delta_0)+k_6u_1+\frac{e_3}{2\gamma^2}$$
$$+\frac{h_1x_2+k_9\cos(x_1+\delta_0)x_2+\dot{x}_2+c_1x_2}{k_2\sin(x_1+\delta_0)}$$
$$-\frac{[h_1x_1+k_9\sin(x_1+\delta_0)+x_2+c_1x_1]k_2\cos(x_1+\delta_0)x_2}{k_2^2\sin^2(x_1+\delta_0)}$$
$$-c_3e_4=k_7x_4+k_8u_2+\frac{e_4}{2\gamma^2}+\frac{1}{k_1}\left[\dot{\hat{\theta}}x_2+\hat{\theta}\dot{x}_2+(h_2+1)\dot{x}_2+c_1x_2\right]$$

则控制器为

$$u_1=-\frac{1}{k_6}\left\{k_3x_3+k_5+k_4\cos(x_1+\delta_0)+\frac{e_3}{2\gamma^2}\right.$$
$$+\frac{h_1x_2+k_9\cos(x_1+\delta_0)x_2+\dot{x}_2+c_1x_2}{k_2\sin(x_1+\delta_0)}$$
$$\left.-\frac{[h_1x_1+k_9\sin(x_1+\delta_0)+x_2+c_1x_1]k_2\cos(x_1+\delta_0)x_2}{k_2^2\sin^2(x_1+\delta_0)}+e_2e_3\right\} \tag{4.70}$$

$$u_2=-\frac{1}{k_8}\left\{k_7x_4+\frac{e_4}{2\gamma^2}+\frac{1}{k_1}\left[\dot{\hat{\theta}}x_2+\hat{\theta}\dot{x}_2+(h_2+1)\dot{x}_2+c_1x_2\right]+c_3e_4\right\} \tag{4.71}$$

把式（4.70）和式（4.71）代入式（4.69）得

$$H_2=-\alpha e_1^2-2e_2^2-c_2e_3^2-c_3e_4^2+\frac{(\theta-\hat{\theta})x_2}{k_2\sin(x_1+\delta_0)}e_3+\frac{e_4}{k_1}\hat{\theta}(\theta-\hat{\theta})x_2$$
$$+\frac{1}{k_1}(h_1+1)(\theta-\hat{\theta})e_4x_2-\frac{1}{\rho}\left[(\theta-\hat{\theta})\dot{\bar{\theta}}-(\bar{\theta}-\hat{\theta})\dot{\hat{\theta}}\right]+(\theta-\hat{\theta})x_2e_2 \tag{4.72}$$

令

$$0=\frac{(\theta-\hat{\theta})x_2}{k_2\sin(x_1+\delta_0)}e_3+\frac{e_4}{k_1}\hat{\theta}(\theta-\hat{\theta})x_2+(\theta-\hat{\theta})x_2e_2$$
$$+\frac{1}{k_1}(h_1+1)(\theta-\hat{\theta})e_4x_2-\frac{1}{\rho}\left[(\theta-\hat{\theta})\dot{\bar{\theta}}-(\bar{\theta}-\hat{\theta})\dot{\hat{\theta}}\right]$$

则自适应律如下：

$$\dot{\theta}=\rho\left[\frac{x_2}{k_2\sin(x_1+\delta_0)}e_3+\frac{e_4}{k_1}\hat{\theta}x_2+e_2x_2+\frac{1}{k_1}(h_1+1)e_4x_2+\frac{\dot{\hat{\theta}}}{(\theta-\hat{\theta})\rho}(\overline{\theta}-\hat{\theta})\right] \tag{4.73}$$

其中，

$$\hat{\theta}=\begin{cases}\theta_{\min}, & \overline{\theta}<\theta_{\min}\\ \overline{\theta}, & \theta_{\min}\leqslant\overline{\theta}\leqslant\theta_{\max}\\ \theta_{\max}, & \theta_{\max}<\overline{\theta}\end{cases}$$

因此，可以得

$$H_2=-\alpha e_1^2-2e_2^2-c_2e_3^2-c_3e_4^2<0 \tag{4.74}$$

取$V=2V_3$，则$\dot{V}=2\dot{V}_3\leqslant\left(\gamma^2\|\xi\|^2-\|z\|^2\right)$，积分得

$$V(\infty)-V(0)\leqslant\int_0^{\infty}\left(\gamma^2\|\xi\|^2-\|z\|^2\right)\mathrm{d}t$$

满足耗散不等式，因此闭环系统是渐近稳定的。

对于子系统 2，采用同样的方法进行设计，为了避免重复，这里不再赘述，只给出设计结果。

$$u_1=-\frac{1}{k_6}\left\{k_3x_3+k_5+k_4\cos(x_1+\delta_0)+\frac{e_3}{2\gamma^2}+\frac{h_1x_2+k_9\cos(x_1+\delta_0)x_2+\dot{x}_2+c_1x_2}{k_2\sin(x_1+\delta_0)}-\frac{[h_1x_1+k_9\sin(x_1+\delta_0)+x_2+c_1x_1]k_2\cos(x_1+\delta_0)x_2}{k_2^2\sin^2(x_1+\delta_0)}+c_2e_3\right\} \tag{4.75}$$

$$u_3=-\frac{1}{k_{11}}\left\{k_{10}x_5+\frac{e_4}{2\gamma^2}+\frac{1}{k_1}\left[\dot{\hat{\theta}}x_2+\hat{\theta}\dot{x}_2+(h_2+1)\dot{x}_2+c_1x_2\right]+c_3e_4\right\} \tag{4.76}$$

其中，$k_{10}=-\dfrac{1}{T_{\mathrm{ML}\Sigma}}$；$k_{11}=\dfrac{C_{\mathrm{ML}}}{T_{\mathrm{ML}\Sigma}}$。

4.2.3　切换律的设计

关于切换律的设计同 4.2.2 节，选择滞后切换律。滞后切换律为$\sigma(0)=1$，对于$t>0$，如果$\sigma(t^-)=i\in\{1,2\}$且$u_{i\min}\leqslant u_i\leqslant u_{i\max}$，则保持$\sigma(t)=i$。如果$\sigma(t^-)=1$，但是$u_1<u_{1\min}$或者$u_1>u_{1\max}$，则$\sigma(t)=2$；同样，如果$\sigma(t^-)=2$，但是$u_2<u_{2\min}$或者$u_2>u_{2\max}$，则$\sigma(t)=1$。其中，$\sigma(t)=1$表示运行子系统 1，$\sigma(t)=2$表示运行子系统 2。

4.2.4 仿真分析

仿真参数为$V_s=1$，$T_{H\Sigma}=0.2$，$T_{ML\Sigma}=0.35$，$C_H=0.3$，$C_{ML}=0.7$，$H=10$，$u_{1\min}=u_{2\min}=-3$，$u_{1\max}=u_{2\max}=6$。系统的稳定工作点选为$\delta_0=57.3°$，$\omega_0=314.159\text{rad/s}$，$P_{m0}=0.852$，$E'_{q0}=0.3913$。

给出当励磁-汽门协调控制时，在汽门开度幅值越限和没有越限情况下，两种控制作用下系统动态响应的仿真实验结果。

1. 功率出现 10%的扰动

功率只在某一时间段（6～7s）出现 10%的扰动，然后恢复到已知的初始值，即$P+\Delta P(t)$，且汽门开度幅值没有越限时，有

$$\Delta P(t)=\begin{cases}0, & 0\leqslant t<6\text{s}\\ 0.1, & 6\text{s}\leqslant t\leqslant 7\text{s}\\ 0, & 7\text{s}<t\end{cases}$$

图 4.10 为当汽门控制输入没有越限时闭环系统动态响应曲线，可见状态都能在有限时间内收敛到稳定点。图 4.11 显示励磁控制输入在经过几次振荡后稳定设

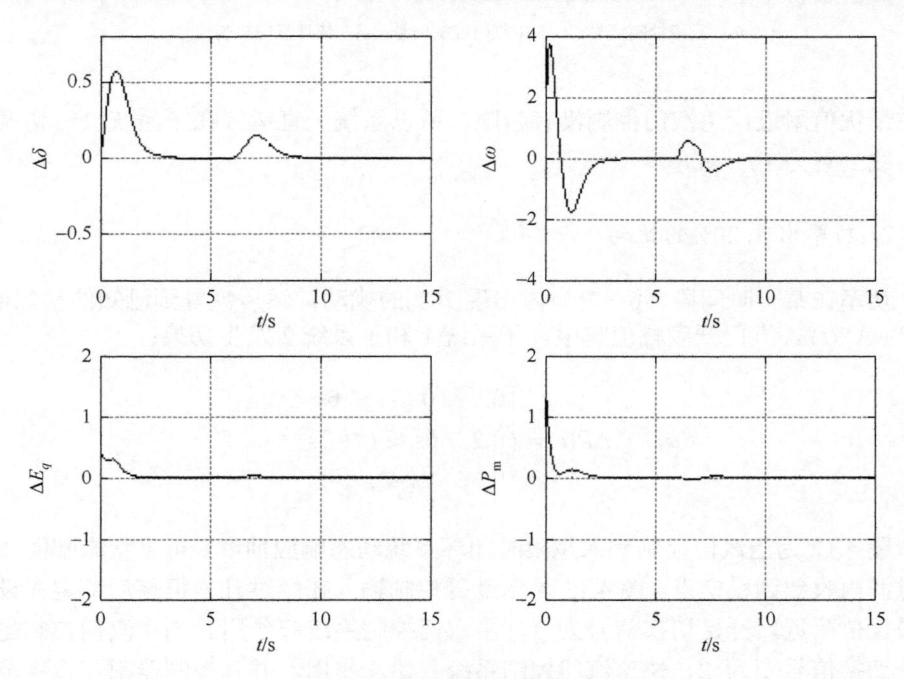

图 4.10 闭环系统动态响应曲线

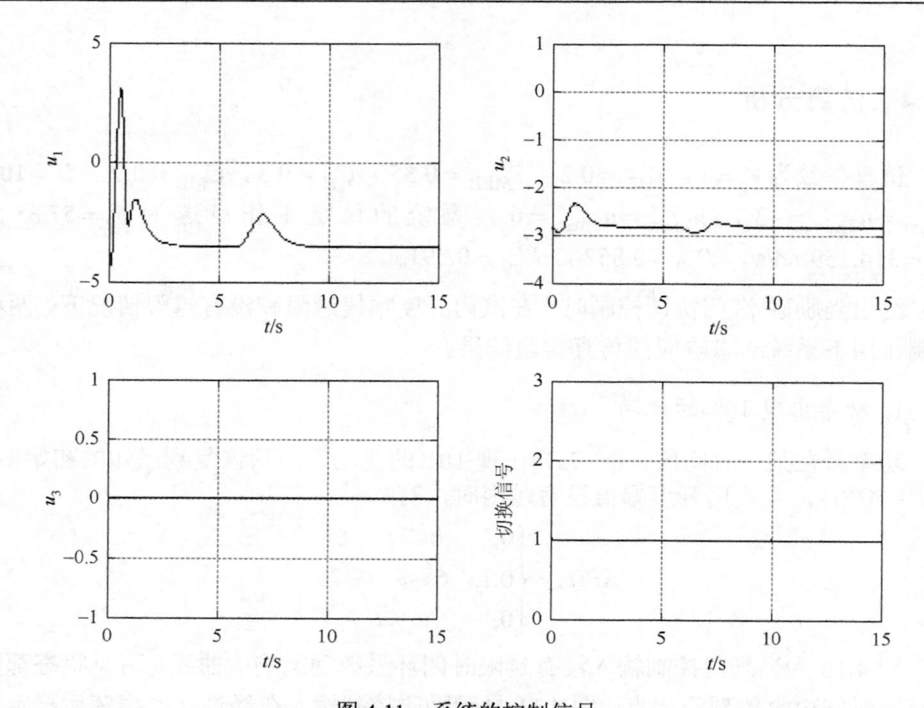

图 4.11 系统的控制信号

u_1：励磁控制信号；u_2：主汽门控制信号；u_3：快速汽门控制信号

定在最优值附近，主汽门控制没有越限，所以系统一直运行在子系统 1，切换信号曲线一直为 1。

2. *功率出现 20%的扰动*

功率在某一时间段（6～7s）内出现 20%的扰动，然后恢复到已知的初始值，即 $P+\Delta P(t)$，汽门开度幅值越限，子系统 1 和子系统 2 发生切换：

$$\Delta P(t)=\begin{cases}0, & 0\leqslant t<6\text{s}\\ 0.2, & 6\text{s}\leqslant t\leqslant 7\text{s}\\ 0, & 7\text{s}<t\end{cases}$$

图 4.12 为当汽门控制输入越限时闭环系统动态响应曲线，可见状态都能在有限时间内收敛到稳定点。图 4.13 显示励磁控制输入在经过几次振荡后稳定在设定的最优值附近，开始切换信号为 1，主汽门控制系统起作用。当主汽门控制越限时，切换信号变为 2，快速汽门控制系统开始起作用，并且控制器都在设定范围内运行，没有破坏约束条件。

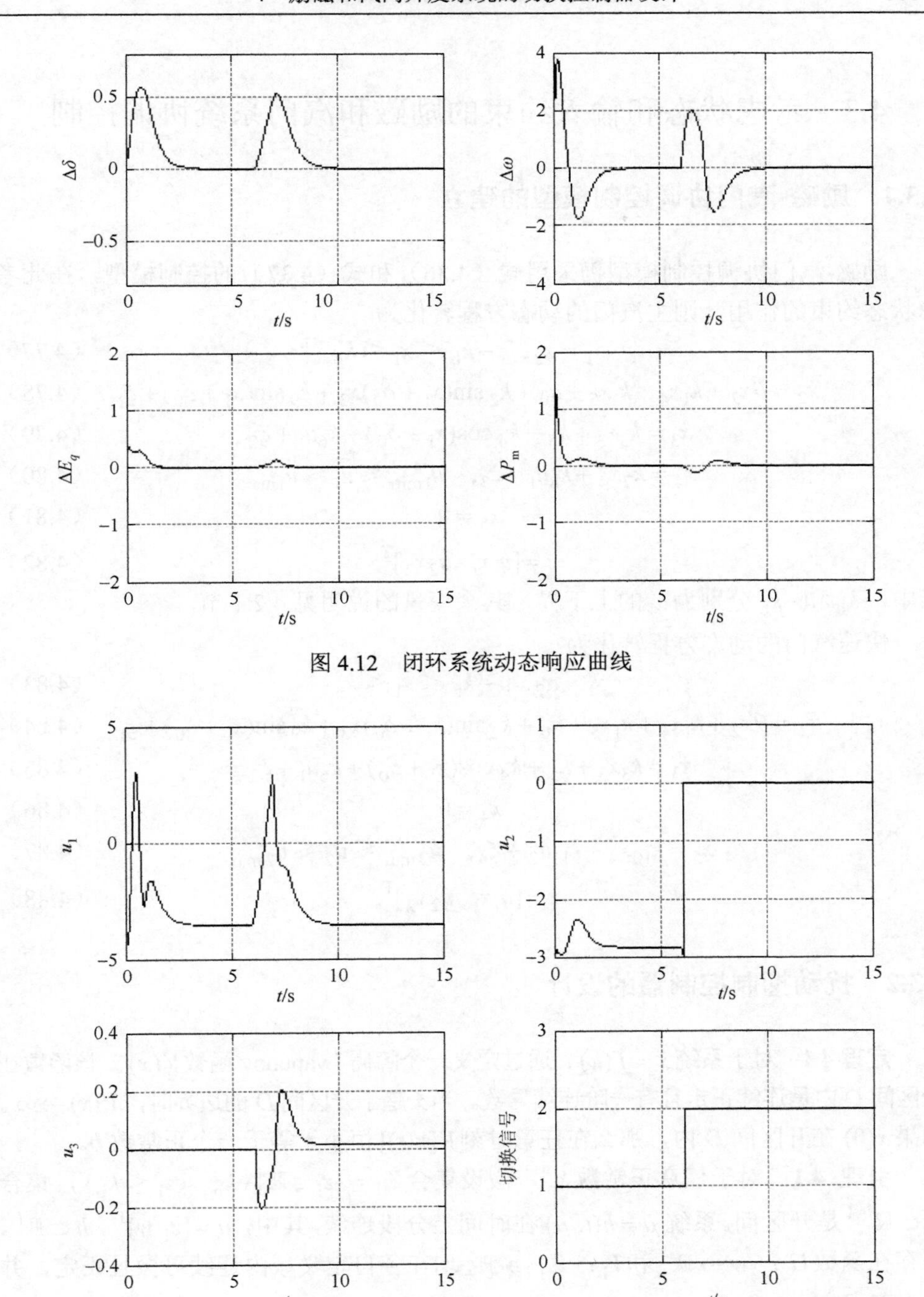

图 4.12　闭环系统动态响应曲线

图 4.13　系统的控制信号

4.3　考虑状态和输入约束的励磁和汽门系统协调控制

4.3.1　励磁-汽门协调控制模型的建立

励磁-汽门协调控制模型仍采用式（4.36）和式（4.37）的控制模型，在此考虑状态约束的作用，则主汽门的动态方程转化为

$$\dot{x}_1 = x_2, \quad -k_b < x_1 < k_b \tag{4.77}$$

$$\dot{x}_2 = \theta x_2 + k_1 x_4 + k_1 x_5 + a_0 + k_2 \sin(x_1 + \delta_0) x_3 + k_9 \sin(x_1 + \delta_0) + \xi_1 \tag{4.78}$$

$$\dot{x}_3 = k_3 x_3 + k_5 + k_4 \cos(x_1 + \delta_0) + k_6 u_1 + \xi_2 \tag{4.79}$$

$$\dot{x}_4 = k_7 x_4 + k_8 u_1 + \xi_3, \quad u_{1\min} \leqslant u_1 \leqslant u_{1\max} \tag{4.80}$$

$$\dot{x}_5 = 0 \tag{4.81}$$

$$z = [q_1 x_1 \quad q_2 x_2]^{\mathrm{T}} \tag{4.82}$$

其中，k_b 和 $-k_b$ 分别为 x_1 的上下界，其余变量的说明见 4.2.1 节。

快速汽门的动态方程转化为

$$\dot{x}_1 = x_2, \quad -k_b < x_1 < k_b \tag{4.83}$$

$$\dot{x}_2 = \theta x_2 + k_1 x_4 + k_1 x_5 + a_0 + k_2 \sin(x_1 + \delta_0) x_3 + k_9 \sin(x_1 + \delta_0) + \xi_1 \tag{4.84}$$

$$\dot{x}_3 = k_3 x_3 + k_5 + k_4 \cos(x_1 + \delta_0) + k_6 u_1 + \xi_2 \tag{4.85}$$

$$\dot{x}_4 = 0 \tag{4.86}$$

$$\dot{x}_5 = k_{10} x_4 + k_{11} u_2 + \xi_4, \quad u_{2\min} \leqslant u_2 \leqslant u_{2\max} \tag{4.87}$$

$$z = [q_1 x_1 \quad q_2 x_2]^{\mathrm{T}} \tag{4.88}$$

4.3.2　扰动抑制控制器的设计

定理 4.1：对于系统 $\dot{x} = f(x)$，通过定义一个障碍 Lyapunov 函数 $V(x)$，该函数在开区间 D 内是连续正定且有一阶连续导数。当 x 趋于开区间 D 的边界时，$V(x) \to \infty$。如果 $x(0)$ 在开区间 D 内，那么在任意时刻 $V[x(t)]$ 恒小于等于一个正常数 b。

引理 4.1：对于任意正常数 k_b，假设集合 $\mathbb{Z}_1 = \{z_1 \in \mathbb{R} \mid -k_b < z_1 < k_b\}$，集合 $w \subset \mathbb{R}^{l-1}$ 是开区间。系统 $\dot{\mu} = h(t, \mu)$ 在时间上分段连续，其中，$\mu = [z_1 \ w]^{\mathrm{T}}$，$h \subset \mathbb{R}^l$。则存在函数 U：$w \to \mathbb{R}_+$ 和 V_1：$\mathbb{Z}_1 \to \mathbb{R}_+$ 均在各自定义域内连续可微且正定，并符合下式：

$$z_1 \to -k_b \text{ 或 } z_1 \to k_b \text{ 时，} V_1(z_1) \to \infty$$

$$\lambda_1(\|w\|) \leqslant U(w) \leqslant \lambda_2(\|w\|)$$

其中，λ_1 和 λ_2 是 K_∞ 函数。令 $V(\mu)=V_1(z_1)+U(w)$，$z_1(0)$ 属于集合 $\mathbb{Z}_1$。如果不等式 $\dot{V}=(\partial V/\partial\mu)h\leqslant 0$ 成立，那么 $z_1(t)$ 一直保持在集合 $\mathbb{Z}_1$ 内。

证明：因为 $V(\mu)$ 是正定的，并且 $\dot{V}(\mu)\leqslant 0$，所以 $V[\mu(t)]\leqslant V[\mu(0)]$。在 $V(\mu)=V_1(z_1)+U(w)$ 中，$V_1(z_1)$ 和 $U(w)$ 是连续可微且正定的，而且根据定理 4.1 可知 $V_1(z_1)$ 是有界的。如果 $z_1(0)$ 属于集合 $\mathbb{Z}_1$，当 $z_1\to -k_{\mathrm{b}}$ 或 $z_1\to k_{\mathrm{b}}$ 时 $V_1(z_1)\to\infty$，为保证 $V_1(z_1)$ 是有界的，$z_1(t)$ 一直保持在集合 $\mathbb{Z}_1$ 内，证毕。

对系统式（4.77）～式（4.82）进行控制器的设计。

第 1 步：定义 $e_1=x_1$，构造第一阶段的共同障碍 Lyapunov 函数为

$$V_1=\frac{1}{2}\log\frac{k_{\mathrm{b}}^2}{k_{\mathrm{b}}^2-e_1^2} \tag{4.89}$$

定义 $e_2=x_2-x_2^*$，将 x_2 看作虚拟控制，并选择

$$x_2^*=-c_1\left(k_{\mathrm{b}}^2-e_1^2\right)e_1 \tag{4.90}$$

其中，$c_1>0$ 为设计参数。则

$$\dot{V}_1=\frac{1}{2}\frac{k_{\mathrm{b}}^2-e_1^2}{k_{\mathrm{b}}^2}\cdot\frac{2e_1k_{\mathrm{b}}^2\dot{e}_1}{\left(k_{\mathrm{b}}^2-e_1^2\right)^2}=\frac{e_1e_2}{k_{\mathrm{b}}^2-e_1^2}-c_1e_1^2 \tag{4.91}$$

很显然，当 $e_2=0$ 时，有 $\dot{V}_1<0$。

第 2 步：对 V_1 进行增广，形成前两阶的共同 Lyapunov 函数为

$$V_2=V_1+\frac{1}{2}e_2^2 \tag{4.92}$$

为让子系统针对任意的扰动都满足耗散不等式的条件，因此定义能量函数为

$$H_1=\dot{V}_2+\frac{1}{2}\left(\|z\|^2-\gamma^2\|\xi_1\|^2\right) \tag{4.93}$$

性能指标函数为

$$J_1=\int_0^\infty\left(\|z\|^2-\gamma^2\|\xi_1\|^2\right)\mathrm{d}t \tag{4.94}$$

因为

$$\begin{aligned}\dot{V}_2=&\frac{e_1e_2}{k_{\mathrm{b}}^2-e_1^2}-c_1e_1^2+e_2[\theta x_2+k_1z_4+a_0+k_2\sin(x_1+\delta_0)x_3\\&+k_9\sin(x_1+\delta_0)+\xi_1+c_1k_{\mathrm{b}}^2x_2-3c_1e_1^2x_2]\end{aligned} \tag{4.95}$$

把式（4.95）代入式（4.93）得

$$\begin{aligned}H_1=&-c_1e_1^2+e_2\left[\frac{e_1}{k_{\mathrm{b}}^2-e_1^2}+\theta x_2+k_1z_4+a_0+k_2\sin(x_1+\delta_0)x_3\right.\\&\left.+k_9\sin(x_1+\delta_0)+\xi_1+c_1k_{\mathrm{b}}^2x_2-3c_1e_1^2x_2\right]+\frac{1}{2}q_1^2x_1^2+\frac{1}{2}q_2^2x_2^2-\frac{1}{2}\gamma^2\xi_1^2\end{aligned} \tag{4.96}$$

H_1 对 ξ_1 求一阶导数，并且令一阶导数等于 0，则 $\dfrac{\partial H_1}{\partial \xi_1} = e_2 - \gamma^2 \xi_1 = 0$，进而有

$$\xi_1^* = \frac{e_2}{\gamma^2} \tag{4.97}$$

H_1 对 ξ_1 求二阶导数，则得 $\dfrac{\partial^2 H_1}{\partial \xi_1^2} = -\dfrac{1}{2}\gamma^2 < 0$，可知 H_1 关于 ξ_1 有极大值。这说明 ξ_1^* 确实是对系统影响程度最大的扰动。

将式（4.97）代入式（4.96）有

$$\begin{aligned} H_1 = -\alpha e_1^2 + e_2 \Bigg[& \frac{e_1}{k_b^2 - e_1^2} + \theta x_2 + k_1 z_4 + a_0 + k_2 \sin(x_1 + \delta_0) x_3 \\ & + k_9 \sin(x_1 + \delta_0) + h_1 x_2 - 3c_1 e_1^2 x_2 + h_2 e_2 - q_2^2 c_1 \left(k_b^2 - e_1^2\right) e_1 \Bigg] \end{aligned} \tag{4.98}$$

其中，$\alpha = c_1 - \dfrac{1}{2} q_1^2 - \dfrac{1}{2} q_2^2 c_1^2 \left(k_b^2 - e_1^2\right)^2$；$h_1 = c_1 k_b^2$；$h_2 = \dfrac{1}{2\gamma^2} + \dfrac{1}{2} q_2^2$。

令

$$h_2 e_2 + k_2 \sin(x_1 + \delta_0) x_3 + k_9 \sin(x_1 + \delta_0) = -e_2$$

$$\frac{e_1}{k_b^2 - e_1^2} + a_0 + \theta x_2 + k_1 z_4 + h_1 x_2 - q_2^2 c_1 \left(k_b^2 - e_1^2\right) e_1 - 3c_1 e_1^2 x_2 = -e_2$$

则可得到虚拟控制律为

$$x_3^* = -\frac{1}{k_2 \sin(x_1 + \delta_0)} [h_3 e_2 + k_9 \sin(x_1 + \delta_0)] \tag{4.99}$$

$$z_4^* = -\frac{1}{k_1} \left[\frac{e_1}{k_b^2 - e_1^2} + a_0 + \hat{\theta} x_2 + h_1 x_2 - q_2^2 c_1 (k_b^2 - e_1^2) e_1 - 3c_1 e_1^2 x_2 + e_2 \right] \tag{4.100}$$

其中，$h_3 = h_2 + 1$；$\hat{\theta}$ 为 θ 的估计值。则

$$H_1 = -\alpha e_1^2 - 2e_2^2 + \left(\theta - \hat{\theta}\right) x_2 e_2$$

第 3 步：针对子系统 1 中含有的未知参数 θ，且 $\theta \in [\theta_{\min}, \theta_{\max}]$，$\theta_{\max}$、$\theta_{\min}$ 分别为未知参数 θ 已知的上下界。对 V_2 进行增广，形成子系统 1 和子系统 2 的共同 Lyapunov 函数为

$$V_3 = V_2 + \frac{1}{2} e_3^2 + \frac{1}{2} e_4^2 + \frac{1}{2\rho} \left[(\bar{\theta} - \theta)^2 - (\bar{\theta} - \hat{\theta})^2 \right] \tag{4.101}$$

其中，$\bar{\theta}$ 为映射机制，决定 θ 的估计值 $\hat{\theta}$；ρ 为自适应律的增益，$\rho > 0$；$e_3 = x_3 - x_3^*$；$e_4 = z_4 - z_4^*$。

选择能量函数为

$$H_2 = \dot{V}_3 + \frac{1}{2}\left(\|z\|^2 - \gamma^2\|\xi\|^2\right) \tag{4.102}$$

及性能指标函数为

$$J_2 = \int_0^{\infty}\left(\|z\|^2 - \gamma^2\|\xi\|^2\right)\mathrm{d}t \tag{4.103}$$

其中，$\xi = [\xi_1 \;\; \xi_2 \;\; \xi_3]^{\mathrm{T}}$，对式（4.101）求导得

$$\dot{V}_3 = \dot{V}_2 + e_3\dot{e}_3 + \frac{1}{\rho}\left[(\bar{\theta}-\theta)\dot{\bar{\theta}} - (\bar{\theta}-\hat{\theta})(\dot{\bar{\theta}}-\dot{\hat{\theta}})\right] \tag{4.104}$$

对式（4.99）和式（4.100）求导得

$$\begin{aligned}\dot{x}_3^* = &-\frac{h_3\left[\theta x_2 + k_1 z_4 + a_0 + k_2\sin(x_1+\delta_0)x_3\right] + k_9\sin(x_1+\delta_0) + \dfrac{e_2}{\gamma^2}}{k_2\sin(x_1+\delta_0)} \\ &-\frac{h_3(c_1k_b^2x_2 - 3c_1e_1^2x_2) + k_9\cos(x_1+\delta_0)x_2}{k_2\sin(x_1+\delta_0)} \\ &-\frac{[h_3e_2 + k_9\sin(x_1+\delta_0)]k_2\cos(x_1+\delta_0)x_2}{k_2^2\sin^2(x_1+\delta_0)}\end{aligned} \tag{4.105}$$

$$\begin{aligned}\dot{z}_4^* = -\frac{1}{k_1}\Bigg[&\frac{x_2(k_{\mathrm{b}}^2+e_1^2)}{k_{\mathrm{b}}^2+e_1^2} + \dot{\hat{\theta}}x_2 + \hat{\theta}\dot{x}_2 + (h_1+1)\dot{x}_2 + \left(3q_2^2c_1 - 3c_1\right)e_1^2x_2 \\ &-6c_1e_1x_2^2 - 3c_1e_1^2\dot{x}_2 + \left(c_1k_{\mathrm{b}}^2 - q_2^2c_1k_{\mathrm{b}}^2\right)x_2\Bigg]\end{aligned} \tag{4.106}$$

将式（4.105）和式（4.106）代入式（4.103）得

$$\begin{aligned}H_2 = H_1 &+ e_3[k_3x_3 + k_5 + k_4\cos(x_1+\delta_0) + k_6u_1 + \xi_2 - \dot{x}_3] \\ &+ e_4(k_7x_4 + k_8u_2 + \xi_3 - \dot{z}_4) - \frac{1}{2}\gamma^2\xi_2^2 - \frac{1}{2}\gamma^2\xi_3^2 \\ &-\frac{1}{\rho}\left[(\theta-\hat{\theta})\dot{\bar{\theta}} - (\bar{\theta}-\hat{\theta})\dot{\hat{\theta}}\right]\end{aligned} \tag{4.107}$$

H_2 分别对 ξ_2 和 ξ_3 求一阶导数，并且令一阶导数等于 0，则有

$$\frac{\partial H_2}{\partial \xi_2} = e_3 - \gamma^2\xi_2 = 0,$$

$$\frac{\partial H_2}{\partial \xi_3} = e_4 - \gamma^2\xi_3 = 0$$

进而，有

$$\xi_2^* = \frac{e_3}{\gamma^2} \tag{4.108}$$

$$\xi_3^* = \frac{e_4}{\gamma^2} \tag{4.109}$$

H_2 分别对 ξ_2 和 ξ_3 求二阶导数，有 $\dfrac{\partial^2 H_2}{\partial \xi_2^2} = -\gamma^2 < 0$ ，$\dfrac{\partial^2 H_2}{\partial \xi_3^2} = -\gamma^2 < 0$ ，可知 H_2 分别关于 ξ_2 和 ξ_3 有极大值。这证明 ξ_2^* 和 ξ_3^* 使 H_2 取得极大值，同时使性能指标 J_2 取得最大值，即其为对系统影响程度最大的扰动。

把式（4.108）和式（4.109）代入式（4.107）得

$$\begin{aligned}
H_2 = H_1 + e_3 \Bigg\{ & k_3 x_3 + k_5 + k_4 \cos(x_1 + \delta_0) + k_6 u_1 + \frac{e_3}{2\gamma^2} \\
& + \frac{h_3\left[\theta x_2 + k_1 z_4 + a_0 + k_2 \sin(x_1 + \delta_0) x_3\right] + k_9 \sin(x_1 + \delta_0) + \dfrac{e_2}{\gamma^2}}{k_2 \sin(x_1 + \delta_0)} \\
& + \frac{h_3\left(c_1 k_{\rm b}^2 x_2 - 3c_1 e_1^2 x_2\right) + k_9 \cos(x_1 + \delta_0) x_2}{k_2 \sin(x_1 + \delta_0)} \\
& + \frac{[h_3 e_2 + k_9 \sin(x_1 + \delta_0)] k_2 \cos(x_1 + \delta_0) x_2}{k_2^2 \sin^2(x_1 + \delta_0)} \Bigg\} \\
& + e_4 \Bigg\{ k_7 x_4 + k_8 u_2 + \frac{e_4}{2\gamma^2} + \frac{1}{k_1} \Bigg[\frac{x_2\left(k_{\rm b}^2 + e_1^2\right)}{\left(k_{\rm b}^2 - e_1^2\right)^2} + \dot{\hat{\theta}} x_2 + \hat{\theta} \dot{x}_2 \\
& + (h_1 + 1)\dot{x}_2 + (3q_2^2 c_1 - 3c_1) e_1^2 x_2 - 6c_1 e_1 x_2^2 - 3c_1 e_1^2 \dot{x}_2 \\
& + (c_1 k_{\rm b}^2 - q_2^2 c_1 k_{\rm b}^2) x_2 \Bigg] \Bigg\} - \frac{1}{\rho}\left[(\theta - \hat{\theta})\dot{\bar{\theta}} - (\bar{\theta} - \hat{\theta})\dot{\hat{\theta}}\right]
\end{aligned} \tag{4.110}$$

令

$$\begin{aligned}
-c_3 e_3 = {} & k_3 x_3 + k_5 + k_4 \cos(x_1 + \delta_0) + k_6 u_1 + x_3 + \frac{e_3}{2\gamma^2} + \frac{k_9 \sin(x_1 + \delta_0) + \dfrac{e_2}{\gamma^2}}{k_2 \sin(x_1 + \delta_0)} \\
& + \frac{h_3\left(c_1 k_b^2 x_2 - 3c_1 e_1^2 x_2\right) + k_9 \cos(x_1 + \delta_0) x_2 + h_3(\theta x_2 + k_1 z_4 + a_0) x_3}{k_2 \sin(x_1 + \delta_0)} \\
& + \frac{[h_3 e_2 + k_9 \sin(x_1 + \delta_0)] k_2 \cos(x_1 + \delta_0) x_2}{k_2^2 \sin^2(x_1 + \delta_0)}
\end{aligned}$$

$$-c_3e_4 = k_7x_4 + k_8u_2 + \frac{e_4}{2\gamma^2} + \frac{1}{k_1}\left[\frac{x_2\left(k_b^2+e_1^2\right)}{\left(k_b^2-e_1^2\right)^2} + \dot{\hat{\theta}}x_2 + \hat{\theta}\dot{x}_2 + (h_1+1)\dot{x}_2\right.$$
$$\left. + \left(3q_2^2c_1 - 3c_1\right)e_1^2x_2 - 6c_1e_1x_2^2 - 3c_1e_1^2\dot{x}_2 + \left(c_1k_b^2 - q_2^2c_1k_b^2\right)x_2\right]$$

则控制器为

$$u_1 = -\frac{1}{k_6}\left\{k_3x_3 + k_5 + k_4\cos(x_1+\delta_0) + \frac{e_3}{2\gamma^2} + c_2e_3\right.$$
$$+\frac{h_3(\hat{\theta}x_2 + k_1z_4 + a_0) + k_2\sin(x_1+\delta_0)x_3 + k_9\sin(x_1+\delta_0) + \dfrac{e_2}{\gamma^2}}{k_2\sin(x_1+\delta_0)}$$
$$+\frac{h_3\left(c_1k_b^2x_2 - 3c_1e_1^2x_2\right) + k_9\cos(x_1+\delta)x_2}{k_2\sin(x_1+\delta_0)}$$
$$\left.+\frac{[h_3e_2 + k_9\sin(x_1+\delta_0)]k_2\cos(x_1+\delta_0)x_2}{k_2^2\sin^2(x_1+\delta_0)}\right\} \tag{4.111}$$

$$u_2 = -\frac{1}{k_8}\left(k_7x_4 + \frac{e_4}{2\gamma^2} + c_4e_4 + \frac{1}{k_1}\left\{\frac{x_2(k_b^2+e_1^2)}{(k_b^2-e_1^2)^2} + \dot{\hat{\theta}}x_2 + \hat{\theta}\dot{x}_2\right.\right.$$
$$+(h_1+1-3c_1e_1^2)\left[\hat{\theta}x_2 + k_1z_4 + a_0 + k_2\sin(x_1+\delta_0)x_3 + k_9\sin(x_1+\delta_0)\right.$$
$$\left.\left.\left.+\frac{e_2}{\gamma^2}\right] + (3q_2^2c_1 - 3c_1)e_1^2x_2 - 6c_1e_1x_2^2 + \left(c_1k_b^2 - q_2^2c_1k_b^2\right)x_2\right\}\right) \tag{4.112}$$

把式（4.111）和式（4.112）代入式（4.110）得

$$H_2 = -\alpha e_1^2 - 2e_2^2 - c_2e_3^2 - c_3e_4^2 + (\theta-\hat{\theta})x_2e_2$$
$$+\frac{e_4}{k_1}\left(\hat{\theta} - 3c_1e_1^2\right)\left(\theta-\hat{\theta}\right)x_2 + \frac{1}{k_1}(h_1+1)\left(\theta-\hat{\theta}\right)e_4x_2$$
$$+\frac{h_3\left(\theta-\hat{\theta}\right)x_2}{k_2\sin(x_1+\delta_0)}e_3 - \frac{1}{\rho}\left[(\theta-\hat{\theta})\dot{\bar{\theta}} - (\bar{\theta}-\hat{\theta})\dot{\hat{\theta}}\right] \tag{4.113}$$

则自适应律如下：

$$\dot{\bar{\theta}} = \rho\left[x_2e_2 + \frac{h_3x_2}{k_2\sin(x_1+\delta_0)}e_3 + \frac{e_4}{k_1}(\hat{\theta} - 3c_1e_1^2)x_2\right.$$
$$\left.+\frac{1}{k_1}(h_1+1)e_4x_2 - \frac{\dot{\hat{\theta}}}{\rho\left(\theta-\hat{\theta}\right)}\left(\bar{\theta}-\hat{\theta}\right)\right] \tag{4.114}$$

其中，

$$\hat{\theta}=\begin{cases}\theta_{\min}, & \bar{\theta}<\theta_{\min} \\ \bar{\theta}, & \theta_{\min}\leqslant\bar{\theta}\leqslant\theta_{\max} \\ \theta_{\max}, & \theta_{\max}<\bar{\theta}\end{cases}$$

因而，可以得

$$H_2=-\alpha e_1^2-2e_2^2-c_2e_3^2-c_3e_4^2<0$$

取 $V=2V_3$，则 $\dot{V}=2\dot{V}_3\leqslant\left(\gamma^2\|\xi\|^2-\|z\|^2\right)$，两边取积分得

$$V(\infty)-V(0)\leqslant\int_0^{\infty}\left(\gamma^2\|\xi\|^2-\|z\|^2\right)\mathrm{d}t$$

满足耗散不等式，闭环系统是渐近稳定的。

对于励磁快速汽门协调控制，可以采用同样的方法进行设计，为了避免重复，这里不再赘述，只给出设计结果。

$$\begin{aligned}u_1=&-\frac{1}{k_6}\left\{k_3x_3+k_5+k_4\cos(x_1+\delta_0)+\frac{e_3}{2\gamma^2}+c_2e_3\right.\\&+\frac{h_3\left(\hat{\theta}x_2+k_1z_4+a_0\right)+k_2\sin(x_1+\delta_0)x_3+k_9\sin(x_1+\delta_0)+\dfrac{e_2}{\gamma^2}}{k_2\sin(x_1+\delta_0)}\\&+\frac{h_3(c_1k_b^2x_2-3c_1e_1^2x_2)+k_9\cos(x_1+\delta_0)x_2}{k_2\sin(x_1+\delta_0)}\\&\left.+\frac{[h_3e_2+k_9\sin(x_1+\delta_0)]k_2\cos(x_1+\delta_0)x_2}{k_2^2\sin^2(x_1+\delta_0)}\right\}\end{aligned}\tag{4.115}$$

$$\begin{aligned}u_3=&-\frac{1}{k_{11}}\left(k_{10}x_5+\frac{e_4}{2\gamma^2}+c_4e_4+\frac{1}{k_1}\left\{\frac{x_2(k_\mathrm{b}^2+e_1^2)}{(k_\mathrm{b}^2-e_1^2)^2}+\dot{\hat{\theta}}x_2+\hat{\theta}\dot{x}_2\right.\right.\\&+(h_1+1-3c_1e_1^2)\left[\hat{\theta}x_2+k_1z_4+a_0+k_2\sin(x_1+\delta_0)x_3\right.\\&\left.+k_9\sin(x_1+\delta_0)+\frac{e_2}{\gamma^2}\right]+(3q_2^2c_1-3c_1)e_1^2x_2-6c_1e_1x_2^2\\&\left.\left.+(c_1k_\mathrm{b}^2-q_2^2c_1k_\mathrm{b}^2)x_2\right\}\right)\end{aligned}\tag{4.116}$$

其中，$k_{10}=-\dfrac{1}{T_{\mathrm{ML}\Sigma}}$；$k_{11}=\dfrac{C_{\mathrm{ML}}}{T_{\mathrm{ML}\Sigma}}$。自适应律如下：

$$\dot{\theta}=\rho\left[x_2e_2+\frac{h_3x_2}{k_2\sin(x_1+\delta_0)}e_3+\frac{e_4}{k_1}\left(\hat{\theta}-3c_1e_1^2\right)x_2\right.$$
$$\left.+\frac{1}{k_1}(h_1+1)e_4x_2-\frac{\hat{\theta}}{\rho(\theta-\hat{\theta})}(\bar{\theta}-\hat{\theta})\right] \tag{4.117}$$

其中，

$$\hat{\theta}=\begin{cases}\theta_{\min}, & \bar{\theta}<\theta_{\min}\\ \bar{\theta}, & \theta_{\min}\leqslant\bar{\theta}\leqslant\theta_{\max}\\ \theta_{\max}, & \theta_{\max}<\bar{\theta}\end{cases}$$

定理 4.2：对于闭环系统式（4.83）～式（4.87），在满足定理 4.1 的条件下，如果初始条件满足 $x_1(0)\in\Omega_{x10}=\{x_1(0)\in\mathbb{R}^3且|x_1(0)|<k_b\}$，则误差变量 x_1 始终在紧集 Ω_{x1} 中：

$$\Omega_{x1}=\left\{x_1\in\mathbb{R}^3且|x_1|\leqslant k_b\sqrt{1-e^{-2V_3(0)}}\right\}$$

证明：由于 $\dot{V}_3\leqslant 0$，所以可以得到 $V_3(t)\leqslant V_3(0)$。对于 $|x_1(0)|<k_b$，由引理 4.1 可知，状态 $x_1(t)$ 满足 $|x_1(t)|<k_b$，然后由不等式 $\frac{1}{2}\log\frac{k_b^2}{k_b^2-x_1^2}\leqslant V_3(t)\leqslant V_3(0)$，可得 $|x_1|\leqslant k_b\sqrt{1-e^{-2V_3(0)}}$，证毕。

4.3.3 切换律的设计

关于切换律的设计同 4.3.2 节，选择滞后切换律。滞后切换律为 $\sigma(0)=1$，对于 $t<0$，如果 $\sigma(t^-)=i\in\{1,2\}$ 并且 $u_{i\min}\leqslant u_i\leqslant u_{i\max}$，则保持 $\sigma(t)=i$。如果 $\sigma(t^-)=1$，但是 $u_1<u_{1\min}$ 或者 $u_1>u_{1\max}$，则 $\sigma(t)=2$；同样，如果 $\sigma(t^-)=2$，但是 $u_2<u_{2\min}$ 或者 $u_2>u_{2\max}$，则 $\sigma(t)=1$。其中，$\sigma(t)=1$ 表示运行子系统 1，$\sigma(t)=2$ 表示运行子系统 2。

4.3.4 仿真分析

仿真参数为 $V_s=1$，$T_{H\Sigma}=0.2$，$T_{ML\Sigma}=0.35$，$C_H=0.3$，$C_{ML}=0.7$，$H=10$，$u_{1\min}=u_{2\min}=-3$，$u_{1\max}=u_{2\max}=6$。系统的稳定工作点选为 $\delta_0=57.3°$，$\omega_0=314.159\text{rad/s}$，$P_{m0}=0.852$，$E'_{q0}=0.3913$。下面分别为汽门开度幅值越限和没越限情况的仿真结果。

1. 功率出现 10%的扰动

功率只是在某一时间段（6～7s）内出现 10%的扰动，然后恢复到已知的初始值，即 $P+\Delta P(t)$，且主汽门控制幅值没有越限时，有

$$\Delta P(t)=\begin{cases}0, & 0\leqslant t<6\text{s}\\ 0.1, & 6\text{s}\leqslant t\leqslant 7\text{s}\\ 0, & 7\text{s}<t\end{cases}$$

图 4.14 为闭环系统的动态响应曲线，实线为运用障碍 Lyapunov 方法（BLyapunov）设计的控制器动态响应曲线，虚线为没有考虑状态约束的方法（Lyapunov）响应曲线。$\Delta\delta$ 为主汽门控制没有越限时，约束了的状态 x_1 的动态响应曲线，可见状态在约束范围内，而其余的状态幅值振荡也较小。由系统的控制信号图 4.15 可见，运用障碍 Lyapunov 函数设计的控制器控制增益变大，而主汽门控制输入没有越限，则切换信号曲线一直为 1。

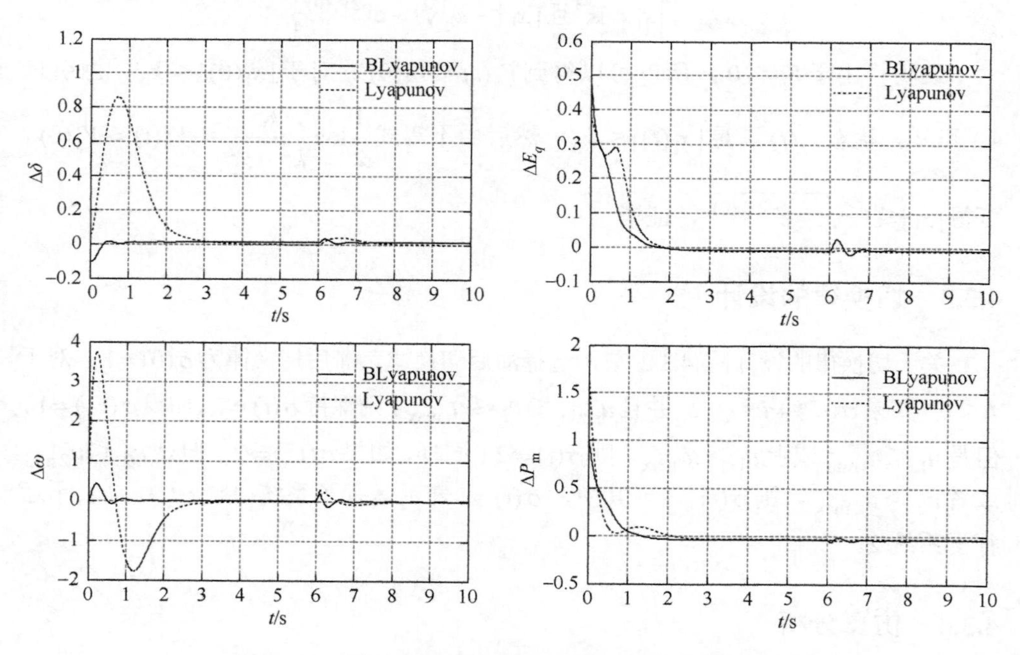

图 4.14 功率出现 10%的扰动闭环系统动态响应曲线

2. 功率出现 20%的扰动

功率只是在某一时间段（6～7s）内出现 20%的扰动，然后恢复到已知的初始值，即 $P+\Delta P(t)$，并且主汽门控制幅值越限时，有

$$\Delta P(t)=\begin{cases}0, & 0\leqslant t<6\text{s}\\ 0.2, & 6\text{s}\leqslant t\leqslant 7\text{s}\\ 0, & 7\text{s}<t\end{cases}$$

图 4.16 为闭环系统的动态响应曲线，实线为运用障碍 Lyapunov 方法设计的控制器的动态响应曲线，虚线为没有考虑状态约束方法的动态响应曲线。$\Delta\delta$ 为当主汽门控制越限时，约束了的状态 x_1 的动态响应曲线，可见状态在约束范围内，而

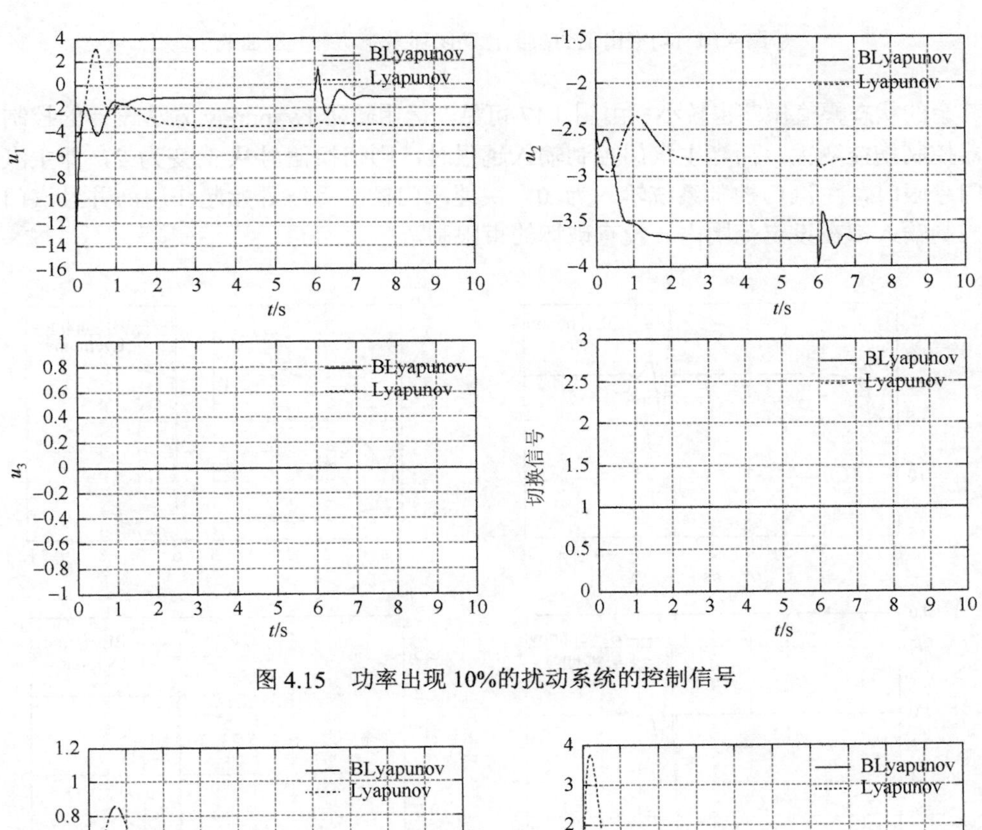

图 4.15　功率出现 10%的扰动系统的控制信号

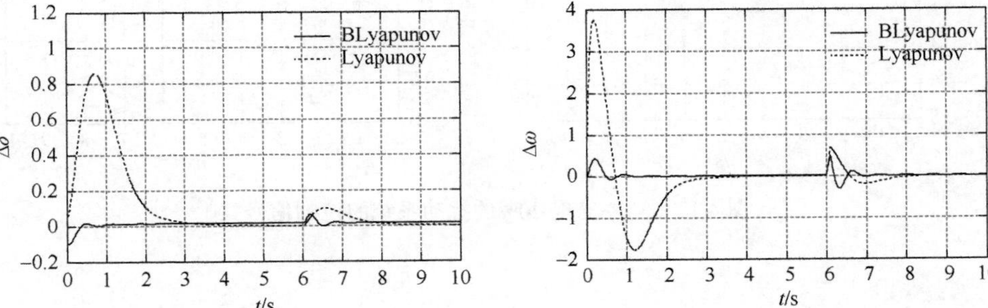

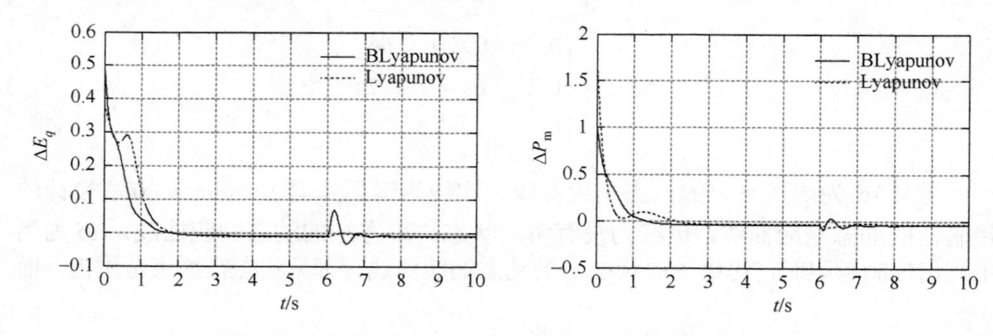

图 4.16　功率出现 20%的扰动闭环系统动态响应曲线

其余的状态幅值振荡也较小。由图 4.17 可见，运用障碍 Lyapunov 方法设计的控制器控制增益变大。而当主汽门控制输入越限时，则切换信号从 1 变为 2，即主汽门越限时，主汽门控制系统输入为 0，快速汽门控制系统开始起作用。并且汽门控制输入都在设定范围内，没有破坏约束限制。

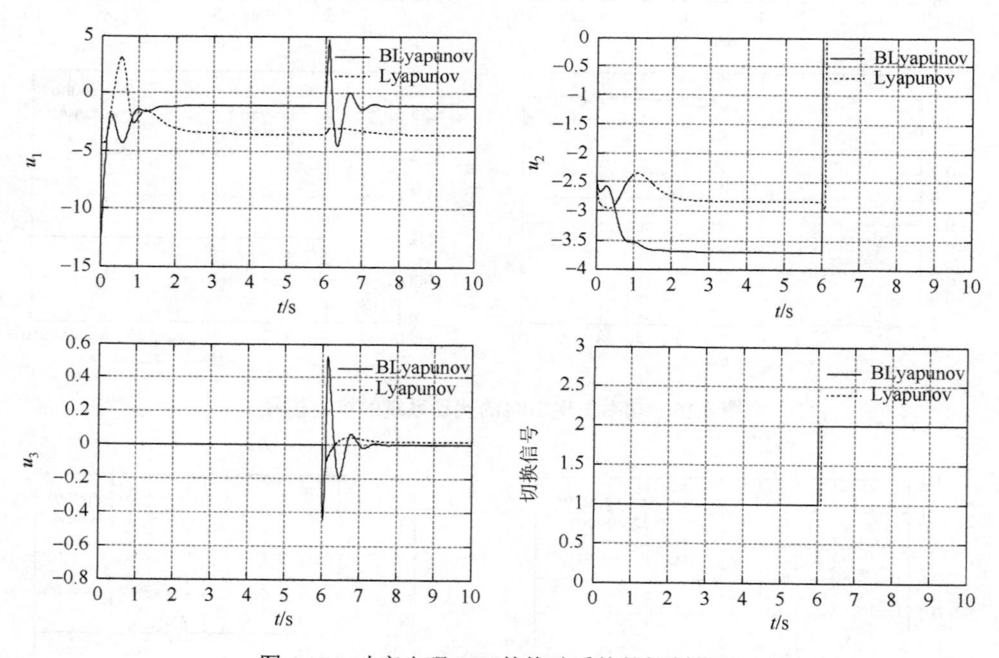

图 4.17　功率出现 20%的扰动系统的控制信号

5 基于参数重构的 SVC 系统的扰动抑制控制

静止无功补偿器（static var compensator，SVC）兴起于 20 世纪 70 年代，是一种发展很成熟的柔性交流输电系统装置，广泛应用于现代电力系统的负荷补偿和输电线路补偿（电压补偿和无功补偿）[102]。SVC 是一种结构简单、没有机械运动旋转部件、完全静止的设备，同时它可以根据无功的需求或电压的变化自动跟踪补偿，根据需要连续平滑地调节容性电流或感性电流[12]。SVC 是基于晶闸管等电力电子器件的设备，能够实现毫秒级动作速度的频繁调节，相比于机械设备的动作具有明显的优势[103, 104]。值得一提的是，当系统发生故障或遭受外部扰动时，SVC 能够快速平滑地从电网吸收或向电网输送无功功率，从而起到稳定系统的作用。综上，深入研究 SVC 的控制方法对于改善电力系统稳定性具有重要意义[105, 106]。

关于 SVC 的控制方法的研究成果很多，其中传统的 PID 控制以局部近似线性化模型为基础[25]，然而 SVC 系统是非线性系统，局部近似线性化模型难以适应电力系统运行状况的变化。文献[107]、[108]中 SVC 以系统非线性模型为基础，在控制器设计过程中对非线性模型进行了反馈线性化处理，上述方法所求得的控制律是针对反馈线性化系统的，因此对原系统不具有严格意义上的鲁棒性。Hamilton 方法从系统的能量角度完成系统的 Hamilton 结构实现，通过引入耗散概念平衡系统的能量，是非线性系统控制中的一个重要领域[64]。应用 Hamilton 方法设计控制器能够完整地保留原系统的非线性特性，然而要将仿射非线性系统转化为标准的 Hamilton 系统仍然存在一定的难度。

在对 SVC 系统设计控制器的过程中，通常会遇到如下问题：系统建模时忽略了发电机阻尼绕组的动态，而在机械阻尼系数中包含了阻尼绕组的影响，这导致转矩方程中阻尼系数 D 的不确定性，进一步使系统存在参数不确定的问题。文献[109]针对内部参数不确定问题，设计了自适应反馈控制器。电力系统的运行虽然存在多变性，但其内部参数也存在一定的规律性，例如，阻尼系数虽然难以精确测量，但是可以根据物理关系及实际经验推算其取值范围[110, 111]。如果能够对已知的属性加以利用，将提高参数估计效率。4.1 节研究了一种利用已知上下界信息估计未知参数的映射机制，然而因为采用了分段函数的方法，破坏了控制器的连续性，所以在实际运行中可能存在局限性甚至难以实现的问题。文献[66]提供了一种新的映射机制，能够保证自适应控制器的光滑性与连续性，有效地解决了上述问题。

本章针对非线性SVC系统研究基于Minimax思想与自适应Backstepping方法改进的扰动抑制控制器的设计问题。在选取反馈控制律时，引入κ类函数，平衡了动态响应和控制器增益两个性能指标。为了充分利用未知参数的可用信息，又能够保证控制器的连续性，改进自适应参数映射机制，引入新的变量对原有未知参数进行重构，提高了参数估计的效率。

5.1　SVC非线性系统的数学模型

考虑图5.1所示的具有SVC的单机无穷大系统，在输电线路中接入晶闸管控制电抗器并联固定电容器组的SVC补偿装置。

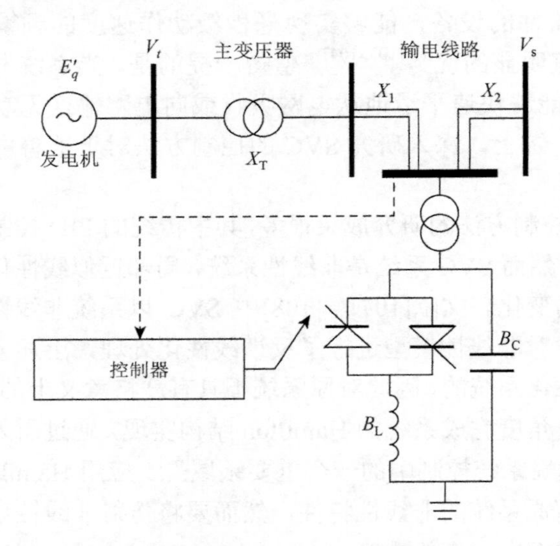

图5.1　具有SVC单机无穷大系统结构图

假设E_q'（发电机暂态电势）和P_m（功率）恒定，则具有SVC的单机无穷大系统的数学模型[112]为

$$\dot{\delta} = \omega - \omega_0 \tag{5.1}$$

$$\dot{\omega} = \frac{\omega_0}{H}(P_m - E_q' V_s y_{svc} \sin\delta) - \frac{D}{H}(\omega - \omega_0) \tag{5.2}$$

$$\dot{y}_{svc} = \frac{1}{T_{svc}}(-y_{svc} + y_{svc0} + u) \tag{5.3}$$

其中，δ是发电机转子运行角；ω为发电机转子角速度；H为发电机惯性常数；

D 为阻尼系数；E'_q 是发电机 q 轴暂态电势；V_s 为无穷大母线电压；P_m 是发电机的功率；y_{svc} 是整个系统的导纳，且 $y_{svc}=\dfrac{1}{X_1+X_2+X_1X_2(B_L+B_C)}$，$X_1=X'_d+X_T+X_L$，$X_2=X_L$，$X'_d$、$X_T$ 和 X_L 分别是发电机 d 轴暂态电抗、变压器漏抗及输电线路电抗，B_L 和 B_C 分别是 SVC 中的电感电纳和电容电纳，并且 B_L+B_C 表示 SVC 系统的等值电抗；T_{svc} 是 SVC 的惯性时间常数；u 为 SVC 的等效控制输入。

令 $x_1=\delta-\delta_0$，$x_2=\omega-\omega_0$，$x_3=y_{svc}-y_{svc0}$，其中，δ_0、ω_0、y_{svc0} 分别为相应变量的初始值（稳定状态值）。考虑外部扰动向量 $\varepsilon=[\varepsilon_1 \quad \varepsilon_2]^T$，$\varepsilon_1$ 和 ε_2 为属于 L_2 空间的未知函数，分别表示发电机转子与系统导纳上受到的未知扰动，则系统式（5.1）～式（5.3）可以转化为

$$\dot{x}_1=x_2 \tag{5.4}$$

$$\dot{x}_2=\theta x_2+a_0P_m+a_1(x_3+y_{svc0})\sin(x_1+\delta_0)+\varepsilon_1 \tag{5.5}$$

$$\dot{x}_3=-b_0x_3+b_0u+\varepsilon_2 \tag{5.6}$$

令 $\theta=\dfrac{D}{H}$，因为阻尼系数 D 难以精确测量，所以 θ 表示不确定常参数。但是根据经验可知 D 的有效取值范围[110, 111]，因此令 $\theta\in[\theta_{min},\theta_{max}]$。

5.2 SVC 系统的非线性鲁棒控制器设计

对于一个大规模的电力系统，控制对象结构或模型参数部分未知的问题，以及突发性大扰动的出现都是难以避免的挑战。一个成熟的控制器应该具有对不确定性因素的自适应能力，以及抵抗扰动的影响维持稳定运行的能力。本节将对自适应 Backstepping 方法进行改进，利用 κ 类函数设计反馈控制律，以 Minimax 思想为基础处理未知扰动，并且通过参数重构映射机制对不确定常参数进行估计。

5.2.1 控制目标

在考虑阻尼系数不确定和外界未知扰动同时存在的条件下，设计非线性鲁棒控制律，确保发电机功角和频率稳定运行在某个稳定状态邻域内，控制目标如下：

目标 5.1：当系统出现较大扰动（误差较大）时，能够快速收敛到平衡点，同时避免片面追求动态响应水平而导致控制输入能量的过分增加，即保持动态响应和控制器增益之间的平衡，在动态响应速度得到显著提高的同时不需要过分增加控制器增益。

目标 5.2：找到一种新的自适应控制机制，一方面能够充分利用可获得的未知

常参数的上界与下界信息，保证参数估计的取值范围始终限定在指定的区间内，另一方面能够保证自适应反馈控制器的光滑性。

目标 5.3：对于任意给定的$\gamma > 0$，针对 SVC 系统受到较大的外部扰动（ε）的影响及存在常参数不确定的情形，在充分考虑未知参数取值范围的基础上，找到光滑的自适应反馈控制器，使得如下耗散不等式

$$V[x(t)] - V[x(0)] \leqslant \int_0^T \left(\gamma^2 \|\varepsilon\| - \|z\|^2\right) \mathrm{d}t \tag{5.7}$$

对任意$T > 0$成立，且系统在平衡点处渐近稳定。此时，系统的L_2增益小于或等于扰动抑制常数γ。式（5.7）中，z表示调节输出，其中包含的变量属于L_2空间，并且将根据 SVC 系统稳定性需求进行选取。

5.2.2 基于参数重构的自适应扰动抑制控制器设计

基于参数重构的自适应扰动抑制算法的 SVC 设计过程如下。

第 1 步：针对子系统式（5.1），定义$e_1 = x_1$，将x_2视作虚拟控制输入，并定义虚拟控制律x_2^*和误差变量$e_2 = x_2 - x_2^*$，从而得到e_1的动态方程为

$$\dot{e}_1 = x_2 = e_2 + x_2^* \tag{5.8}$$

选取第一个 Lyapunov 函数为

$$V_1 = \frac{\sigma}{2} e_1^2 \tag{5.9}$$

其中，$\sigma > 0$是待定参数。V_1沿系统式（5.9）的解轨迹对时间t的导数为

$$\dot{V}_1 = \sigma e_1 (e_2 + x_2^*) \tag{5.10}$$

选择虚拟控制律，有

$$x_2^* = -[c_1 + \varphi_1(|e_1|)] e_1 \tag{5.11}$$

其中，$c_1 > 0$是待定参数；$\varphi_1(\cdot)$为待定的κ类函数，这里选择$\varphi_1(|e_1|) = k_1 e_1^2$。当$e_2 = 0$时，有

$$\begin{aligned}\dot{V}_1 &= -\sigma[c_1 + \varphi_1(|e_1|)] e_1^2 \\ &= -\sigma c_1 e_1^2 - \sigma k_1 e_1^4 \leqslant 0\end{aligned} \tag{5.12}$$

第 2 步：考虑子系统式（5.2），将x_3视作本步的虚拟控制输入，定义虚拟控制律x_3^*和误差变量$e_3 = x_3 - x_3^*$，为了保证$e_2 \to 0$，选择如下 Lyapunov 函数：

$$V_2 = V_1 + \frac{1}{2} e_2^2 \tag{5.13}$$

进而得到V_2对时间t的导数为

$$\dot{V}_2 = -\sigma c_1 e_1^2 - \sigma k_1 e_1^4 + \sigma e_1 e_2 + e_2[\theta x_2 + a_0 P_{\mathrm{m}} + a_1(x_3 + y_{\mathrm{svc0}})\sin(x_1 + \delta_0) + \varepsilon_1 + c_1 x_2 + 3k_1 x_1^2 x_2] \tag{5.14}$$

在设计控制器之前首先处理扰动项 ε_1。功角稳定是电力系统稳定性的一个重要因素，因此定义调节输出为

$$z = \begin{bmatrix} q_1 e_1 \\ q_2 e_2 \end{bmatrix} \tag{5.15}$$

其中，q_1 和 q_2 是非负权重系数，表示 e_1 和 e_2 之间的加权比重，且 $q_1 + q_2 = 1$。

考虑性能指标函数为

$$J_1 = \int_0^\infty \left(\|z\|^2 - \gamma^2 \|\varepsilon_1\|^2\right)\mathrm{d}t \tag{5.16}$$

其中，$\gamma > 0$ 是扰动抑制常数。

为了推算对系统影响程度最大的扰动，即 SVC 系统所能承受的最大影响，构造与性能指标相关的检验函数：

$$\psi_1 = \dot{V}_2 + \frac{1}{2}\left(\|z\|^2 - \gamma^2 \|\varepsilon_1\|^2\right) \tag{5.17}$$

将式（5.14）代入式（5.17）得

$$\psi_1 = -\sigma c_1 e_1^2 - \sigma k_1 e_1^4 + \sigma e_1 e_2 + e_2\Big[\theta x_2 + a_0 P_{\mathrm{m}} + a_1(x_3 + y_{\mathrm{svc0}})\sin(x_1 + \delta_0) + \varepsilon_1 + c_1 x_2 + 3k_1 x_1^2 x_2\Big] + \frac{1}{2}(q_1^2 e_1^2 + q_2^2 e_2^2 - \gamma^2 \varepsilon_1^2) \tag{5.18}$$

对式（5.18）关于 ε_1 求导，并令一阶导数等于 0，得

$$\begin{cases} \dfrac{\partial \psi_1}{\partial \varepsilon_1} = 0 \\ \varepsilon_1^* = \dfrac{1}{\gamma^2} e_2 \end{cases} \tag{5.19}$$

继续求二阶导数可知

$$\frac{\partial^2 \psi_1}{\partial \varepsilon_1^2} = -\gamma^2 < 0 \tag{5.20}$$

因此，ψ_1 关于 ε_1 有极大值，也就是说 ε_1^* 使得函数 ψ_1 取得极大值，ε_1^* 同样

使得 J_1 取得最大值，证明 ε_1^* 是对系统影响程度最大的扰动。将式（5.20）代入式（5.18）得

$$
\begin{aligned}
\psi_1 &= -\sigma c_1 e_1^2 - \sigma k_1 e_1^4 + \sigma e_1 e_2 + e_2 \left[\theta x_2 + a_0 P_\mathrm{m} n \right. \\
&\quad \left. + a_1 (x_3 + y_{\mathrm{svc0}}) \sin(x_1 + \delta_0) + \frac{1}{\gamma^2} e_2 + c_1 x_2 n + 3k_1 x_1^2 x_2 \right] \\
&\quad + \frac{1}{2} q_1^2 e_1^2 + \frac{1}{2} q_2^2 e_2^2 - \frac{1}{2} \frac{1}{\gamma^2} e_2^2 \\
&= -\bar{c}_1 e_1^2 - \sigma k_1 e_1^4 + e_2 \left[\sigma e_1 + \theta x_2 n + a_0 P_\mathrm{m} \right. \\
&\quad \left. + a_1 (x_3 + y_{\mathrm{svc0}}) \sin(x_1 + \delta_0) + \frac{e_2}{2\gamma^2} + c_1 x_2 + 3k_1 x_1^2 x_2 + \frac{1}{2} q_2^2 e_2 \right]
\end{aligned} \tag{5.21}
$$

其中，$\bar{c}_1 = \sigma c_1 - \frac{1}{2} q_1^2$。选择虚拟控制律

$$
\begin{aligned}
x_3^* = &-\frac{1}{a_1 f_s} \left[l_1 e_2 + \varphi_2(|e_2|) e_2 + \sigma e_1 + \hat{\theta} x_2 \right. \\
&\left. + a_0 P_\mathrm{m} + c_1 x_2 + 3k_1 x_1^2 x_2 \right] - y_{\mathrm{svc0}}
\end{aligned} \tag{5.22}
$$

其中，$l_1 = c_2 + \frac{1}{2} q_2^2 + \frac{1}{2\gamma^2}$，$c_2 > 0$ 是待定参数；$f_s = \sin(x_1 + \delta_0)$；$\varphi_2(\cdot)$ 是 κ 类函数，在此选择 $\varphi_2(|e_2|) = k_2 e_2^2$，$k_2 > 0$；$\hat{\theta}$ 是对 θ 的估计值，同时令 $\tilde{\theta} = \theta - \hat{\theta}$。当 SVC 系统正常运行时，$\sin(x_1 + \delta_0) \neq 0$。将式（5.22）代入检验函数式（5.21）得

$$
\psi_1 = -\bar{c}_1 e_1^2 - \sigma k_1 e_1^4 - c_2 e_2^2 - k_2 e_2^4 + e_2 \tilde{\theta} x_2 + a_1 e_2 e_3 f_s \tag{5.23}
$$

式（5.23）中的耦合项 $a_1 e_2 e_3 f_s$ 和不确定参数的相关项 $e_2 \tilde{\theta} x_2$ 将在第 3 步中进行处理。

第 3 步：根据文献[110]、[111]的讨论，可以获得未知参数 θ 的有效取值范围，假设 $\theta \in (\theta_{\min}, \theta_{\max})$，其中 $\theta_{\min}$ 和 $\theta_{\max}$ 分别表示 θ 的下界值和上界值，由阻尼系数的界信息得到。在电力系统自适应鲁棒控制的相关研究中，大多忽略这个可获得的已知信息，而采取一般参数的自适应控制策略，这种方法可能导致估计过程中参数估计值不在有效区间内，进而导致较差或较慢地跟踪误差的收敛。第 4 章采用基于分段函数方法的参数映射机制设计自适应律，充分考虑了不确定参数的可用信息，有效地将参数估计值限定在指定范围内，一旦参数估计值超出了范围，

系统便立即将其“拉”回指定区间，这样虽然提高了误差收敛的效率，但是破坏了控制的光滑性。为了避免上述问题的出现，在此引入一个新的未知变量ϕ，将其作为参数估计的中间辅助变量，从而间接得到θ的估计值。首先通过ϕ对θ进行参数重构，构造如下的光滑函数完成θ到ϕ的映射关系：

$$\theta=\frac{1}{2}(\theta_{\max}-\theta_{\min})(1-\tanh\phi)+\theta_{\max} \tag{5.24}$$

由式（5.24）可知，$\phi\in\mathrm{R}$，进而可知$\tanh\phi\in(-1,1)$，因此有$\theta\in(\theta_{\min},\theta_{\max})$，并且对于$\phi$在实数范围内的任意取值，$\theta$在指定区间$(\theta_{\min},\theta_{\max})$内连续变化。在系统式（5.5）中，$\theta$表示未知常参数，经过式（5.24）的重构后，设计与θ相关的线性不确定参数的自适应控制器问题，立即转化为设计与ϕ相关的非线性不确定参数的自适应控制器问题。定义误差变量$z=\hat{\phi}-\phi$，其中，$\hat{\phi}$表示ϕ的估计值，考虑如下具有下界的非负能量函数，即

$$V_z=\frac{1}{2}(\theta_{\max}-\theta_{\min})[\ln\cosh(z+\phi)-z\tanh\phi] \tag{5.25}$$

V_z对时间t的导数为

$$\begin{aligned}\dot{V}_z&=\frac{1}{2}(\theta_{\max}-\theta_{\min})[\tanh(z+\phi)-\tanh\phi]\dot{z}\\&=\frac{1}{2}(\theta_{\max}-\theta_{\min})\left[\tanh\hat{\phi}-\tanh\phi\right]\dot{z}\end{aligned} \tag{5.26}$$

接下来将推导光滑的自适应反馈控制器以确保SVC系统的稳定性。选取如下Lyapunov函数：

$$V_3=V_2+\frac{1}{2}e_3^2+\frac{1}{\rho}V_z \tag{5.27}$$

V_3对时间t的导数为

$$\dot{V}_3=\dot{V}_2+e_3\dot{e}_3+\frac{1}{2\rho}(\theta_{\max}-\theta_{\min})\left[\tanh\hat{\phi}-\tanh\phi\right]\dot{z} \tag{5.28}$$

为了处理未知扰动ε_2，考虑性能指标

$$J_2=\int_0^{\infty}\left(\|z\|^2-\gamma^2\|\varepsilon\|^2\right)\mathrm{d}t \tag{5.29}$$

构造检验函数

$$\psi_2=\dot{V}_3+\frac{1}{2}\left(\|z\|^2-\gamma^2\|\varepsilon\|^2\right) \tag{5.30}$$

将式（5.28）代入式（5.30）得

$$
\begin{aligned}
\psi_2 &= \dot{V}_2 + e_3\dot{e}_3 + \frac{1}{2\rho}(\theta_{\max} - \theta_{\min})\left[\tanh\hat{\phi} - \tanh\phi\right]\dot{z} \\
&\quad + \frac{1}{2}q_1^2 e_1^2 + \frac{1}{2}q_2^2 e_2^2 - \frac{1}{2}\gamma^2\varepsilon_2^2 - \frac{1}{2}\gamma^2\varepsilon_3^2 \\
&= -\bar{c}_1 e_1^2 - \sigma k_1 e_1^4 - c_2 e_2^2 - k_2 e_2^4 + e_2\tilde{\theta}x_2 + a_1 e_2 e_3 f_s + e_3\Bigg(-b_0 x_3 + b_0 u + \varepsilon_2 \\
&\quad + \frac{1}{a_1 f_s}\Big\{\left(\sigma + \dot{\hat{\theta}}\right)x_2 + 6k_1 x_1 x_2^2 + \left(l_1 + 3k_2 e_2^2\right)\left(c_1 x_2 + 3k_1 e_1^2 x_2\right) \\
&\quad + \left(\hat{\theta} + c_1 + 3k_1 x_1^2 + l_2 + 3k_2 e_2^2\right)\left[\theta x_2 + a_0 P_{\mathrm{m}} + a_1(x_3 + y_{\mathrm{svc0}})f_s + \frac{e_2}{\gamma^2}\right]\Big\} \\
&\quad - \frac{f_c x_2}{a_1 f_s^2}(l_2 e_2 + k_2 e_2^3 + \sigma e_1 + \hat{\theta}x_2 + c_1 x_2 + a_0 P_{\mathrm{m}} + 3k_1 x_1^2 x_2)\Bigg) \\
&\quad - \frac{1}{2}\gamma^2\varepsilon_3^2 + \frac{1}{2\rho}(\theta_{\max} - \theta_{\min})\left[\tanh\hat{\phi} - \tanh\phi\right]\dot{z}
\end{aligned} \tag{5.31}
$$

其中，$f_c = \cos(x_1 + \delta_0)$。根据极值原理，对$\psi_2$关于$\varepsilon_2$进行极大化处理，得到对系统影响最大的扰动（因为$\dfrac{\partial^2\psi_2}{\partial\varepsilon_2^2} = -\gamma^2 < 0$）为

$$
\varepsilon_2^* = \frac{1}{\gamma^2}e_3 \tag{5.32}
$$

将系统所能承受的临界扰动代入检验函数式（5.31）有

$$
\begin{aligned}
\psi_2 &= -\bar{c}_1 e_1^2 - \sigma k_1 e_1^4 - c_2 e_2^2 - k_2 e_2^4 + e_2\tilde{\theta}x_2 + e_3\Bigg(a_1 e_2 f_s - b_0 x_3 + b_0 u \\
&\quad + \frac{e_3}{2\gamma^2} + \frac{1}{a_1 f_s}\Big\{\left(\sigma + \dot{\hat{\theta}}\right)x_2 + 6k_1 x_1 x_2^2 + \left(l_1 + 3k_2 e_2^2\right)\left(c_1 x_2 + 3k_1 e_1^2 x_2\right) \\
&\quad + \left(\hat{\theta} + c_1 + 3k_1 x_1^2 + l_2 + 3k_2 e_2^2\right)\left[\theta x_2 + a_0 P_{\mathrm{m}} + a_1(x_3 + y_{\mathrm{svc0}})f_s + \frac{e_2}{\gamma^2}\right]\Big\} \\
&\quad - \frac{f_c x_2}{a_1 f_s^2}\left(l_2 e_2 + k_2 e_2^3 + \sigma e_1 + \hat{\theta}x_2 + c_1 x_2 + a_0 P_{\mathrm{m}} + 3k_1 x_1^2 x_2\right)\Bigg) \\
&\quad + \frac{1}{2\rho}(\theta_{\max} - \theta_{\min})\left[\tanh\hat{\phi} - \tanh\phi\right]\dot{z}
\end{aligned} \tag{5.33}
$$

令$\hat{\theta} = \dfrac{1}{2}(\theta_{\max} - \theta_{\min})\left(1 - \tanh\hat{\phi}\right) + \theta_{\min}$，从而有

$$
\tilde{\theta} = \frac{1}{2}(\theta_{\max} - \theta_{\min})\left(\tanh\hat{\phi} - \tanh\phi\right)
$$

在考虑最大扰动对系统产生影响的条件下，设计反馈控制器和重构参数ϕ的更新率分别为

$$
\begin{aligned}
u = & -\frac{1}{b_0}\Bigg(\left[c_3+\frac{1}{2\gamma^2}+\varphi_3(|e_3|)\right]e_3+a_1e_2f_s-b_0x_3+\frac{1}{a_1f_s} \\
& \left\{\left[\sigma-\frac{\dot{\hat{\phi}}}{2\cosh^2\hat{\phi}}(\theta_{\max}-\theta_{\min})\right]x_2+6k_1x_1x_2^2+\left(l_1+3k_2e_2^2\right)\left(c_1x_2+3k_1e_1^2x_2\right)\right. \\
& \left.+\left(\hat{\theta}+c_1+3k_1x_1^2+l_2+3k_2e_2^2\right)\left[\hat{\theta}x_2+a_0P_{\mathrm{m}}+a_1(x_3+y_{\mathrm{svc0}})f_s+\frac{e_2}{\gamma^2}\right]\right\} \\
& -\frac{f_cx_2}{a_1f_s^2}\left(l_2e_2+k_2e_2^3+\sigma e_1+\hat{\theta}x_2+c_1x_2+a_0P_{\mathrm{m}}+3k_1x_1^2x_2\right)\Bigg)
\end{aligned} \tag{5.34}
$$

$$
\begin{aligned}
\dot{\hat{\phi}} = -\rho\Bigg\{e_2x_2+\frac{e_3x_2}{a_1f_s}\Bigg[&\frac{1}{2}(\theta_{\max}-\theta_{\min})\left(1-\tanh\hat{\phi}\right) \\
&+\theta_{\min}+c_1+3k_1x_1^2+h_2+3k_2e_2^2\Bigg]\Bigg\}
\end{aligned} \tag{5.35}
$$

其中，$\varphi_3(\cdot)$是κ类函数，在此选择$\varphi_3(|e_3|)=k_3e_3^2$，$k_3>0$。求解式（5.35）所示的微分方程可以得到辅助变量ϕ的估计值$\hat{\phi}$，进而可以间接得到θ的估计值$\hat{\theta}$为

$$
\hat{\theta}=\frac{1}{2}(\theta_{\max}-\theta_{\min})\left(1-\tanh\hat{\phi}\right)+\theta_{\min} \tag{5.36}
$$

将自适应控制器代入式（5.33）有

$$
\psi_2=-\overline{c}_1e_1^2-\sigma k_1e_1^4-c_2e_2^2-k_2e_2^4-c_3e_3^2-k_3e_3^4\leqslant 0 \tag{5.37}
$$

若令$V(x)=2V_3(x)$为整个系统的 Lyapunov 函数，则有

$$
\dot{V}(x)\leqslant\gamma^2\|\varepsilon\|^2-\|z\|^2 \tag{5.38}
$$

当$x(0)=0$时，$V[x(0)]=2V_3[x(0)]=0$，对式（5.38）两侧同时积分可得耗散不等式（5.7），说明从$t=0$时刻开始到任意时刻结束，SVC 系统增加的能量总是小于或等于系统从外部获得的能量，因此系统的能量是耗散的。当$\varepsilon_1=0$、$\varepsilon_2=0$时，在自适应反馈控制律式（5.34）～式（5.36）的作用下，闭环误差系统

$$
\begin{cases}
\dot{e}_1=-c_1e_1-k_1e_1^3+e_2 \\
\dot{e}_2=-\sigma e_1-l_1e_2-k_2e_2^3+a_1e_3f_s+\tilde{\theta}x_2 \\
\dot{e}_3=-a_1e_2f_s-\left(c_3+\dfrac{1}{2\gamma^2}\right)e_3-k_3e_3^3 \\
\qquad -\dfrac{1}{a_1f_s}\left(\hat{\theta}+c_1+3k_1x_1^2+l_2+3k_2e_2^2\right)\tilde{\theta}x_2
\end{cases} \tag{5.39}
$$

渐近稳定。当$\varepsilon_1 \neq 0$、$\varepsilon_2 \neq 0$时，SVC 系统从扰动到输出具有L_2增益，且该增益小于或等于扰动抑制常数γ。由虚拟控制的定义可知，系统状态x_1、x_2和x_3是渐近稳定的。

注 5.1：根据电力系统的物理意义，转子运行角的角度满足$0 < \delta < \frac{\pi}{2}$。如果令$\delta = k\pi$，当$k = 0,1,2,\cdots$时，电力系统将失去同步，最终导致系统崩溃。因此，在正常运行时$\sin(x_1 + \delta_0) \neq 0$。

注 5.2：在反推过程中，将κ类函数（$\varphi_i(\cdot)$,　$i=1,2,3$）引入反馈控制律的设计，使得误差较大时，$\dot{V}_i$相比于常规方法的能量函数的导数更小，因此系统的收敛速度较快。随着时间t的增加，误差逐渐减小，$\dot{V}_i$逐渐接近于常规方法设计的$\dot{V}_i$，从而不会过多地增加控制器增益。同时，κ类函数的选择多种多样，本节选择$\varphi_i(\cdot) = k_i e_i^2$，$k_i > 0$，可以平衡系统的动态响应速度和控制器增益之间的平衡。

注 5.3：与一般的自适应 Backstepping 控制器的设计方法不同，在此引入新的变量ϕ，并通过一个特殊的函数对原系统的不确定参数θ进行重构，使得对于ϕ在实数范围内的任意取值，都有$\theta \in (\theta_{\min}, \theta_{\max})$。这种处理方法将原本设计$\theta$的估计器的问题，转化为设计$\phi$的估计器问题，进而根据两者的映射关系间接得到$\theta$的估计值$\hat{\theta}$。基于参数重构的自适应控制器不但将参数估计范围限定在预先指定的区间内，显著提高误差的收敛速度，而且没有损失控制的光滑性及闭环系统的稳定性。

5.3　仿 真 分 析

根据 5.2.2 节的设计结果，对图 5.1 所示的具有 SVC 的单机无穷大系统，在任意相同的非零初始条件下进行仿真分析，系统的物理参数及取值如表 5.1 所示。

表 5.1　物理参数及取值

参数	取值	参数	取值	参数	取值	参数	取值
ω_0	314.159rad/s	H	7s	D	0.1p.u.	V_s	0.995p.u.
E'_q	1.123	T_{svc}	0.02s	X_1	0.84p.u.	X_2	0.52p.u.
$B_L + B_C$	0.3p.u.	δ_0	0.9rad	y_{svc0}	0.4p.u.		

注：p.u.为标幺值。

将本章所设计的基于参数重构的自适应扰动抑制控制器 PBMK，与基于一般自适应方法的扰动抑制控制器 MAB 和自适应 H_∞ 控制器 HAB 的作用效果进行比较。PBMK 控制器设计参数选择如下：$\sigma=1$，$c_1=2$，$c_2=2$，$c_3=2$，$k_1=1$，$k_2=1$，$k_3=1$，$q_1=0.6$，$q_2=0.4$，$\gamma=0.2$，$\rho=1$，未知参数 θ 的取值范围为（0, –0.5）。MAB 和 HAB 控制器的增益选择如下：$c_1=3$，$c_2=3$，$c_3=3$，其余控制参数都相同。

5.3.1 负荷功率扰动

考虑负荷在 4s 时出现 20%的功率扰动，即 $P_e=P_e+\Delta P_e$，持续 1s 又恢复到初始值。负荷功率变化率 Δ 的动态过程如下：

$$\Delta=\begin{cases}0, & 0\leqslant t<4\text{s}\\0.2, & 4\text{s}\leqslant t\leqslant 5\text{s}\\0, & 5\text{s}<t\end{cases}$$

在任意相同的非零初始条件下，分别对系统施加设计的扰动抑制控制器和一般 MAB 控制器及 HAB 控制器，仿真得到闭环系统的动态响应曲线如图 5.2～图 5.7 所示。

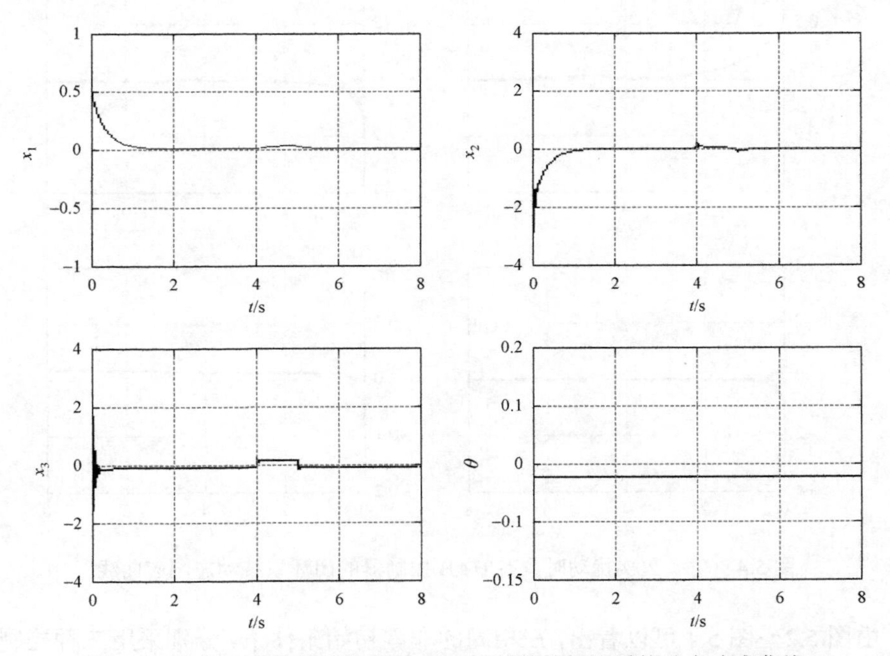

图 5.2　功率 20%扰动时具有 PBMK 控制器的闭环系统动态响应曲线

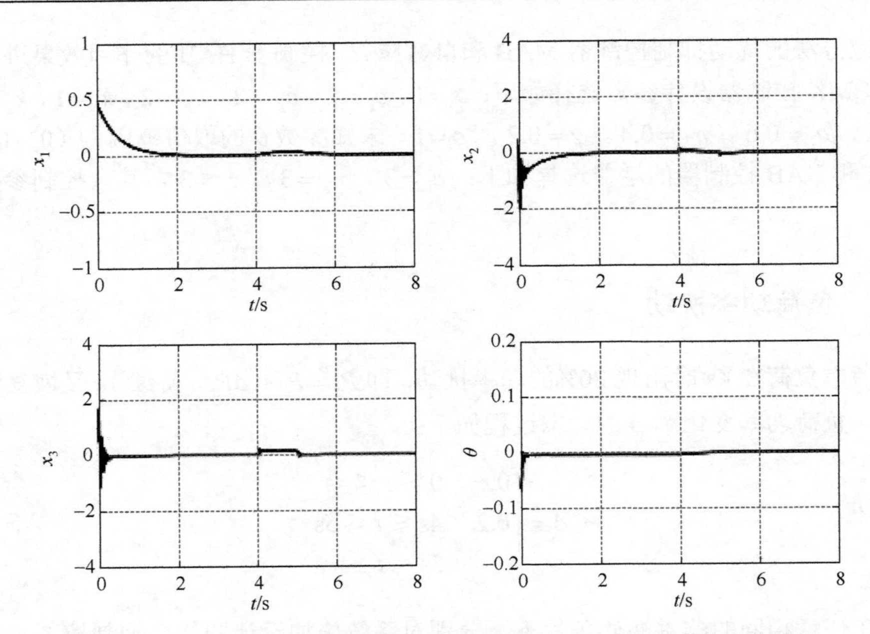

图 5.3 功率 20%扰动时具有 MAB 控制器的闭环系统动态响应曲线

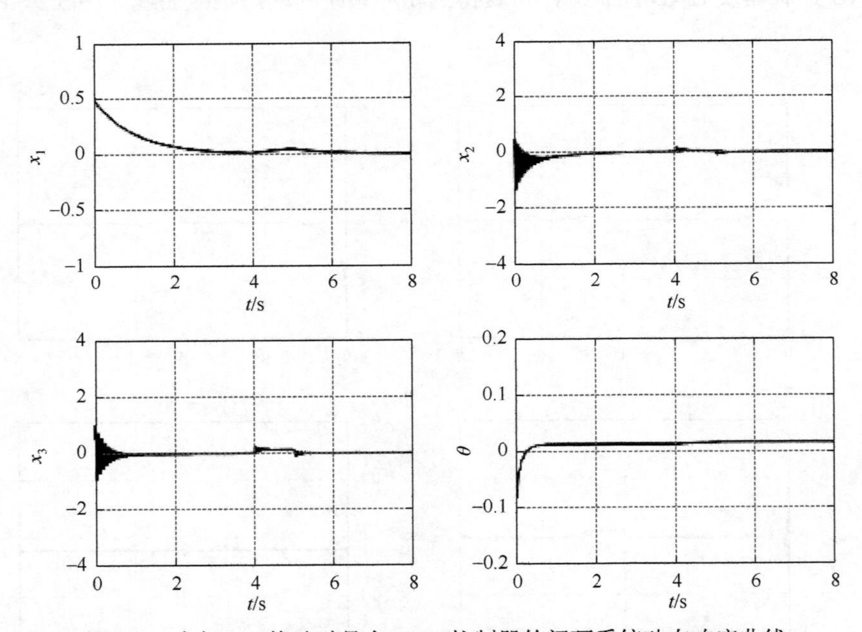

图 5.4 功率 20%扰动时具有 HAB 控制器的闭环系统动态响应曲线

由图 5.2～图 5.4 可以看出，在相同的非零初始条件下，分别采用三种控制器，在 PBMK 的作用下系统状态 x_1 和 x_2 大概在 1.5s 进入稳定状态，系统状态 x_3 在 0.2s

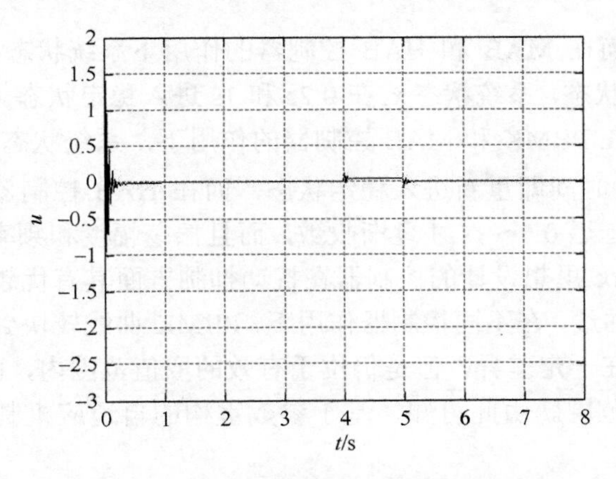

图 5.5 功率 20%扰动时 PBMK 控制信号

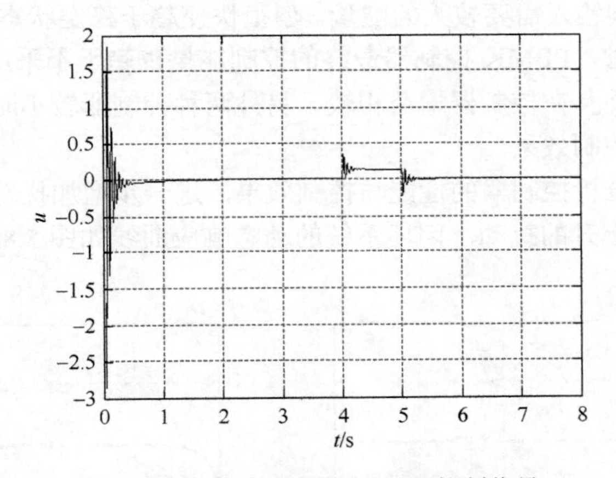

图 5.6 功率 20%扰动时 MAB 控制信号

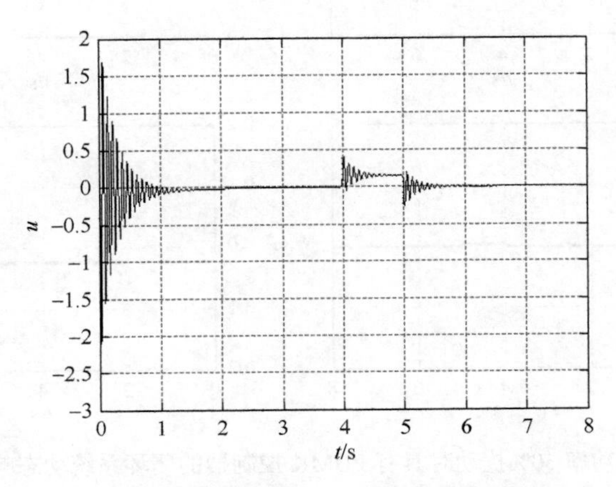

图 5.7 功率 20%扰动时 HAB 控制信号

进入稳定状态，而在 MAB 和 HAB 控制器的作用下系统状态 x_1 和 x_2 分别在 2s 和 3.5s 进入稳定状态，系统状态 x_3 在 0.2s 和 1s 进入稳定状态。当出现 20%上升的功率扰动时，在 PBMK 和 MAB 控制器的作用下，系统状态 x_1、x_2、x_3 相继经历 0.5～1.5s 的时间即重新进入稳定状态，而在 HAB 控制器的作用下，这三个系统状态几乎延迟 0.5～1s 才逐渐收敛，而且振荡幅度和频率均较大。由此可见，基于 Minimax 思想设计的控制器在扰动抑制方面具有优越性。对比图中未知参数 θ 的估计曲线，在不同控制器作用下，PBMK 曲线较快到达真实值，MAB 曲线与真实值存在一定差异，但是仍位于有效的取值范围内，而 HAB 曲线偏离了真实值的取值范围。由此可知，基于参数重构的自适应机制能够取得更好的估计效果。

图 5.5～图 5.7 表明，采用 PBMK 控制器，当系统误差较大时，为了加快系统的收敛速度，控制输入需要较大的能量，但很快便趋于稳定状态，并且抖动较小；当误差趋近于零时，PBMK 控制器最终的控制能量也趋于不采用 κ 类函数的一般控制器的能量，并且在控制器增益相较于另外两种控制器较小时，PBMK 控制器仍然具有较好的控制效果。

为了更好地分析控制器的性能与控制效果，进一步增加扰动的程度，即在 4s 时功率出现 30%上升的扰动，闭环系统的动态响应曲线如图 5.8～图 5.13 所示。

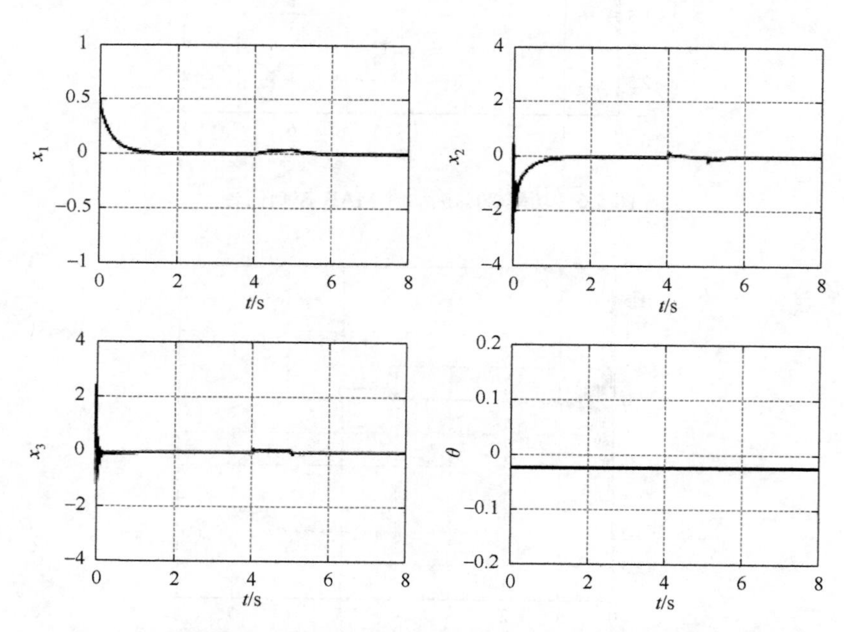

图 5.8 功率 30%扰动时具有 PBMK 控制器的闭环系统动态响应曲线

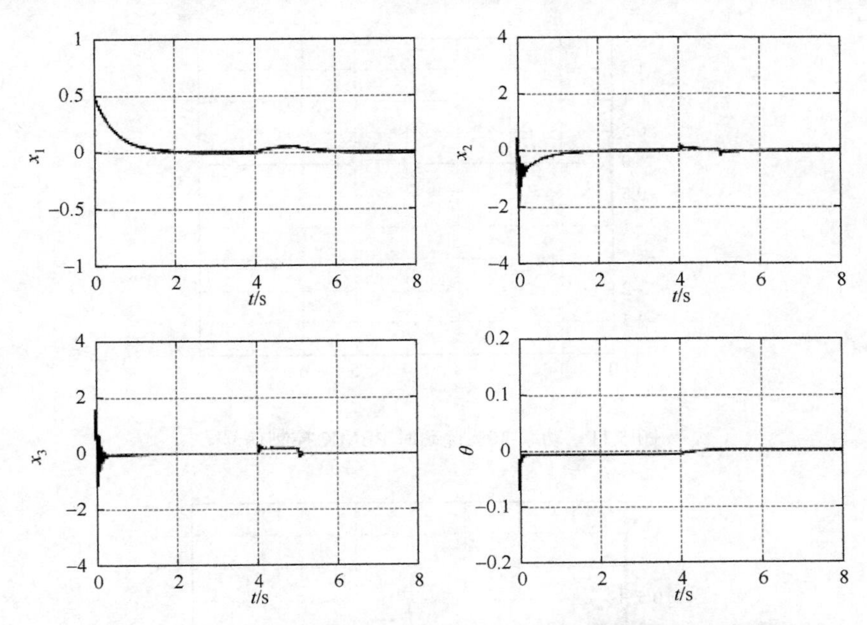

图 5.9 功率 30%扰动时具有 MAB 控制器的闭环系统动态响应曲线

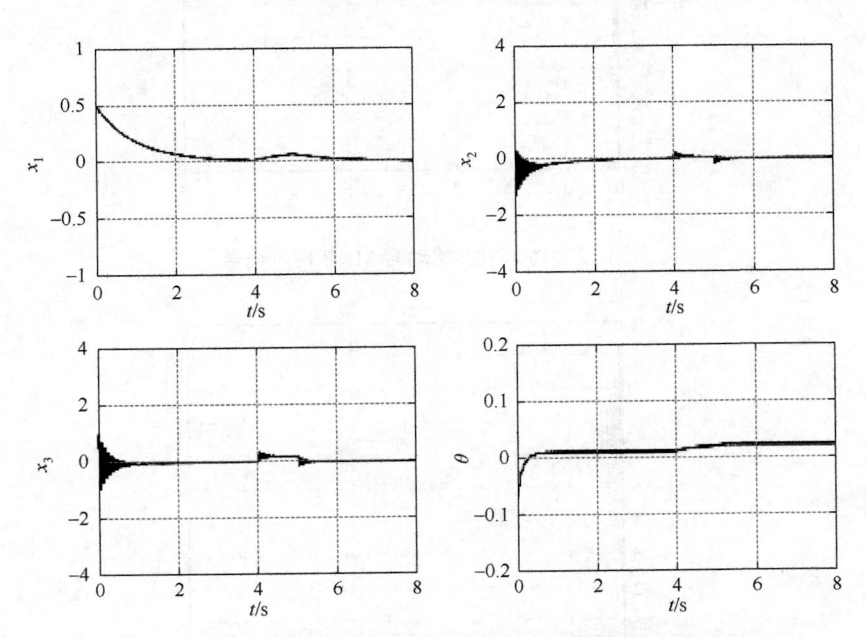

图 5.10 功率 30%扰动时具有 HAB 控制器的闭环系统动态响应曲线

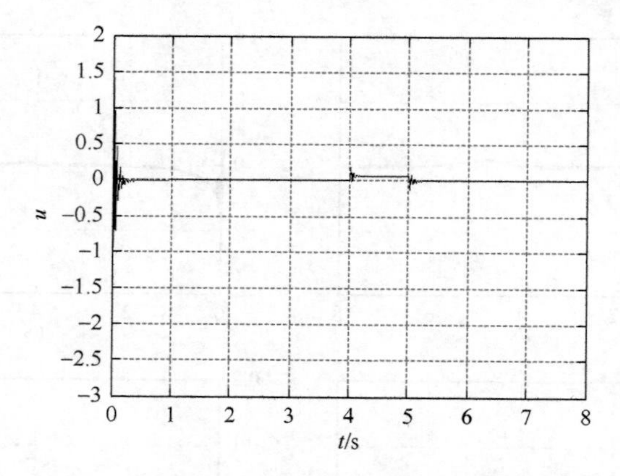

图 5.11 功率 30%扰动时 PBMK 控制信号

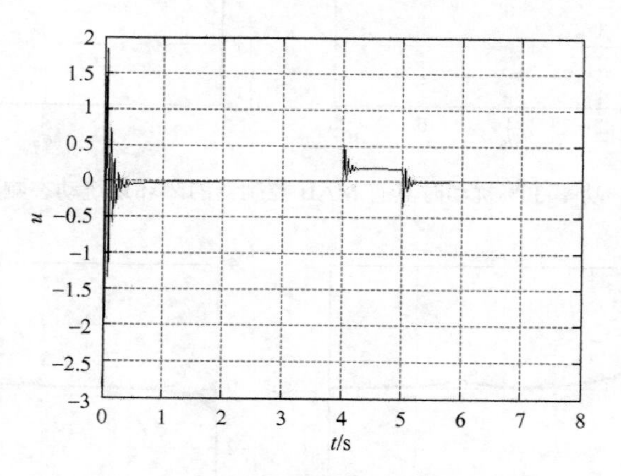

图 5.12 功率 30%扰动时 MAB 控制信号

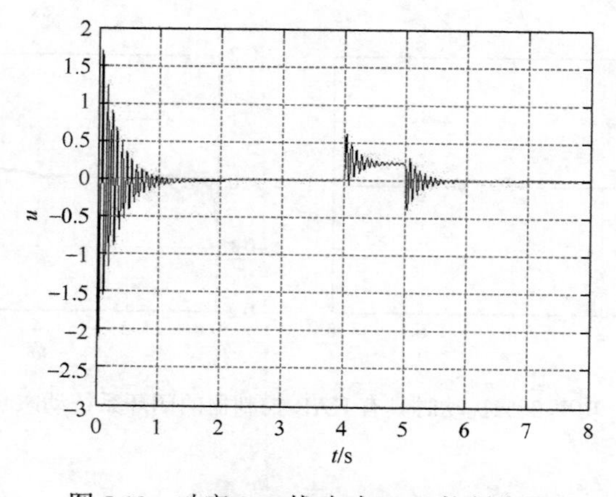

图 5.13 功率 30%扰动时 HAB 控制信号

比较图 5.8～图 5.10 中的动态响应曲线发现，当系统出现 30%上升的功率扰动时，虽然扰动的幅度增加了，但系统的动态响应并未发生明显变化，可见所设计的扰动抑制控制器对于功率扰动的变化幅度是不敏感的。图中 θ 的响应曲线说明，在 PBMK 的控制下，该响应曲线一直被限定在真值区间内，并且连续变化。

5.3.2　输电线路短路故障

考虑系统在 4s 时发生瞬时短路故障，故障发生前系统处于稳定运行状态，在 4s 时故障发生在一条输电线路上，0.5s 后故障消失，系统恢复正常结构。在这种扰动状况下，输电线路阻抗 X_L 的变化如下：

$$X_L = \begin{cases} 0.52, & 0 \leqslant t < 4\text{s} \\ \infty, & 4\text{s} \leqslant t \leqslant 4.5\text{s} \\ 0.52, & 4.5\text{s} < t \end{cases}$$

系统的动态响应曲线如图 5.14～图 5.19 所示。

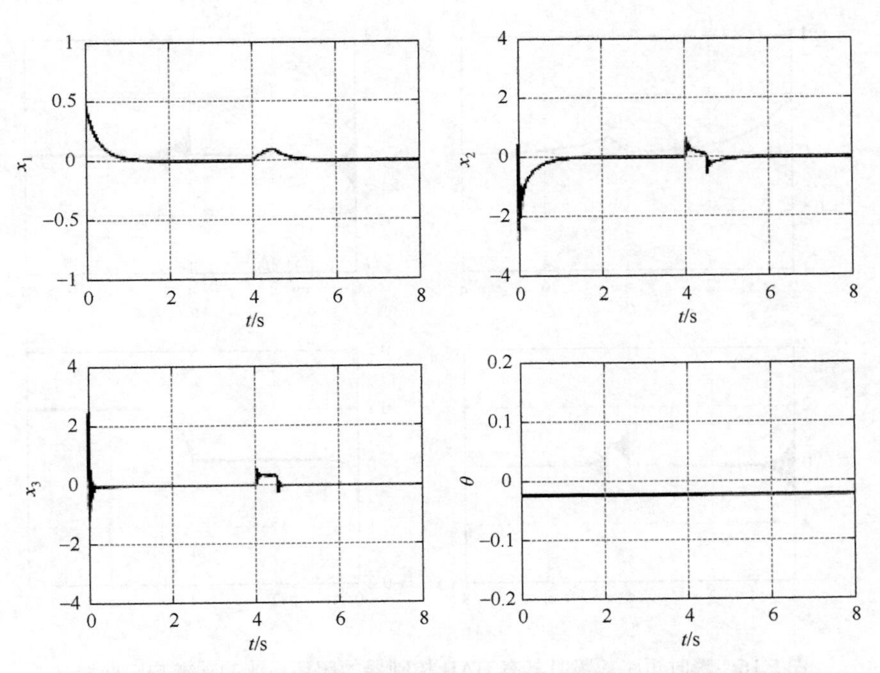

图 5.14　瞬时短路故障时具有 PBMK 控制器的闭环系统的动态响应曲线

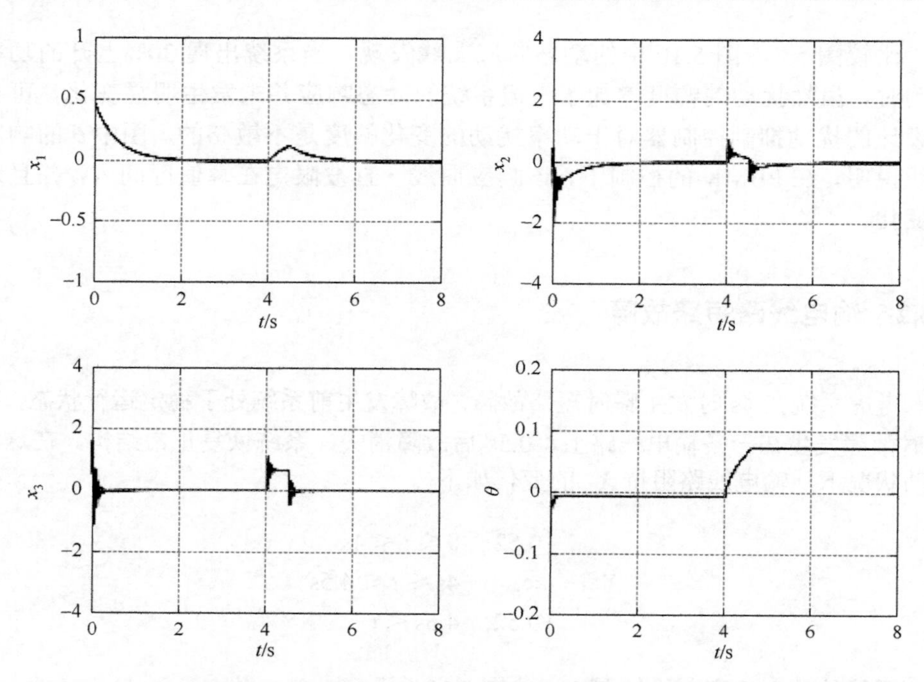

图 5.15　瞬时短路故障时具有 MAB 控制器的闭环系统的动态响应曲线

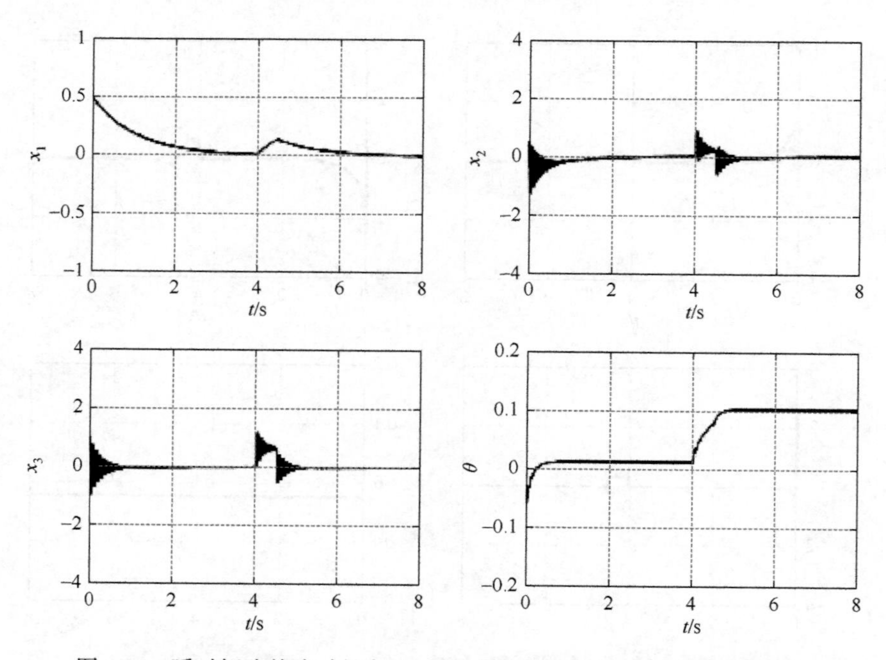

图 5.16　瞬时短路故障时具有 HAB 控制器的闭环系统的动态响应曲线

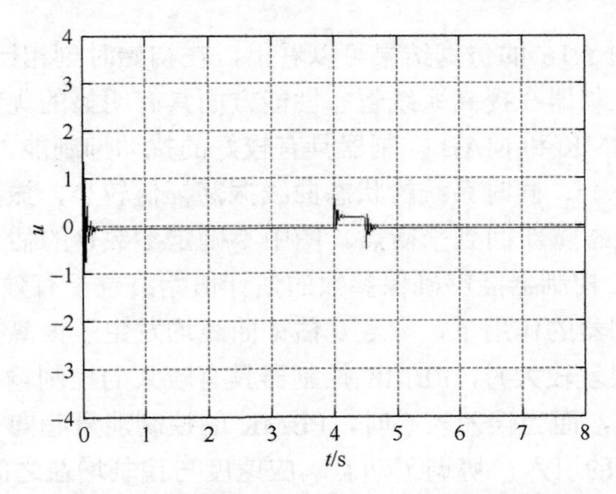

图 5.17　瞬时短路故障时 PBMK 控制输入曲线

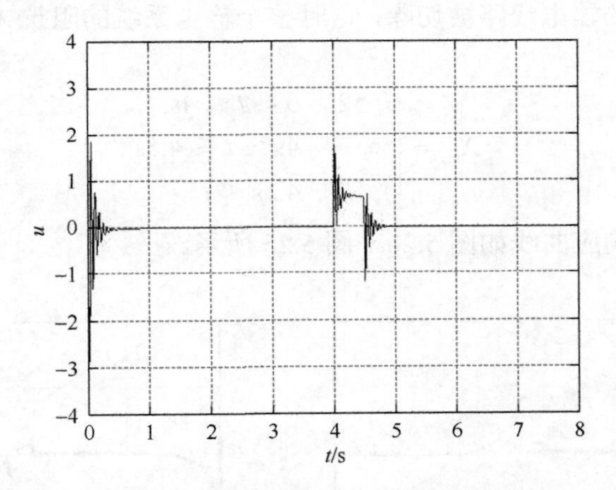

图 5.18　瞬时短路故障时 MAB 控制输入曲线

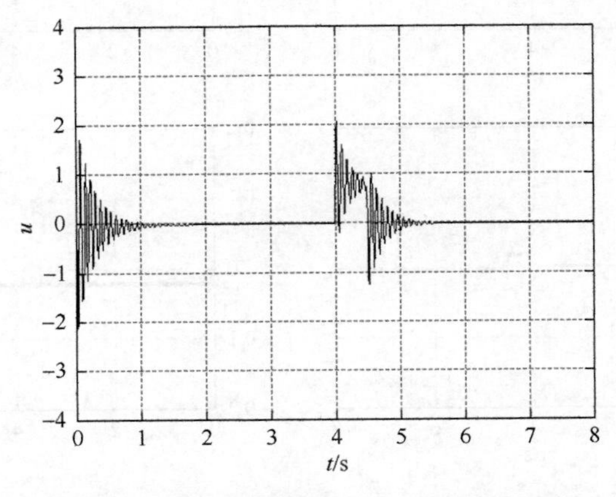

图 5.19　瞬时短路故障时 HAB 控制输入曲线

从图 5.14～图 5.16 的仿真结果可以看出，在初始时刻相比于 MAB 和 HAB 控制器，PBMK 控制器在提高系统暂态性能方面具有明显的优势；当输电线路发生短路故障时，PBMK 和 MAB 控制器具有较好的扰动抑制能力，比 HAB 控制下的收敛速度大约快 1s，同时系统的状态曲线振荡幅值较小，振荡频率较低；当故障消失后系统的状态重新回到平衡点。图中不确定参数 θ 的估计曲线说明，基于参数重构的 PBMK 控制器能够确保参数的估计值始终位于有效的真值区间，而在 MAB 和 HAB 控制器的作用下，参数 θ 估计曲线均发生了偏离有效区间的情况。图 5.17 表明，在误差较大时，PBMK 控制器具有较大的控制输入能量，保证了较快的动态响应速度，而当误差较小时，PBMK 的控制能量趋向于一般控制器所需的能量。κ 类函数的引入，协调了动态响应速度与控制增益之间的平衡。

接下来考虑永久短路故障的状况。4s 时一条输电线路上发生短路故障，0.5s 后发生短路故障的输电线路被切除，这时整个输电系统的阻抗 X_L 发生了变化，变化过程如下：

$$X_L=\begin{cases}0.52, & 0\leqslant t<4\text{s}\\ \infty, & 4\text{s}\leqslant t\leqslant 4.5\text{s}\\ 1, & 4.5\text{s}<t\end{cases}$$

系统的动态响应曲线如图 5.20～图 5.25 所示。

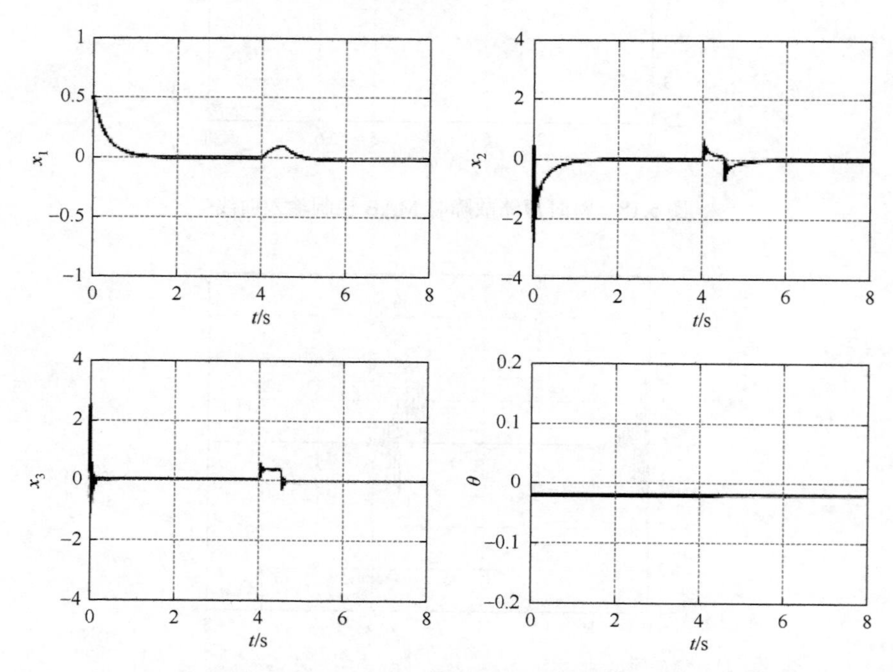

图 5.20　永久短路故障时具有 PBMK 控制器的闭环系统的动态响应曲线

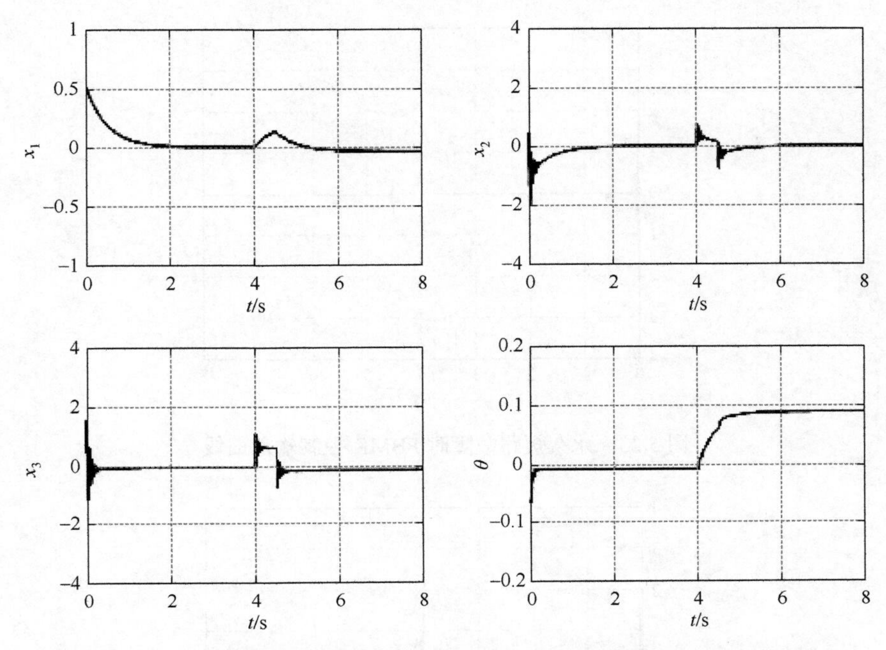

图 5.21 永久短路故障时具有 MAB 控制器的闭环系统的动态响应曲线

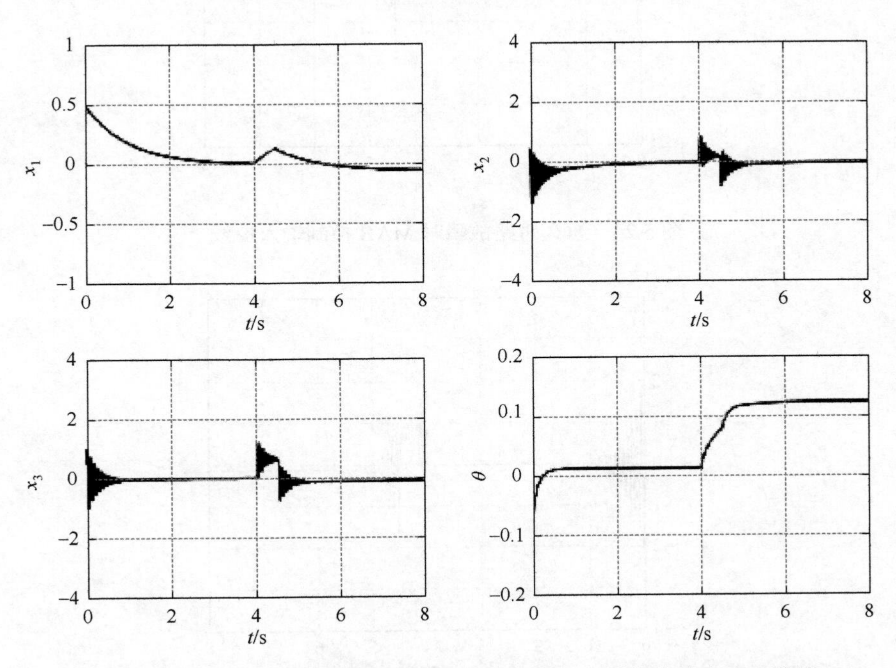

图 5.22 永久短路故障时具有 HAB 控制器的闭环系统的动态响应曲线

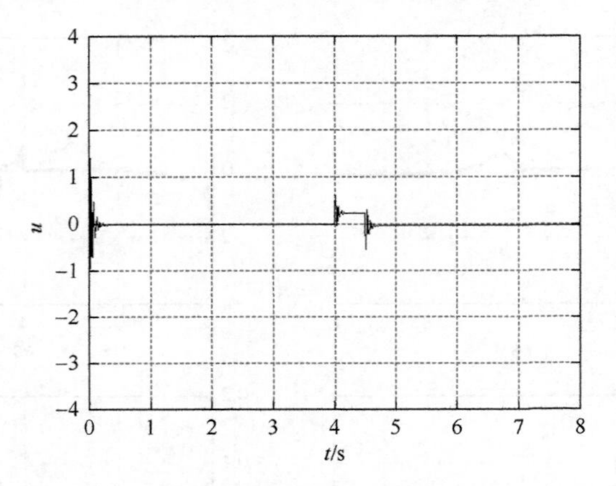

图 5.23　永久短路故障时 PBMK 控制输入曲线

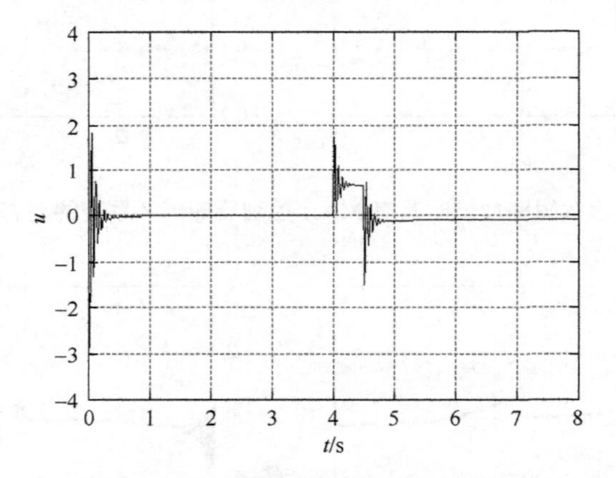

图 5.24　永久短路故障时 MAB 控制输入曲线

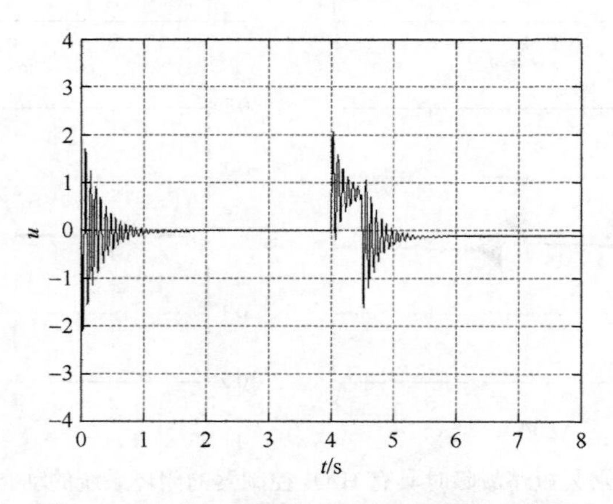

图 5.25　永久短路故障时 HAB 控制输入曲线

图 5.20 和图 5.25 说明，当永久短路故障发生后，系统被镇定到一个新的平衡点。对比 MAB 和 HAB 控制器，PBMK 控制器在动态响应速度、振荡幅值和频率上仍然具有明显优势。虽然改变了扰动的形式，但系统的响应曲线并未发生明显变化，可见系统的动态响应对于输电线路永久短路故障扰动仍是不敏感的。

6 基于 Hamilton 方法的 TCSC 系统的控制器设计

晶闸管控制串联补偿器（hyristor controlled series compensation，TCSC）作为一种常用的 FACTS，是实现可控串联补偿技术的方案之一，也是最成熟和使用范围最广的实现方案。现代电网结构日益复杂、电力系统容量日益庞大，对系统的有效传输容量和稳定性能均提出了更高的需求。TCSC 在输电线路中间加入串联电容器，在不改变现有输电网络结构的前提下，能够有效改变所在线路的阻抗，缩短发电机组间的电气距离，从而获得较大的传输功率和较高的稳定裕度[113, 114]。因为 TCSC 具有提高串联补偿输电线路的输送能力，以及改善阻尼、连续调节和控制潮流的能力，所以其能够经济有效地提高输电线路的稳定极限[115, 116]。目前，TCSC 技术已在国内外大中型电力工程中得到广泛应用，如三峡-万县 500kV 输电工程及伊敏-冯屯 500kV 输电工程[117]等。电力系统在实际运行中将会受到如功率扰动、输电线路短路故障等突发状况的影响，这些大扰动的出现将限制 TCSC 系统控制能力的充分发挥，降低电网的传输容量。因此，为提高电力系统暂态性能，确保系统在遭受大扰动后能够恢复到允许的平衡状态，具有抗扰能力的非线性 TCSC 控制器的设计问题得到了深入研究并取得了重要进展。

文献[118]利用线性矩阵不等式方法推导了 TCSC 系统的鲁棒控制器，有效地抑制了电力系统中的扰动；传统的控制方法大多以 TCSC 系统的近似线性化模型为基础，而忽略了有用的非线性特性[119, 120]。Hamilton 方法作为一种基于系统能量的控制策略，只需完成非线性控制对象的 Hamilton 系统实现，即可方便地设计反馈控制器[121]，广泛应用于 TCSC 等电力系统的鲁棒控制的设计中。采用预置反馈方法，能够巧妙构造 TCSC 系统的端口受控 Hamilton 模型。耗散 Hamilton 系统理论成功地解决了 TCSC 等电力系统的 L_2 增益扰动抑制问题[122, 123]，然而在设计过程中往往限定系统结构参数的不等式假设条件，这些假设条件在工程实际中往往难以实现。TCSC 系统设计过程中的另外一个主要难题在于参数的不确定性。针对电力系统参数不确定问题，常规自适应设计方法往往忽略未知参数的取值范围[124, 125]，参数映射机制充分考虑并利用未知参数的已知上下界信息[65, 126]，大大提高了参数估计的效率。

本章针对存在未知外部扰动和内部参数不确定的 TCSC 非线性系统，基于耗散 Hamilton 系统理论设计鲁棒反馈控制律，解决大扰动抑制问题。采用 Minimax 方法处理扰动项，构造与性能指标相关的检验函数，充分估计突发性大扰动对系统的影响，有效降低了传统扰动处理方法的保守性。同时，通过引入辅助变量，采用参数映射机制设计自适应律，保证未知参数在有效区间内进行跟踪并提高收敛速度。

6.1 Hamilton 控制方法

6.1.1 Hamilton 系统

Hamilton 控制方法以能量函数为基础，该能量函数的构造一般以能反映被控系统内部结构及动态特性为原则。广义 Hamilton 系统，简称 Hamilton 系统，可以由如下动态方程描述：

$$\dot{x} = [J(x) - R(x)]\frac{\partial H(x)}{\partial x} + g(x)u \tag{6.1}$$

其中，$x \in \mathbb{R}^n$ 表示系统的状态向量；Hamilton 函数 H 是半正定函数；$g(x)$是连续可微的函数；u 是控制输入信号；$J(x)$和 $R(x)$分别是满足如下条件的结构矩阵和阻尼矩阵：

$$J(x) = -J^{\mathrm{T}}(x), \quad R(x) \geqslant 0, \forall x$$

系统式（6.1）有以下两个显著特点：

（1）该方程具有一般仿射非线性结构，即通过数学变换后，该方程具有如下形式：$\dot{x} = f(x) + g(x)u$；

（2）Hamilton 函数 H 描述了系统具有的总能量函数，并且该能量函数反映了 Hamilton 系统的无源性特征。

定理 6.1：对于一般意义下的 Hamilton 系统，有如下结论：

设 Hamilton 系统式（6.1）的输出信号给定如下：

$$y = g^{\mathrm{T}}(x)\frac{\partial H}{\partial x} \tag{6.2}$$

则该系统是无源的，并且 Hamilton 函数满足耗散不等式。

证明：沿系统的状态轨迹有

$$\begin{aligned}\frac{\mathrm{d}H}{\mathrm{d}t} &= \frac{\partial^{\mathrm{T}} H}{\partial x}\left\{[J(x) - R(x)]\frac{\partial H}{\partial x} + g(x)u\right\} \\ &= -\frac{\partial^{\mathrm{T}} H}{\partial x}R(x)\frac{\partial H}{\partial x} + y^{\mathrm{T}}u\end{aligned} \tag{6.3}$$

因为 $R(x)$的半正定性，得

$$\dot{H} \leqslant y^{\mathrm{T}} u \tag{6.4}$$

如果$R(x)$恒为零，那么$\dot{H} = y^{\mathrm{T}} u$，即 Hamilton 系统在运动过程中只有能量交换，而没有能量损耗。结构矩阵 $J(x)$反映了系统能量的交换特征，阻尼矩阵 $R(x)$则反映了系统的耗能特性，因此$R(x)$一般由耗能元件构成。

对于 Hamilton 系统，式（6.2）给出的输出信号一般称为标准端口输出。如果能量函数在$x = 0$时取最小值，并且系统是零状态可测的，令

$$u = -y = -g^{\mathrm{T}}(x)\frac{\partial H}{\partial x} \tag{6.5}$$

则闭环系统在$x = 0$处是渐近稳定的[8]。

6.1.2 基于 Hamilton 系统的 Minimax 扰动抑制控制器设计方法

考虑如下包含外界未知扰动的 Hamilton 系统：

$$\begin{cases} \dot{x} = [J(x) - R(x)]\dfrac{\partial H}{\partial x} + G_1(x)u + G_2(x)\varepsilon \\ z = h^{\mathrm{T}}(x)\dfrac{\partial H}{\partial x} \end{cases} \tag{6.6}$$

其中，$x \in \mathbb{R}^n$ 是状态变量；$u \in \mathbb{R}^m$ 是控制输入；$\varepsilon \in \mathbb{R}^n$ 表示未知的扰动；y 是调节输出；G_1、G_2 和 h 是相应维度的参数矩阵；H 是 Hamilton 函数；$J(x) = -J^{\mathrm{T}}(x)$；$R(x) \geqslant 0$。

非线性自适应 Minimax 扰动抑制控制器设计目标如下：对于任意给定的扰动抑制常数$\gamma > 0$，针对系统承受最大破坏程度的外部扰动，并且存在参数摄动的情形，设计自适应反馈控制器u，使系统式（6.6）存在半正定的能量存储函数$V(x)$和$Q(x)$，使得耗散不等式

$$\dot{V}(x) + Q(x) \leqslant \frac{1}{2}(\gamma^2 \| \varepsilon \|^2 - \| z \|^2) \tag{6.7}$$

成立，并且系统在平衡点附近渐近稳定。

考虑系统式（6.6），可知 Hamilton 函数H对时间t的微分为

$$\dot{H} = -(\nabla H)^{\mathrm{T}} R(\nabla H) + (\nabla H)^{\mathrm{T}} G_1 u + (\nabla H)^{\mathrm{T}} G_2 \varepsilon \tag{6.8}$$

为了处理未知扰动，构造性能指标函数为

$$J = \int_0^{\infty} \left(\| z \|^2 - \gamma^2 \| \varepsilon \|^2 \right) \mathrm{d}t \tag{6.9}$$

为了估算最大扰动对系统的影响，构造检验函数为

$$\psi = \dot{H} + \frac{1}{2}\left(\| z \|^2 - \gamma^2 \| \varepsilon \|^2 \right) \tag{6.10}$$

将式（6.8）代入式（6.10），得

$$\psi = -(\nabla H)^{\mathrm{T}} R(\nabla H) + (\nabla H)^{\mathrm{T}} G_1 u + (\nabla H)^{\mathrm{T}} G_2 \varepsilon + \frac{1}{2}(\nabla H)^{\mathrm{T}} hh^{\mathrm{T}} (\nabla H) - \frac{1}{2}\gamma^2 \varepsilon^{\mathrm{T}} \varepsilon \tag{6.11}$$

令检验函数 ψ 对扰动 ε 求导，并令其一阶导数为 0，可以得

$$\varepsilon^* = \frac{1}{\gamma^2} G_2^{\mathrm{T}} (\nabla H) \tag{6.12}$$

继续求二阶导数可知

$$\frac{\partial^2 \psi}{\partial \varepsilon^2} = -\gamma^2 < 0$$

因此，ε^* 是令 ψ 取得最大值的点。根据讨论 2.1 可知，ε^* 是系统的最大扰动。将其代入式（6.10），得

$$\begin{aligned}\psi = &-(\nabla H)^{\mathrm{T}} R(\nabla H) - \frac{1}{2}(\nabla H)^{\mathrm{T}} G_1 u + \frac{1}{\gamma^2}(\nabla H)^{\mathrm{T}} G_2 G_2^{\mathrm{T}} (\nabla H) \\ &+ \frac{1}{2}(\nabla H)^{\mathrm{T}} hh^{\mathrm{T}} (\nabla H) - \frac{1}{2\gamma^2}(\nabla H)^{\mathrm{T}} G_2 G_2^{\mathrm{T}} (\nabla H)\end{aligned} \tag{6.13}$$

选择控制器

$$u = -\frac{1}{2} G_1^{-1} \left(\frac{1}{\gamma^2} G_2 G_2^{\mathrm{T}} + hh^{\mathrm{T}} \right) \nabla H \tag{6.14}$$

可得

$$\psi = -(\nabla H)^{\mathrm{T}} R(\nabla H) \leqslant 0 \tag{6.15}$$

进一步整理可得

$$\dot{H} + (\nabla H)^{\mathrm{T}} R(x) \nabla H \leqslant \frac{1}{2}(\gamma^2 \| \varepsilon \|^2 - \| z \|^2) \tag{6.16}$$

如果令 $Q(x) = (\nabla H)^{\mathrm{T}} R(x) \nabla H$，则可得到耗散不等式（6.7），进而说明式（6.14）是 Hamilton 系统式（6.6）的有效控制器。

6.2　TCSC 系统的数学模型

考虑具有 TCSC 的单机无穷大系统，将 TCSC 等效为一个可变阻值的元件，即采用 TCSC 变阻抗模型进行建模，系统结构图如图 6.1 所示。

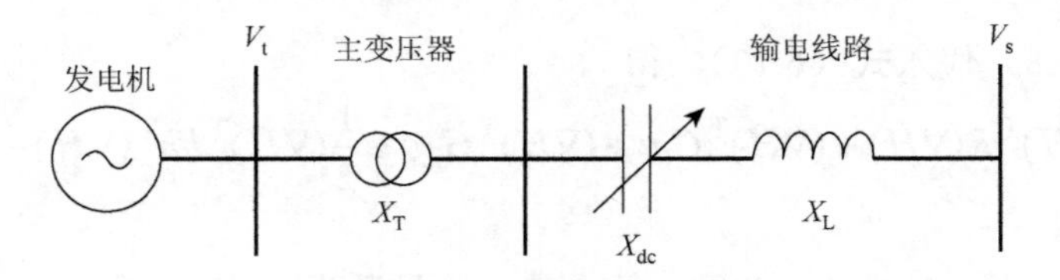

图 6.1 具有 TCSC 的单机无穷大系统结构图

如果对带有 TCSC 的单机无穷大系统进行如下假设：①发电机用暂态电抗后的恒定电压源表示；②利用一阶惯性环节等效 TCSC 本身的动态过程。则系统的数学模型可用如下非线性状态方程表示[8]：

$$\dot{\delta} = \omega_s \omega_r \tag{6.17}$$

$$\dot{\omega}_r = \frac{1}{M}(P_m - E_q' V_s y_{tcsc} \sin\delta - D\omega_r) + \varepsilon_1 \tag{6.18}$$

$$\dot{y}_{tcsc} = \frac{1}{T_{tcsc}}(-y_{tcsc} + y_{tcsc0} + u) + \varepsilon_2 \tag{6.19}$$

其中，δ 是发电机转子运行角；ω 是转子角速度，ω_s 是同步角速度，ω_r 为相对角速度，$\omega_r = \dfrac{\omega - \omega_s}{\omega_s}$；$M$ 为转动惯量；P_m 是发电机的功率；D 为阻尼系数；E_q' 是发电机 q 轴暂态电势；V_s 为无穷大母线电压；$y_{tcsc} = \dfrac{1}{X_{d\Sigma}' - X_{tcsc}}$ 是整个系统的导纳；X_{tcsc} 为 TCSC 的等值电抗；$X_{d\Sigma}' = X_d' + X_T + X_L$ 是发电机与无穷大母线之间的暂态电抗，X_d'、X_T 和 X_L 分别表示 d 轴暂态电抗、变压器电抗和传输线路电抗；T_{tcsc} 是 TCSC 系统的惯性时间常数；u 为 TCSC 的等效控制；ε_1 和 ε_2 为属于 L_2 空间的函数，表示未知扰动。

6.3 TCSC 自适应扰动抑制控制器设计

基于 Hamilton 函数的自适应扰动抑制控制器设计过程分为两部分：第一部分构造 TCSC 系统的 Hamilton 函数，进而完成一般非线性系统的 Hamilton 实现；第二部分以 TCSC 的 Hamilton 系统结构为基础，根据 Minimax 思想和参数映射机制设计自适应扰动抑制控制器。

TCSC 自适应 Minimax 扰动抑制控制器设计目标如下：对于任意给定的扰动抑制常数 $\gamma > 0$，针对系统承受最大破坏程度的外部扰动，并且存在参数摄动的情形，设计自适应反馈控制器 $u_0(x_1, x_2, x_3, \hat{\theta})$，使系统式（6.16）存在半正定的能

量存储函数 $V(x)$ 和 $Q(x)$，使得耗散不等式（6.7）成立，并且系统在平衡点附近渐近稳定，同时保证参数估计值始终限定在预先指定的区间之内。

6.3.1　TCSC 系统 Hamilton 模型的建立

针对系统式（6.17）～式（6.19），令 $x_1=\delta$，$x_2=\omega_{\mathrm{r}}$，$x_3=y_{\mathrm{tcsc}}$，并假设系统的平衡点为 (x_{10},x_{20},x_{30})，该平衡点满足条件：$x_{20}=0$ 且 $P_{\mathrm{m}}=E_q'V_{\mathrm{s}}x_{30}\sin x_{10}$。

观察发现系统式（6.17）～式（6.19）本身并不满足 Hamilton 结构形式，为使系统具有 Hamilton 形式，经过反复研究与尝试，构造如下预置反馈控制输入 u[8]：

$$u=K_uE_q'V_{\mathrm{s}}(\cos x_1-\cos x_{10})+u_0 \tag{6.20}$$

其中，K_u 为待定参数。将式（6.20）代入式（6.19），得到预置反馈后的系统模型为

$$\dot{x}_1=\omega_{\mathrm{s}}x_2 \tag{6.21}$$

$$\dot{x}_2=\frac{1}{M}(P_{\mathrm{m}}-E_q'V_{\mathrm{s}}x_3\sin x_1-Dx_2)+\varepsilon_1 \tag{6.22}$$

$$\dot{x}_3=\frac{1}{T_{\mathrm{tcsc}}}\left[-x_3+x_{30}+K_uE_q'V_{\mathrm{s}}(\cos x_1-\cos x_{10})+u_0\right]+\varepsilon_2 \tag{6.23}$$

根据 TCSC 系统的自身特点构造 Hamilton 能量函数如下：

$$\begin{aligned}H(x)=&\frac{1}{2}M\omega_{\mathrm{s}}x_2^2-P_{\mathrm{m}}(x_1-x_{10})\\&-E_q'V_{\mathrm{s}}x_3(\cos x_1-\cos x_{10})+\frac{1}{2K_u}(x_3-x_{30})^2\end{aligned} \tag{6.24}$$

进一步求得函数 $H(x)$ 对状态 x 的偏微分为

$$\frac{\partial H}{\partial x}=\begin{bmatrix}\dfrac{\partial H}{\partial x_1}\\[2mm]\dfrac{\partial H}{\partial x_2}\\[2mm]\dfrac{\partial H}{\partial x_3}\end{bmatrix}=\begin{bmatrix}-P_{\mathrm{m}}+E_q'V_{\mathrm{s}}x_3\sin x_1\\M\omega_{\mathrm{s}}x_2\\-E_q'V_{\mathrm{s}}(\cos x_1-\cos x_{10})+\dfrac{1}{K_u}(x_3-x_{30})\end{bmatrix} \tag{6.25}$$

如果函数 $H(x)$ 半正定，并且在平衡点处具有极小值，则该函数可以作为系统的 Lyapunov 函数，用以判断 TCSC 系统在平衡点的局部渐近稳定性。从式（6.25）可知，$H(x)$ 的黑塞矩阵如下：

$$\nabla^2H(x)=\frac{\partial^2H}{\partial x^2}=\begin{bmatrix}E_q'V_{\mathrm{s}}x_3\cos x_1&0&E_q'V_{\mathrm{s}}\sin x_1\\0&M\omega_{\mathrm{s}}&0\\E_q'V_{\mathrm{s}}\sin x_1&0&\dfrac{1}{K_u}\end{bmatrix} \tag{6.26}$$

若要函数 $H(x)$ 在点（x_{10},x_{20},x_{30}）处有极小值，只要 $H(x)$ 的黑塞矩阵在该点满足正定性即可。因此，当 $x_3\cos x_1 > K_u E_q' V_s \sin^2 x_1$ 时，在稳定状态平衡点 (x_{10},x_{20},x_{30}) 的邻域

$$N=\left\{(x_{10},x_{20},x_{30}) \mid x_3\cos x_1 > K_u E_q' V_s \sin^2 x_1\right\} \tag{6.27}$$

内黑塞矩阵 $\nabla^2 H(x)$ 是正定的，函数 $H(x)$ 有极小值。

根据式（6.25）可以将系统式（6.21）～式（6.23）的动态方程转换为

$$\dot{x}_1=\frac{1}{M}\frac{\partial H}{\partial x_2} \tag{6.28}$$

$$\dot{x}_2=-\frac{1}{M}\frac{\partial H}{\partial x_1}-\frac{D}{M^2\omega_s}\frac{\partial H}{\partial x_2}+\varepsilon_1 \tag{6.29}$$

$$\dot{x}_3=-\frac{K_u}{T_{tcsc}}\frac{\partial H}{\partial x_3}+\frac{1}{T_{tcsc}}u_0+\varepsilon_2 \tag{6.30}$$

令 $\varepsilon=\begin{bmatrix}\varepsilon_1\\ \varepsilon_2\end{bmatrix}$，由系统式（6.28）～式（6.30）进一步得

$$\dot{x}=\begin{bmatrix}0 & \dfrac{1}{M} & 0\\ -\dfrac{1}{M} & -\dfrac{D}{M^2\omega_s} & 0\\ 0 & 0 & -\dfrac{K_u}{T_{tcsc}}\end{bmatrix}\frac{\partial H}{\partial x}+\begin{bmatrix}0\\ 0\\ \dfrac{1}{T_{tcsc}}\end{bmatrix}u_0+\begin{bmatrix}0 & 0\\ 1 & 0\\ 0 & 1\end{bmatrix}\varepsilon \tag{6.31}$$

定义如下矩阵：

$$J(x)=\begin{bmatrix}0 & \dfrac{1}{M} & 0\\ -\dfrac{1}{M} & 0 & 0\\ 0 & 0 & 0\end{bmatrix}$$

$$R(x)=\begin{bmatrix}0 & 0 & 0\\ 0 & \dfrac{D}{M^2\omega_s} & 0\\ 0 & 0 & \dfrac{K_u}{T_{tcsc}}\end{bmatrix}$$

显然 $J=-J^{\mathrm{T}}$，$R\geqslant 0$。定义系统的调节输出为 $z(x)$，综上可得到 TCSC 系统的 Hamilton 形式如下：

$$\dot{x}=[J(x)-R(x)]\frac{\partial H}{\partial x}+G_1(x)u_0+G_2(x)\varepsilon \tag{6.32}$$

$$z=h(x)G_1^{\mathrm{T}}(x)\frac{\partial H}{\partial x} \tag{6.33}$$

其中，

$$G_1(x)=\begin{bmatrix}0\\0\\ \dfrac{1}{T_{\mathrm{tcsc}}}\end{bmatrix}$$

$$G_2(x)=\begin{bmatrix}0&0\\1&0\\0&1\end{bmatrix}$$

$$h(x)=\begin{bmatrix}q_1(x_1-x_{10})\\q_2(x_2-x_{20})\\q_3(x_3-x_{30})\end{bmatrix}$$

其中，$h(x)$ 为权重矩阵；$q_i\,(i=1,2,3)$ 为非负权重系数，表示 x_1、x_2、x_3 之间的加权比重。

6.3.2　自适应 Minimax 扰动抑制控制器的设计

非线性自适应 Minimax 扰动抑制控制器设计目标如下：对于任意给定的扰动抑制常数 $\gamma>0$，针对系统承受最大破坏程度的外部扰动，并且存在参数摄动的情形，设计自适应反馈控制器 $u_0(x_1,x_2,x_3,\hat{\theta})$，使系统式（6.32）存在半正定的能量存储函数 $V(x)$ 和 $Q(x)$，使得耗散不等式

$$\dot{V}(x)+Q(x)\leqslant\frac{1}{2}\left(\gamma^2\|\varepsilon\|^2-\|z\|^2\right) \tag{6.34}$$

成立，并且系统在平衡点附近渐近稳定，同时保证参数估计值始终限定在预先指定的区间内。

考虑到阻尼系数 D 难以精确测量，令 $\theta=D$ 表示未知参数，$R(x)=R_1(x)+R_2(x)$。其中，

$$R_1(x)=\begin{bmatrix}0&0&0\\0&0&0\\0&0&\dfrac{K_u}{T_{\mathrm{tcsc}}}\end{bmatrix}$$

$$R_2(x)=\begin{bmatrix}0 & 0 & 0\\ 0 & \dfrac{\theta}{M^2\omega_{\mathrm{s}}} & 0\\ 0 & 0 & 0\end{bmatrix}$$

因此，系统式（6.32）含有未知参数θ，虽然很难测得该参数的精确值，但是根据 TCSC 系统的物理特性与以往工程经验，可以预先知道参数的取值范围，即$\theta\in(\theta_{\min},\theta_{\max})$。在设计自适应律过程中，引入辅助信号$\bar{\theta}$确保系统在有效区间内进行参数估计。结合式（6.24），定义整个系统的 Lyapunov 函数如下：

$$V=H+\frac{1}{2\rho}\left[(\bar{\theta}-\theta)^2-(\bar{\theta}-\hat{\theta})^2\right] \tag{6.35}$$

其中，$\hat{\theta}$为参数θ的估计值，由$\bar{\theta}$的映射机制确定。令$\nabla H=\dfrac{\partial H}{\partial x}$，则能量函数$V$对时间$t$的一阶导数为

$$\begin{aligned}\dot{V}=&-(\nabla H)^{\mathrm{T}}R(\nabla H)+(\nabla H)^{\mathrm{T}}G_1u_0+(\nabla H)^{\mathrm{T}}G_2\varepsilon\\&+\frac{1}{\rho}[(\bar{\theta}-\theta)\dot{\bar{\theta}}-(\bar{\theta}-\hat{\theta})(\dot{\bar{\theta}}-\dot{\hat{\theta}})]\end{aligned} \tag{6.36}$$

根据 Minimax 理论，在进行具体的控制器设计之前首先处理未知扰动，定义二次型性能指标函数为

$$J_0=\int_0^{\infty}\left(\|z\|^2-\gamma^2\|\varepsilon\|^2\right)\mathrm{d}t \tag{6.37}$$

构造与性能指标相关的检验函数为

$$\psi=\dot{V}+\frac{1}{2}\left(\|z\|^2-\gamma^2\|\varepsilon\|^2\right) \tag{6.38}$$

令$\tilde{\theta}=\theta-\hat{\theta}$。将式（6.36）代入式（6.38）有

$$\begin{aligned}\psi=&-(\nabla H)^{\mathrm{T}}(R_1+R_2)(\nabla H)+(\nabla H)^{\mathrm{T}}G_1u_0+(\nabla H)^{\mathrm{T}}G_2\varepsilon\\&-\frac{1}{\rho}\left[\tilde{\theta}\dot{\bar{\theta}}-(\bar{\theta}-\hat{\theta})\dot{\hat{\theta}}\right]+\frac{1}{2}(\nabla H)^{\mathrm{T}}G_1h^{\mathrm{T}}hG_1^{\mathrm{T}}(\nabla H)-\frac{1}{2}\gamma^2\varepsilon^{\mathrm{T}}\varepsilon\end{aligned} \tag{6.39}$$

如果存在一个扰动使得J_0最大，那么这个扰动对系统性能的破坏程度是最大的，根据 Minimax 思想，利用极值原理可以巧妙地推算出使性能指标达到上界的扰动程度。对ψ关于ε求一阶导数，并令一阶导数等于 0，得

$$\varepsilon^*=\frac{1}{\gamma^2}G_2^{\mathrm{T}}(\nabla H) \tag{6.40}$$

继续求解二阶导数有 $\dfrac{\partial^2\psi}{\partial\varepsilon^2}=-\gamma^2<0$，因此可知，$\psi$ 关于 ε 有极大值，扰动 ε^* 是对系统影响程度最大的扰动。这里希望在系统承受最大扰动程度的条件下，依然能够保证稳定性，因此在考虑最大破坏程度的基础上设计控制器，将式（6.40）代入式（6.39）有

$$\begin{aligned}\psi=&-(\nabla H)^{\mathrm{T}}\left(R_1+\hat{R}_2+\tilde{R}_2\right)(\nabla H)+(\nabla H)^{\mathrm{T}}G_1u_0\\&+\frac{1}{2\gamma^2}(\nabla H)^{\mathrm{T}}G_2G_2^{\mathrm{T}}(\nabla H)-\frac{1}{\rho}\left[\tilde{\theta}\dot{\tilde{\theta}}-\left(\bar{\theta}-\hat{\theta}\right)\dot{\hat{\theta}}\right]\\&+\frac{1}{2}(\nabla H)^{\mathrm{T}}G_1h^{\mathrm{T}}hG_1^{\mathrm{T}}(\nabla H)\end{aligned}\tag{6.41}$$

其中，$R_1+\hat{R}_2+\tilde{R}_2=R_1+R_2=R$；$\hat{R}_2+\tilde{R}_2=R_2$，并且

$$\hat{R}_2=\begin{bmatrix}0&0&0\\0&\dfrac{\hat{\theta}}{M^2\omega_{\mathrm{s}}}&0\\0&0&0\end{bmatrix}$$

$$\tilde{R}_2=\begin{bmatrix}0&0&0\\0&\dfrac{\tilde{\theta}}{M^2\omega_{\mathrm{s}}}&0\\0&0&0\end{bmatrix}$$

令 $\gamma^2=\dfrac{M^2\omega_{\mathrm{s}}}{2\hat{\theta}}$，并选择控制器为

$$u_0=-\left[\frac{1}{2T_{\mathrm{tcsc}}}\sum_{i=1}^{3}q_i^2(x_i-x_{i0})^2+\frac{T\hat{\theta}}{M^2\omega_{\mathrm{s}}}\right]\frac{\partial H}{\partial x_3}\tag{6.42}$$

考虑式（6.20）所示预置结构，TCSC 控制器为

$$\begin{aligned}u=&K_uE_q'V_{\mathrm{s}}(\cos x_1-\cos x_{10})-\left[\frac{\sum\limits_{i=1}^{3}q_i^2(x_i-x_{i0})^2}{2T_{\mathrm{tcsc}}}\right.\\&\left.+\frac{T\hat{\theta}}{M^2\omega_{\mathrm{s}}}\right]\left[E_q'V_{\mathrm{s}}(\cos x_{10}-\cos x_1)+\frac{x_3-x_{30}}{K_u}\right]\end{aligned}\tag{6.43}$$

令 $-(\nabla H)^{\mathrm{T}}\tilde{R}_2(\nabla H)-\dfrac{1}{\rho}\left[\tilde{\theta}\dot{\bar{\theta}}-(\bar{\theta}-\hat{\theta})\dot{\hat{\theta}}\right]=0$，选择自适应律如下：

$$\dot{\bar{\theta}}=-\rho\omega_{\mathrm{s}}x_2^2-\sigma(\bar{\theta}-\hat{\theta}),\sigma>0 \tag{6.44}$$

$$\hat{\theta}=\begin{cases}\theta_{\min}, & \bar{\theta}<\theta_{\min}\\ \bar{\theta}, & \theta_{\min}\leqslant\bar{\theta}\leqslant\theta_{\max}\\ \theta_{\max}, & \theta_{\max}<\bar{\theta}\end{cases} \tag{6.45}$$

因此，可以得到 $\psi=-(\nabla H)^{\mathrm{T}}R_1(\nabla H)\leqslant 0$，若令 $Q(x)=(\nabla H)^{\mathrm{T}}R_1(\nabla H)$，则可以得到如下定理。

定理 6.2：对于任意给定的 $\gamma>0$，针对对系统影响程度最大的扰动，在控制器式（6.43）和自适应律式（6.44）和式（6.45）的作用下，系统式（6.17）～式（6.19）存在能量存储函数 $V(x)\geqslant 0$ 和 $Q(x)\geqslant 0$ 满足耗散不等式（6.34），系统具有 L_2 扰动抑制特性，并且在平衡点附近渐近稳定。

注 6.1：对于形如式（6.32）和式（6.33）所示的耗散 Hamilton 系统，在求解控制器的过程中，往往对系统结构参数限定假设条件，即

$$R(x)-\frac{1}{2\gamma^2}\left[G_2(x)G_2^{\mathrm{T}}(x)-G_1(x)G_1^{\mathrm{T}}(x)\right]\geqslant 0$$

在工程实践中，其由系统的物理结构和性质决定，这个假设条件往往难以实现。本节通过 Minimax 方法处理扰动项，对系统参数没有假设任何限定条件，消除了一般方法的局限性。

注 6.2：基于 Hamilton 函数的自适应控制器的设计，往往忽略可以预先获得的未知参数属性，这样有可能导致参数在有效区间外进行跟踪，从而使误差收敛效果不佳及收敛速度缓慢。采用参数映射机制能够充分考虑先验信息（如参数上下界的取值），可以在一定程度上避免一般自适应方法的缺陷。式（6.44）中包含 σ 的项在 $\bar{\theta}\in[\theta_{\min},\theta_{\max}]$ 时不起作用，而一旦 $\hat{\theta}$ 超出有效取值范围，该项立即将 $\hat{\theta}$ “拉”回正确的区间。

注 6.3：自适应 Backstepping 作为一种有效的非线性控制方法，广泛应用于电力系统的控制中，并且取得了良好的控制效果，本书的前面章节均采用 Backstepping 方法进行了控制器的设计。然而，在应用过程中发现该方法存在一定的局限性，因为在每步逆推的过程中都需要对虚拟控制律进行微分运算，所以控制器的复杂性随着系统阶次的提高而急剧增加，产生“系数膨胀”的问题，例如，文献[124]中设计的 TCSC 控制器和自适应律

$$
\begin{aligned}
u = x_3 + T_{\text{tcsc}} \Bigg(& -\frac{1}{2\gamma^2}\left\{ x_3 - \frac{1}{\sin(x_1 + x_{10})}[h_1 x_1 + h_2 x_2 + \hat{\theta} x_2 + K_1 P_{\text{m}} \right. \\
& \left. + c_2(x_2 + c_1 x_1)] + x_{30} \right\} + \frac{1}{\sin(x_1 + x_{10})}\Big\{ h_1 x_2 + \left(h_2 + \hat{\theta} + c_2\right)\left[\hat{\theta} x_2 + K_1 P_{\text{m}} \right. \\
& \left. - \sin(x_1 + x_{10})(x_3 + x_{30})\right] + \frac{x_2 + c_1 x_1}{\gamma^2} + \dot{\hat{\theta}} x_2 + c_1 c_2 x_2 \Big\} \Bigg)
\end{aligned} \quad (6.46)
$$

$$
\begin{aligned}
\dot{\hat{\theta}} = -\rho \Bigg\{ & x_2 + c_1 x_1 - \frac{1}{\sin(x_1 + x_{10})}\left[x_3 - \frac{1}{\sin(x_1 + x_{10})}\left(h_1 x_1 + h_2 x_2 + \hat{\theta} x_2\right) \right. \\
& \left. + K_1 P_{\text{m}} + c_2(x_2 + c_1 x_1) + x_{30} \right]\left(h_2 + \hat{\theta} + c_2\right) \Bigg\} x_2
\end{aligned} \quad (6.47)
$$

仅是针对三阶系统设计的控制器，与基于 Hamilton 函数方法设计的自适应控制器式（6.43）～式（6.45）相比，表达式（6.46）和式（6.47）更为复杂，若系统阶次更高，则 Hamilton 方法在避免系数膨胀方面的优势将更为突出。值得注意的是，Backstepping 方法虽然存在系数膨胀问题，但是设计步骤较为系统，且能量函数是构造性的，因此设计难度较小；而 Hamilton 方法是在完成非线性系统的 Hamilton 结构实现的基础上设计控制器，虽然计算量较小，但是如何将一般非线性系统转化为 Hamilton 结构较为困难，Hamilton 函数的寻找尚无通用的系统方法。因此，在实际应用中应根据系统的特点选择较优的控制方法进行设计。

6.4 仿真分析

TCSC 系统的稳定性关注核心在于系统遭受暂态扰动后的行为，本节将分别针对功率扰动和不可恢复对地短路故障两种情况进行仿真研究。TCSC 系统物理参数及取值如表 6.1 所示。

表 6.1 TCSC 系统物理参数及取值

参数	取值	参数	取值	参数	取值	参数	取值
ω_{s}	1.0p.u.	M	7s	D	0.14p.u.	V_{s}	0.995p.u.
E'_q	1.067p.u.	P_{m}	0.9p.u.	T_{svc}	0.05s	X_{T}	0.15p.u.
X'_d	0.3p.u.	X_{L}	1.0p.u.	X_{tcsc}	0.3p.u.		

注：p.u.为标幺值。

计算可知系统平衡点为(0.7854,0,1.1991)，控制器参数选取如下：$q_1=0.3$，$q_2=0.3$，$q_3=0.4$，$\rho=1$，$K_u=1$，$\theta\in[0,2]$。下面针对不同的扰动形式，将本章设计的基于 Hamilton 函数的自适应扰动抑制控制器 AMH（式（6.43）～式（6.45））的作用效果与基于 Backstepping 方法的自适应扰动抑制控制器（式（6.46）和式（6.47））[124]进行比较。

6.4.1　负荷功率扰动

假设在 10～11s 时，功率上存在 25% 的扰动，即 $P_e=P_e+\Delta P_e$，其中

$$\Delta=\begin{cases}0, & 0\leqslant t<10\text{s}\\ 0.25, & 10\text{s}\leqslant t\leqslant 11\text{s}\\ 0, & 11\text{s}<t\end{cases}$$

系统的动态响应曲线如图 6.2 和图 6.3 所示。

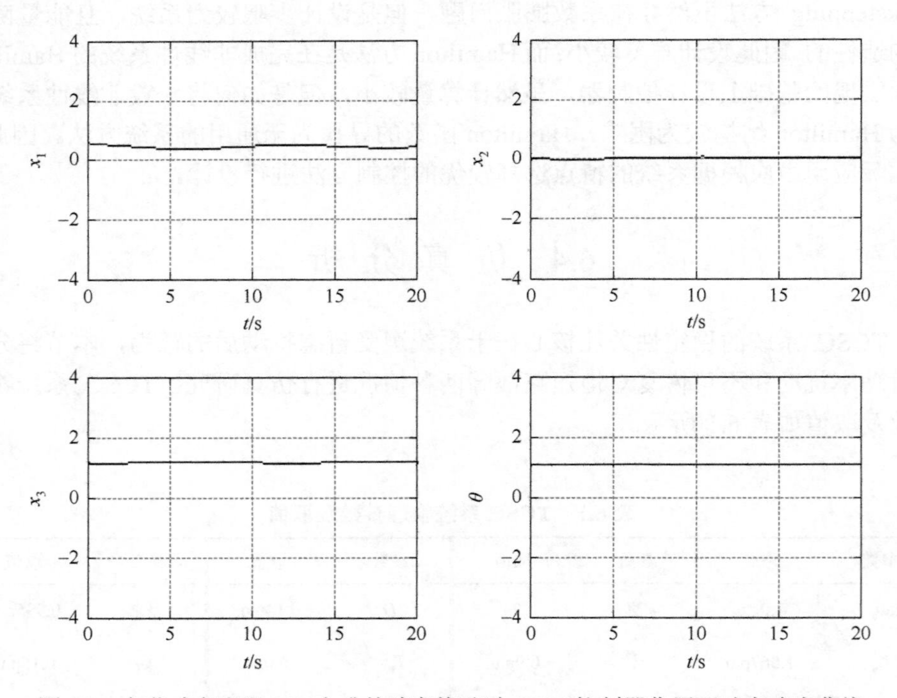

图 6.2　负荷功率出现 25%上升的功率扰动时 AMH 控制器作用下动态响应曲线

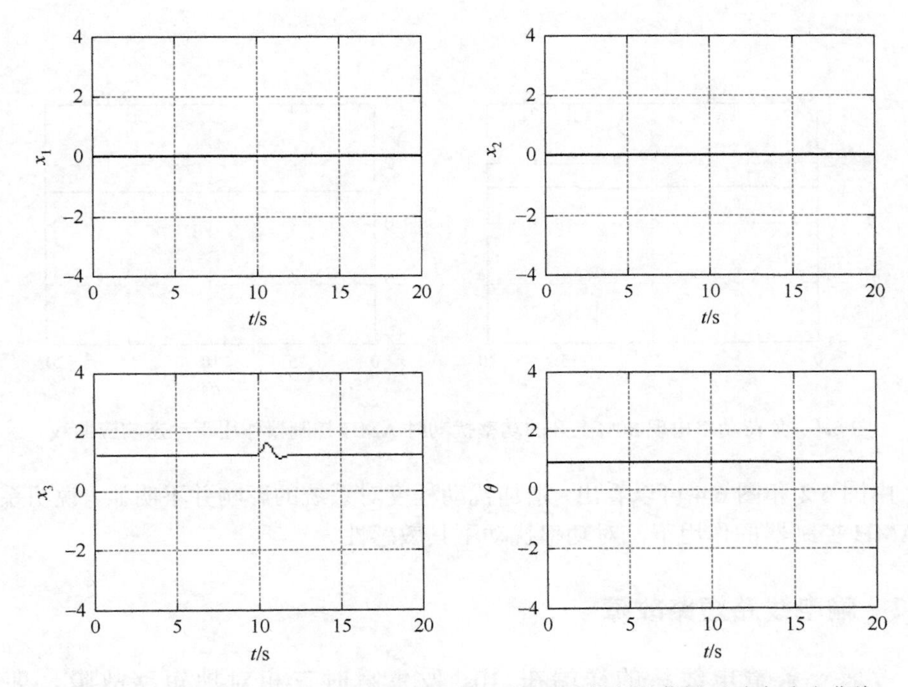

图 6.3 负荷功率出现 25%上升的功率扰动时 MAB 控制器作用下动态响应曲线

从图 6.2 和图 6.3 的动态响应曲线可以看出，同样施加 25%的功率扰动，采用两种控制器系统均能在较短的时间内进入稳定状态，其中，在 MAB 控制器的作用下系统响应速度更为迅速，约在 2s 后各变量均进入稳定状态，但是振荡幅度较为明显；而在 AMH 控制器的作用下系统振荡幅度较小，幅值约为 0.5，MAB 曲线的幅值约为 1.5。

增大功率扰动到 30%，系统的动态响应曲线如图 6.4 所示。

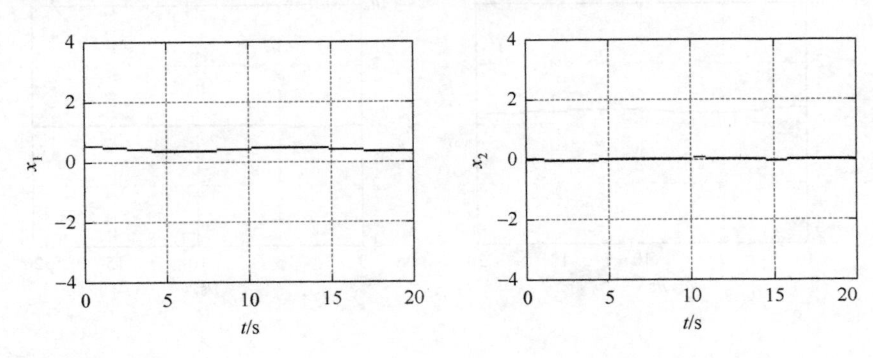

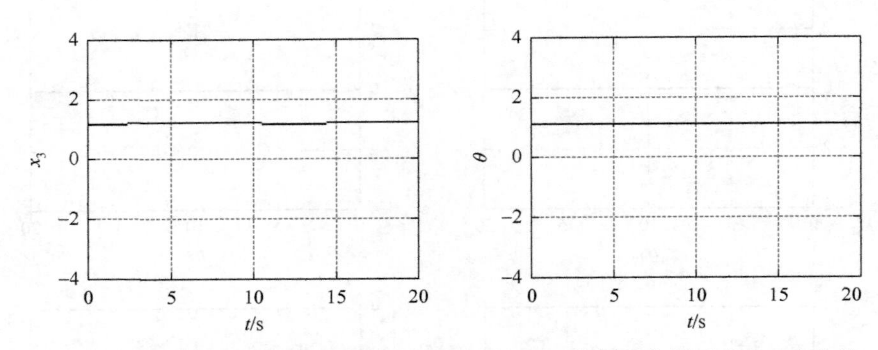

图 6.4　负荷功率出现 30%上升的功率扰动时 AMH 控制器作用下动态响应曲线

由图 6.2 和图 6.4 可以看出，增加扰动程度对系统的影响并不明显，说明系统在 AMH 控制器的作用下，对功率扰动不具敏感性。

6.4.2　输电线路短路故障

考虑一条输电线路的送端在 10s 发生瞬时三相对地短路故障，即在 $t \in [10.0, 10.5]$ 时间内 $y_{\text{tcsc0}} = 0$，在 10.5s 后故障自动解除，输电线路恢复正常运行状态。线路导纳值变化过程如下：

$$y_{\text{tcsc0}} = \begin{cases} 1.1991\text{p.u.}, & 0 \leqslant t < 10\text{s} \\ 0, & 10\text{s} \leqslant t \leqslant 10.5\text{s} \\ 1.1991\text{p.u.}, & 10.5\text{s} < t \end{cases}$$

系统的动态响应曲线如图 6.5 和图 6.6 所示。

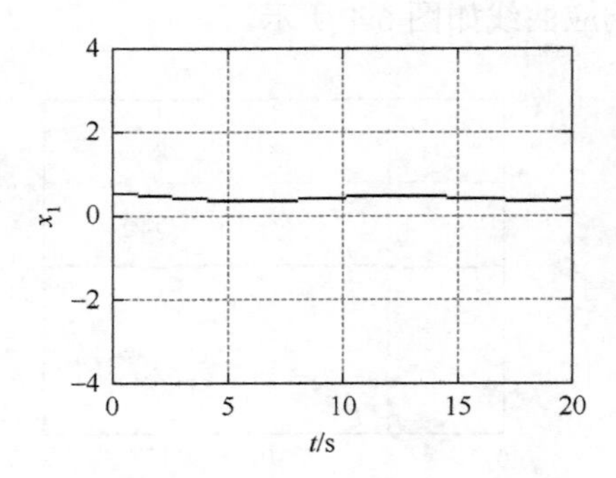

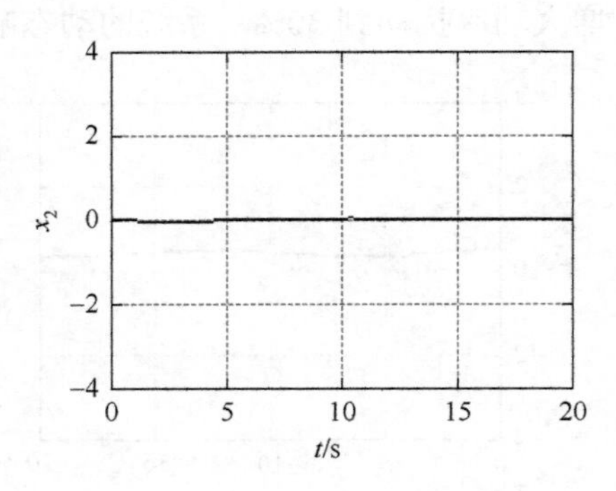

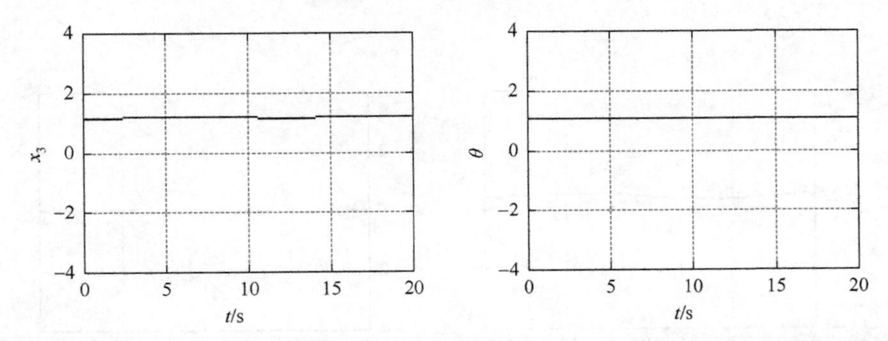

图 6.5　瞬时短路故障时在 AMH 控制器作用下闭环系统的动态响应曲线

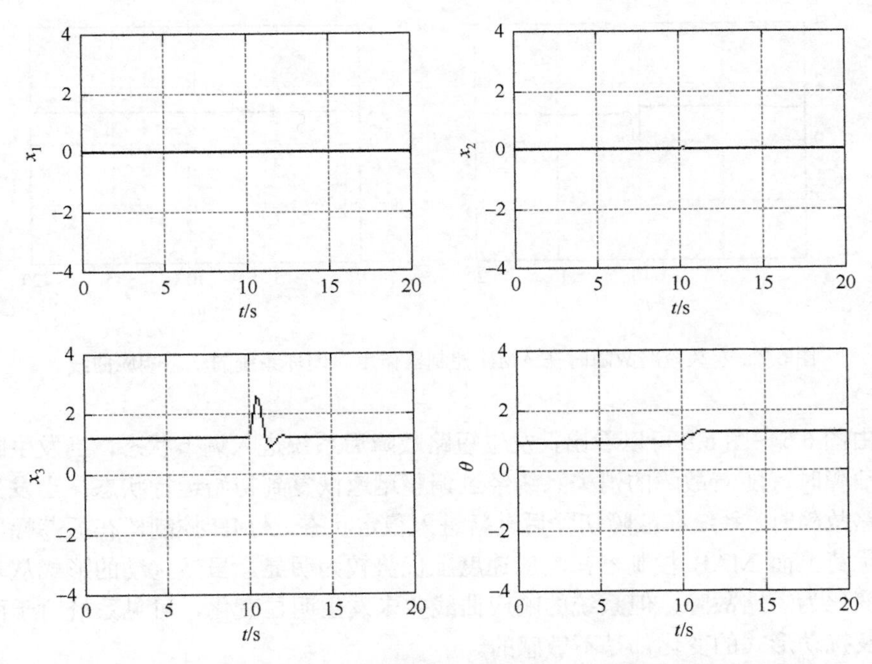

图 6.6　瞬时短路故障时在 MAB 控制器作用下闭环系统的动态响应曲线

考虑一条输电线路的送端在 10s 发生瞬时三相对地短路故障，即在 $t\in[10,10.5]$ 时间内 $y_{\text{tcsc0}}=0$，在 10.5s 后故障线路被切除，输电线路阻抗值发生改变，变化过程如下：

$$y_{\text{tcsc0}}=\begin{cases}1.1991\text{p.u.}, & 0\leqslant t<10\text{s}\\ 0, & 10\text{s}\leqslant t\leqslant 10.5\text{s}\\ 1.6\text{p.u.}, & 10.5\text{s}<t\end{cases}$$

系统的动态响应曲线如图 6.7 和图 6.8 所示。

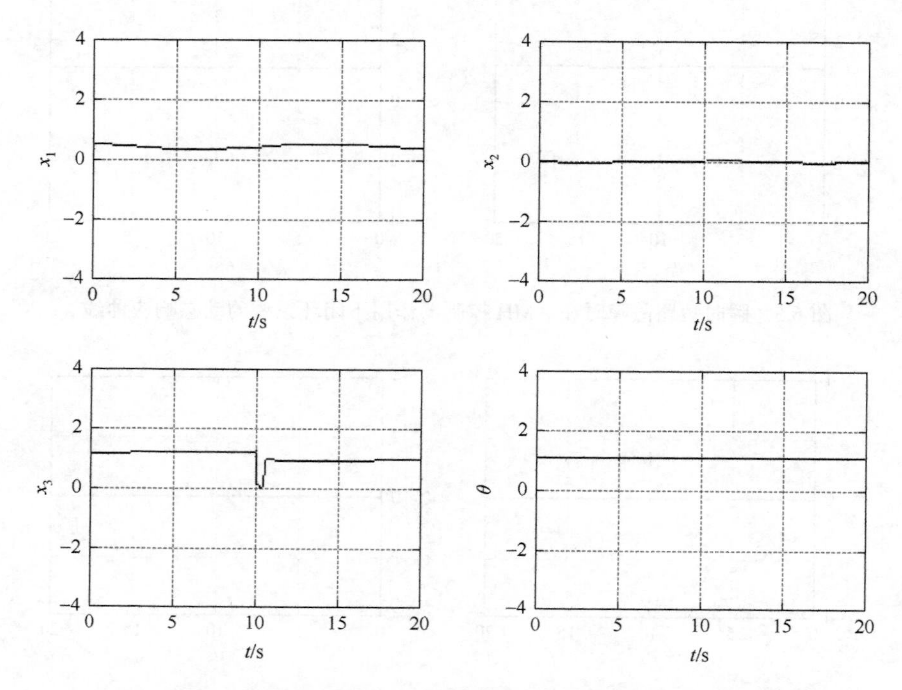

图 6.7　永久短路故障时在 AMH 控制器作用下闭环系统的动态响应曲线

由图 6.5～图 6.8 可以看出，发生短路故障后系统进入调节状态，当发生瞬时短路故障时，随着故障的消失系统经过调整迅速恢复到初始运行状态。当发生永久短路故障时，系统在故障切除后重新进入稳定状态。AMH 控制器在振荡幅度上具有优势，而 MAB 控制器在响应速度上优势较为明显。虽然扰动的形式从功率扰动变化为短路故障，但系统的响应曲线并未发生明显变化，可见系统对于两类扰动及扰动形式的变化都是不敏感的。

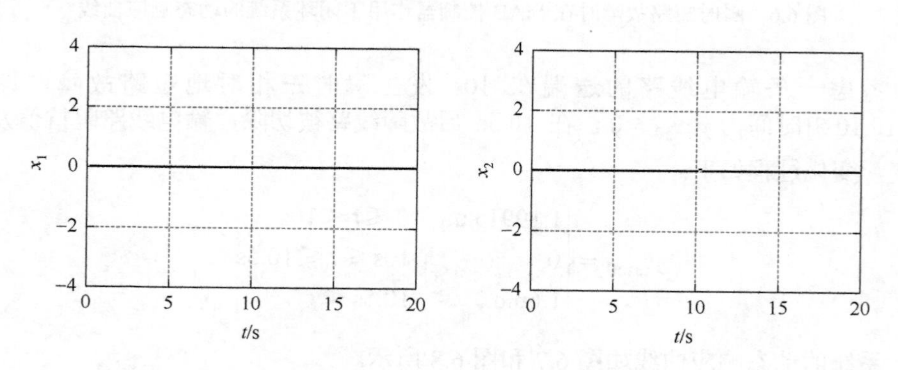

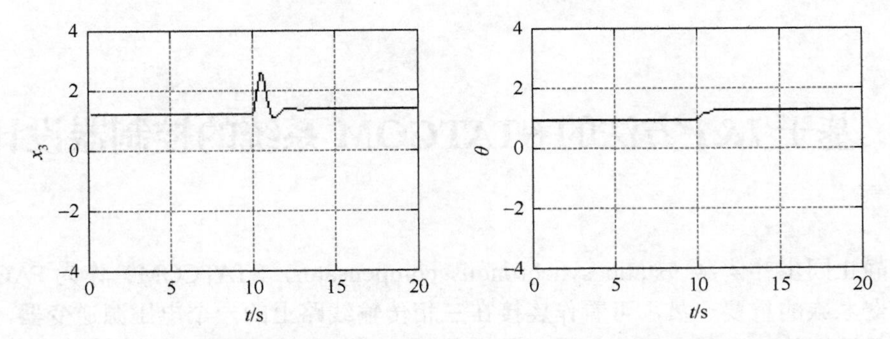

图 6.8 永久短路故障时在 MAB 控制器作用下闭环系统的动态响应曲线

7　基于 I&I 方法的 STATCOM 系统的控制器设计

静止同步补偿器（static synchronous compensator，STATCOM）作为 FACTS 控制器家族的重要一员，可看作连接在三相传输线路上的一个电压源逆变器，并且只从输电线路中吸取无功电流。该电流既可以是容性的也可以是感性的，几乎不受线路电压的影响[8]。STATCOM 在某种控制律的作用下，能够根据系统参数的变化，迅速地调节变流器输出电压的幅值和相位，进而控制系统潮流。因此，其在调节范围、可控性、体积、响应速度及无功补偿性能等方面与传统的 SVC 相比具有明显优势。此外，STATCOM 能够有效提高电力系统的传输容量、扭振阻尼，增强系统的静态和暂态稳定性[127, 128]。

2003 年，意大利学者 Astolfi 等[67-69]采用微分几何的概念提出了一种新的非线性系统控制方法——I&I 方法。该方法不仅能够很好地处理带有未知参数的系统，而且参数估计器的设计过程中并不需要构造 Lyapunov 函数。这样就减少了控制器设计过程的复杂度。它的主要思想是：选择一个相对被控系统低阶的稳定系统，设计映射把被控系统与目标系统联系起来，最终设计控制器和参数估计律使得整个闭环系统有界并稳定。

本章针对具有 STATCOM 的单机无穷大系统在含有未知参数的情况下，利用浸入和不变控制算法设计控制器和参数估计律。控制器保证了参数估计误差在流形上收敛，同时参数估计律确保了系统对不确定参数的自适应估计能力。该方法在自适应估计过程中不依赖确定-等价性原理，而是引入一项 $\beta(x)$ 函数。$\beta(x)$ 的引入使得参数估计律的设计不再单一，而是更加灵活有效。仿真结果表明所设计的控制器和参数估计律在参数估计和系统状态的动态响应方面优于常规算法。

7.1　浸入和不变稳定理论

设系统

$$\dot{x} = f(x,u,\theta) \tag{7.1}$$

其中，$x \in \mathbb{R}^n$ 、$u \in \mathbb{R}^m$ 分别为系统的状态输入和控制输入；$\theta \in \mathbb{R}^q$ 为不确定参数；$x^* \in \mathbb{R}^n$ 为系统需要镇定的平衡点。

定义增广系统

$$\begin{cases} \dot{x} = f(x,u,\theta) \\ \dot{\hat{\theta}} = w \end{cases} \tag{7.2}$$

其中，$\hat{\theta}\in\mathbb{R}^q$为估计参数。系统式（7.2）自适应镇定问题描述如下：

设计状态反馈控制器

$$\begin{cases} w=\bar{\omega}(x,\hat{\theta}) \\ u=\nu(x,\hat{\theta}) \end{cases} \tag{7.3}$$

使得闭环系统式（7.2）和式（7.3）的所有轨迹有界，并且

$$\lim_{t\to\infty} x(t)=x^* \tag{7.4}$$

成立。

假设可以找到如下映射：

$$\begin{aligned} &\alpha(\xi,\theta)\to\mathbb{R}^p, \quad \pi(\xi,\theta)\to\mathbb{R}^n \\ &c(\xi,\theta)\to\mathbb{R}^m, \quad \beta(x)\to\mathbb{R}^q \\ &\phi(x,\theta)\to\mathbb{R}^{n-p}, \quad u(x,\zeta,z+\theta)\to\mathbb{R}^m \\ &\varpi(x,\zeta,z+\theta)\to\mathbb{R}^q \end{aligned}$$

其中，$p<n$。则控制器的设计可分为以下四个步骤。

第1步：选取目标系统

存在系统

$$\dot{\xi}=\alpha(\xi,\theta) \tag{7.5}$$

具有渐近稳定平衡点ξ^*，且$x^*=\pi(\xi^*)$。

第2步：选取浸入映射

对所有的$\xi\in\mathbb{R}^p$，有

$$f[\pi(\xi,\theta),c(\xi,\theta),\theta]=\frac{\partial\pi}{\partial\xi}\alpha(\xi,\theta) \tag{7.6}$$

第3步：确定流形

集合等式

$$\zeta=\frac{\partial\phi\left(x,\hat{\theta}\right)}{\partial x}f[x,u(x,\zeta,z+\theta),\theta]+\frac{\partial\phi\left(x,\hat{\theta}\right)}{\partial\hat{\theta}}\varpi(x,\zeta,z+\theta) \tag{7.7}$$

成立。

第4步：设计控制器

系统

$$\begin{cases} \dot{\zeta}=\dfrac{\partial\phi\left(x,\hat{\theta}\right)}{\partial x}f[x,u(x,\zeta,z+\theta),\theta]+\dfrac{\partial\phi\left(x,\hat{\theta}\right)}{\partial\hat{\theta}}\varpi(x,\zeta,z+\theta) \\ \dot{z}=\bar{\omega}[x,\zeta,z+\theta]+\dfrac{\partial\beta}{\partial x}f[x,u(x,\zeta,z+\theta),\theta] \\ \dot{x}=f[x,u(x,\zeta,z+\theta),\theta] \end{cases} \tag{7.8}$$

各状态有界并满足

$$\lim_{t\to\infty}\zeta(t)=0 \tag{7.9}$$

$$\lim_{t\to\infty}\{\phi[x(t),z(t)+\theta]-\phi[x(t),\theta]\}=0 \tag{7.10}$$

那么闭环系统

$$\begin{cases}\dot{x}=f\{x,u\{x,\phi[\hat{\theta}+\beta(x)],\hat{\theta}+\beta(x)\},\theta\}\\ \dot{\hat{\theta}}=\varpi\{x,\phi[x,\hat{\theta}+\beta(x)],\hat{\theta}+\beta(x)\}\end{cases} \tag{7.11}$$

所有轨迹有界，则系统稳定。

从浸入和不变稳定理论可以看出，一个系统的镇定问题可以分为四步来实现。首先，选择一个比被控系统维数低的渐近稳定的目标系统；其次，选择映射 π，使被控系统和原系统联系起来；再次，根据隐式流形的条件确定流形 M；最后，设计控制器和参数估计器使得流形不变吸引，并且闭环系统有界。图 7.1 是浸入和不变方法的形象描述。按照该方法的思想，原系统的维数是 n 维（图 7.1 中假设原系统维数是 3 维），那么目标系统的维数可选择 $1\sim n-1$ 维。从图 7.1 中可以形象地看出，基于 Lyapunov 直接法的控制器设计方法是一个目标系统为 1 维的情况，因此可以看作该方法的一种特殊情况。当采用 Lyapunov 直接法设计控制器时，需要先选择 Lyapunov 函数，并且要确定该函数正定且其导数小于 0。从浸入和不变的角度看，该方法将一个在原点渐近稳定的一维目标系统浸入高维的原系统中。

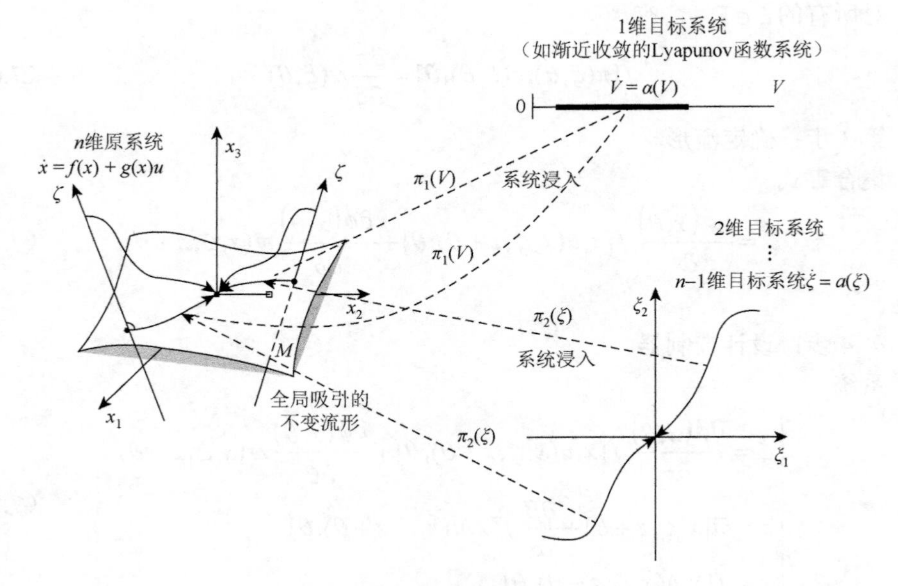

图 7.1　浸入和不变方法

7.2 系统模型与问题描述

考虑具有 STATCOM 的单机无穷大系统，其等效电路图如图 7.2 所示。

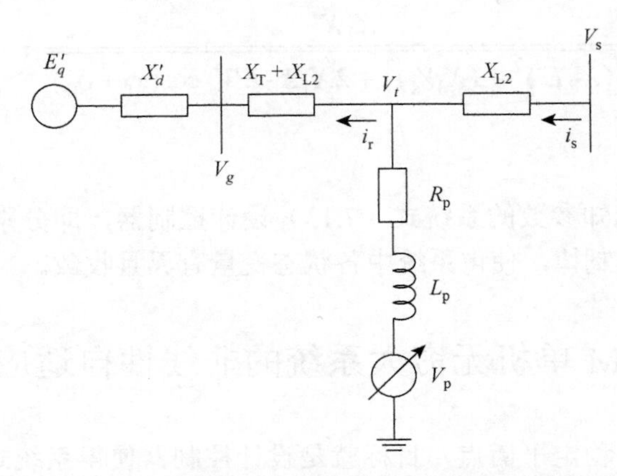

图 7.2 具有 STATCOM 的单机无穷大系统等效电路图

STATCOM 装置在研究电力系统的稳定性问题时，可以等效成一个并联在系统中的可变导纳。通常建模为一阶惯性数学模型，则 STATCOM 的动态数学模型可以描述如下：

$$\begin{cases}\dot{\delta}=\omega-\omega_0\\ \dot{\omega}=\dfrac{\omega_0}{H}\left\{P_\mathrm{m}-\dfrac{D}{\omega_0}(\omega-\omega_0)-\dfrac{E_q'V_\mathrm{s}\sin\delta}{X_1+X_2}\left[1+\dfrac{X_1X_2I_q}{\sqrt{(X_2E_q')^2+(X_1V_\mathrm{s})^2+2X_1X_2E_q'V_\mathrm{s}\cos\delta}}\right]\right\}\\ \dot{I}_q=\dfrac{1}{T_q}(-I_q+I_{q0}+u)\end{cases} \tag{7.12}$$

其中，δ 为发电机的转子运行角；ω 为发电机转子角速度；H 为发电机惯性常数；P_m 为发电机的功率，为常数；E_q' 为发电机 q 轴暂态电势；V_s 是无穷大母线电压；X_1、X_2 是传输电路的电抗；D 是阻尼系数；I_q 是 STATCOM 输出无功电流；T_q 是 STATCOM 的惯性时间常数；u 为控制变量。

对系统式（7.12），令 $x_1=\delta-\delta_0$，$x_2=\omega-\omega_0$，$x_3=I_q-I_{q0}$，$(\delta_0,\omega_0,I_{q0})$ 是相应变量的初始值。

令 $\theta=-\dfrac{D}{H}$ 为未知参数量，系统式（7.12）可以改写成如下形式：

$$
\begin{cases}
\dot{x}_1 = x_2 \\
\dot{x}_2 = \theta x_2 + k_1 P_{\mathrm{m}} - k_2 \sin(x_1 + \delta_0)[1 + f(x_1)(x_3 + I_{q0})] \\
\dot{x}_3 = \dfrac{1}{T_q}(-x_3 + I_{q0})
\end{cases}
\tag{7.13}
$$

其中，$f(x_1) = \dfrac{X_1 X_2}{\sqrt{(X_2 E')^2 + (X_1 V_{\mathrm{s}})^2 + 2X_1 X_2 E' V_{\mathrm{s}} \cos(x_1 + \delta_0)}}$；常数 $k_1 = \dfrac{\omega_0}{H}$；$k_2 = \dfrac{\omega_0 E' V_{\mathrm{s}}}{H(X_1 + X_2)}$。

下面对带有未知参数的系统式（7.13）设计控制器，即分别设计自适应参数估计律和稳定性控制律，使得系统中各状态变量有界且收敛。

7.3　STACOM 单机无穷大系统的非线性自适应控制器设计

如果系统存在稳定平衡点，目标就是设计控制器使得系统式（7.13）在平衡点附近渐近稳定。下面分为四步来设计非线性控制器。

7.3.1　选取目标系统

根据浸入和不变的主要思想，首先选取一个比被控系统式（7.13）维数低的稳定目标系统。由于被控系统是一个三阶系统，所以在此选择一个二阶稳定系统

$$
\Sigma_T : \begin{cases}
\dot{\xi}_1 = \xi_2 \\
\dot{\xi}_2 = -l_1 \xi_1 - l_2 \xi_2
\end{cases}
\tag{7.14}
$$

其中，$\xi_1, \xi_2 \in \mathbb{R}$；$l_1 > 0$，$l_2 > 0$ 为需选择的参数，原点是目标系统式（7.14）的一个渐近稳定平衡点。

7.3.2　选取浸入映射

在被控系统和目标系统已知后，映射的一个自然选择是

$$
\pi(\xi, \theta) = \begin{bmatrix} \xi_1 \\ \xi_2 \\ \pi_3(\xi, \theta) \end{bmatrix}
\tag{7.15}
$$

其中，$\pi_3(\xi,\theta)$ 为未知函数。在选定 $\pi(\xi,\theta)$ 以后，将被控系统和目标系统及 π 的导数代入浸入条件 $f[\pi(\xi,\theta),c(\xi,\theta),\theta]=\dfrac{\partial\pi}{\partial\xi}\alpha(\xi,\theta)$，由浸入条件得

$$\begin{bmatrix}\xi_2\\ \theta\xi_2+k_1P_{\mathrm{m}}-k_2\sin(\xi_1+\delta_0)[1+f(\xi_1)(\pi_3+I_{q_0})]\\ \dfrac{1}{T_q}[-\pi_3+c(\xi,\theta)]\end{bmatrix}$$

$$=\begin{bmatrix}1 & 0\\ 0 & 1\\ \dfrac{\partial\pi_3(\xi,\theta)}{\partial\xi_1} & \dfrac{\partial\pi_3(\xi,\theta)}{\partial\xi_2}\end{bmatrix}\cdot\begin{bmatrix}\xi_2\\ -l_1\xi_1-l_2\xi_2\end{bmatrix} \tag{7.16}$$

整理上述向量中第二个元素

$$-l_1\xi_1-l_2\xi_2=\theta\xi_2+k_1P_{\mathrm{m}}-k_2\sin(\xi_1+\delta_0)[1+f(x_1)(\pi_3(\xi,\theta)+I_{q0})] \tag{7.17}$$

$$\begin{aligned}&k_2f(\xi_1)\sin(\xi_1+\delta_0)(\pi_3(\xi,\theta)+I_{q0})\\&=\theta\xi_2+k_1P_{\mathrm{m}}+l_1\xi_1+l_2\xi_2-k_2\sin(\xi_1+\delta_0)\end{aligned} \tag{7.18}$$

$$\pi_3(\xi,\theta)+I_{q0}=\frac{\theta\xi_2+k_1P_{\mathrm{m}}+l_1\xi_1+l_2\xi_2-k_2\sin(\xi_1+\delta_0)}{f(\xi_1)k_2\sin(\xi_1+\delta_0)} \tag{7.19}$$

$$\pi_3(\xi,\theta)=\frac{\theta\xi_2+k_1P_{\mathrm{m}}+l_1\xi_1+l_2\xi_2-k_2\sin(\xi_1+\delta_0)}{k_2\sin(\xi_1+\delta_0)f(\xi_1)}-I_{q_0} \tag{7.20}$$

由第三行

$$\frac{\partial\pi_3(\xi,\theta)}{\partial\xi_1}\xi_2-\frac{\partial\pi_3(\xi,\theta)}{\partial\xi_2}(l_1\xi_1+l_2\xi_2)=\frac{1}{T_q}[-\pi_3(\xi,\theta)+c(\xi,\theta)] \tag{7.21}$$

$$T_q\left[\frac{\partial\pi_3(\xi,\theta)}{\partial\xi_1}\xi_2-\frac{\partial\pi_3(\xi,\theta)}{\partial\xi_2}(l_1\xi_1+l_2\xi_2)\right]=-\pi_3(\xi,\theta)+c(\xi,\theta) \tag{7.22}$$

则得

$$c(\xi,\theta)=T_q\left[\frac{\partial\pi_3(\xi,\theta)}{\partial\xi_1}\xi_2-\frac{\partial\pi_3(\xi,\theta)}{\partial\xi_2}(l_1\xi_1+l_2\xi_2)\right]+\pi_3(\xi,\theta) \tag{7.23}$$

7.3.3 确定流形

由 $\{x\in\mathbb{R}^n \mid \varphi(x,\theta)=0\}=\{x\in\mathbb{R}^n \mid x=\pi(\xi,\theta),\xi\in\mathbb{R}^p\}$ 可得流形为

$$\phi(x,\theta)=x_3-\pi_3\left([x_1 \quad x_2]^{\mathrm{T}},\theta\right) \tag{7.24}$$

将 π_3 的表达式代入上式可得流形为

$$\begin{aligned}\phi(x,\theta)&=x_3-\pi_3\left([x_1 \quad x_2]^{\mathrm{T}},\theta\right)\\&=x_3-\frac{\theta x_2+k_1P_{\mathrm{m}}+l_1x_1+l_2x_2-k_2\sin(x_1+\delta_0)}{k_2\sin(x_1+\delta_0)f(x_1)}+I_{q0}\end{aligned} \tag{7.25}$$

由式（7.25）可看出，不变流形是由被控系统和目标系统的状态偏差来表示的，通过保持流形的不变吸引才能保持整个系统的稳定性。

7.3.4 设计控制器

定义偏流形坐标 $\zeta=\phi\left(x,\hat{\theta}\right)$，则流形偏差为

$$\begin{aligned}\zeta&=x_3-\pi_3\left([x_1 \quad x_2]^{\mathrm{T}},\hat{\theta}\right)\\&=x_3-\frac{\left(\hat{\theta}+\beta\right)x_2+k_1P_{\mathrm{m}}+l_1x_1+l_2x_2-k_2\sin(x_1+\delta_0)}{k_2\sin(x_1+\delta_0)f(x_1)}+I_{q0}\end{aligned} \tag{7.26}$$

其中，$\theta=\hat{\theta}+\beta$。令 $\varpi=\dot{\hat{\theta}}$，对 ζ 求导，得

$$\begin{aligned}\dot{\zeta}&=\frac{\partial\varphi}{\partial x_1}\dot{x}_1+\frac{\partial\varphi}{\partial x_2}\dot{x}_2+\frac{\partial\varphi}{\partial x_3}\dot{x}_3+\frac{\partial\varphi}{\partial\hat{\theta}}\varpi\\&=\frac{-x_3+u}{T_q}-\frac{A\dot{x}_1+B\dot{x}_2+x_2\dot{\hat{\theta}}}{f(x_1)k_2N_1}-C\left[\frac{1}{f(x_1)}-\frac{N_2}{f(x_1)k_2N_1^2}\right]x_2\\&=\frac{-x_3+u}{T_q}-\frac{Ax_2+BD+x_2\dot{\hat{\theta}}}{f(x_1)k_2N_1}-C\left[\frac{1}{f(x_1)}-\frac{N_2}{f(x_1)k_2N_1^2}\right]x_2\end{aligned} \tag{7.27}$$

其中，

$$A=l_1-k_2N_2+x_2\frac{\partial\beta}{\partial x_1}$$

$$B=\hat{\theta}+\beta+x_2\frac{\partial\beta}{\partial x_2}+l_2$$

$$C=\left(\hat{\theta}+\beta\right)x_2+k_1P_{\rm m}+l_1x_1+l_2x_2-k_2N_1$$

$$D=\left(\hat{\theta}+\beta\right)x_2+k_1P_{\rm m}-k_2N_1[1+f(x_1)(x_3+I_{q0})]$$

$$N_1=\sin(x_1+\delta_0),N_2=\cos(x_1+\delta_0)$$

选择

$$u=T_q\left\{\frac{Ax_2+BD+x_2\dot{\hat{\theta}}}{f(x_1)k_2N_1}+C\left[\frac{1}{f(x_1)}-\frac{N_2}{f(x_1)k_2N_1^2}\right]x_2-l\zeta\right\}+x_3 \tag{7.28}$$

设$z=\hat{\theta}-\theta+\beta(x_1,x_2)$，对其求导得

$$\begin{aligned}\dot{z}&=\varpi\left(x,z,\hat{\theta}\right)+\frac{\partial\beta}{\partial x_1}\dot{x}_1+\frac{\partial\beta}{\partial x_2}\dot{x}_2\\&=\varpi+\frac{\partial\beta}{\partial x_1}x_2+\frac{\partial\beta}{\partial x_2}\left\{\left(\hat{\theta}+\beta-z\right)x_2+k_1P_{\rm m}\right.\\&\left.-k_2N_1[1+f(x_1)(x_3+I_{q0})]\right\}\end{aligned} \tag{7.29}$$

令$\varpi=-\frac{\partial\beta}{\partial x_1}x_2-\frac{\partial\beta}{\partial x_2}\left\{(\hat{\theta}+\beta)x_2+k_1P_{\rm m}-k_2N_1\left[1+f(x_1)(x_3+I_{q0})\right]\right\}$，同时选择$\beta=\frac{\gamma}{2}{x_2}^2$，则$\dot{z}=-\gamma x_2^2z$，其中$\gamma>0$。

注 7.1：在参数估计误差中引入函数$\beta(x)$可以使浸入和不变控制算法突破传统算法需要遵循的确定性-等价性原理，从而不需要构造 Lyapunov 函数，也就不需要进行微分运算，避免了“计算膨胀”问题。同时，也使得参数估计器的设计不再单一而更加灵活有效。

注 7.2：参数估计误差中引入$\beta(x)$的作用是塑造一个目标流形，并且该流形对被控系统来说不变吸引。

注 7.3：为使参数估计误差函数$\beta=\gamma\int_0^{x_2}\phi(x_1,\chi)\mathrm{d}\chi$指数收敛，可设计$\beta=\gamma\int_0^{x_2}\phi(x_1,\chi)\mathrm{d}\chi$，其中，$\gamma$为正数。

为了保证参数估计误差渐近收敛和稳定，也就是使流形不变吸引，设计控制器和参数估计律u和ϖ为

$$u=T_q\left\{\frac{\overline{A}x_2+\overline{B}\overline{D}+x_2\overline{E}}{f(x_1)k_2N_1}+\overline{C}\left[\frac{1}{f(x_1)}-\frac{N_2}{f(x_1)k_2N_1^2}\right]x_2-l\overline{\zeta}\right\}+x_3 \tag{7.30}$$

$$\dot{\hat{\theta}}=\varpi=-\gamma x_2\left\{\left(\hat{\theta}+\frac{\gamma}{2}x_2^2\right)x_2+k_1P_m-k_2N_1\left[1+f(x_1)(x_3+I_{q0})\right]\right\} \tag{7.31}$$

其中，

$$\overline{A}=l_1-k_2N_2$$

$$\overline{B}=\hat{\theta}+\frac{3}{2}\gamma x_2^2+l_2$$

$$\begin{cases}\overline{C}=\left(\hat{\theta}+\dfrac{\gamma}{2}x_2^2\right)x_2+k_1P_{\mathrm{m}}+l_1x_1+l_2x_2-k_2N_1\\ \overline{D}=\left(\hat{\theta}+\dfrac{\gamma}{2}x_2^2\right)x_2+k_1P_{\mathrm{m}}-k_2N_1\left[1+f(x_1)(x_3+I_{q0})\right]\\ \overline{E}=-\gamma x_2\left\{\left(\hat{\theta}+\dfrac{\gamma}{2}x_2^2\right)x_2+k_1P_{\mathrm{m}}-k_2N_1\left[1+f(x_1)(x_3+I_{q0})\right]\right\}\end{cases}$$

闭环增广系统可写成

$$\begin{cases}\dot{\zeta}=-l\zeta\\ \dot{z}=-\gamma x_2^2z\\ \dot{x}_1=x_2\\ \dot{x}_2=\left(\hat{\theta}+\dfrac{\gamma}{2}x_2^2\right)x_2+k_1P_{\mathrm{m}}-k_2N_1[1+f(x_1)(x_3+I_{q0})]\\ \dot{x}_3=\dfrac{1}{T_q}(-x_3+u)\end{cases}\tag{7.32}$$

这样就验证了浸入和不变原理的四个条件，也就保证了系统式（7.32）的所有轨迹有界。

7.4 仿 真 分 析

输电系统的稳定性水平主要体现在发电机功角的动态响应性能。因此，为检验设计的 STATCOM 非线性控制律和参数估计器的有效性，本书采用 MATLAB 软件的 Simulink 工具，对带有未知参数的系统式（7.13）进行仿真。

被控对象为具有 STATCOM 的单机无穷大（single machine infinite-bus，SMIB)系统，其中，各参数设置如下：$H=7\mathrm{s}$, $P_{\mathrm{m}}=0.95$, $w_0=1$, $E_q'=1.05$, $V_{\mathrm{s}}=0.995$, $X_1=0.7$, $r=0.5$, $X_2=0.2$, $\delta_0=0.707$, $I_{q0}=0$, $T_q=0.05$, $l_1=1$, $l_2=0.5$, $l=1$。

1. 功率扰动

考虑系统在15～16s发生功率扰动，功率变化如下：

$$\varDelta=\begin{cases}0, & 0\leqslant t<15\text{s}\\ 0.2, & 15\text{s}\leqslant t\leqslant 16\text{s}\\ 0, & 16\text{s}<t\end{cases}$$

系统的动态响应曲线如图7.3所示。

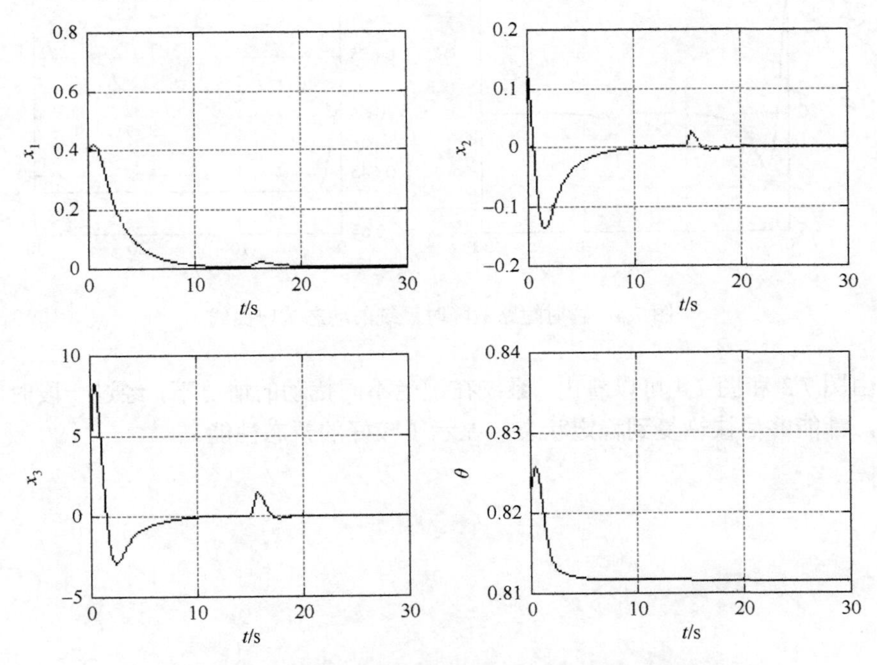

图7.3 功率发生20%扰动时系统的动态响应曲线

2. 瞬时短路故障

考虑系统在15s发生了瞬时短路故障，0.5s后故障消失，由重合闸装置接通线路，继续正常工作，线路电抗参数变化如下：

$$X_{\mathrm{L}}=\begin{cases}0.7, & 0\leqslant t<15\text{s}\\ \infty, & 15\text{s}\leqslant t\leqslant 15.5\text{s}\\ 0.7, & 15.5\text{s}<t\end{cases}$$

系统的动态响应曲线如图7.4所示。

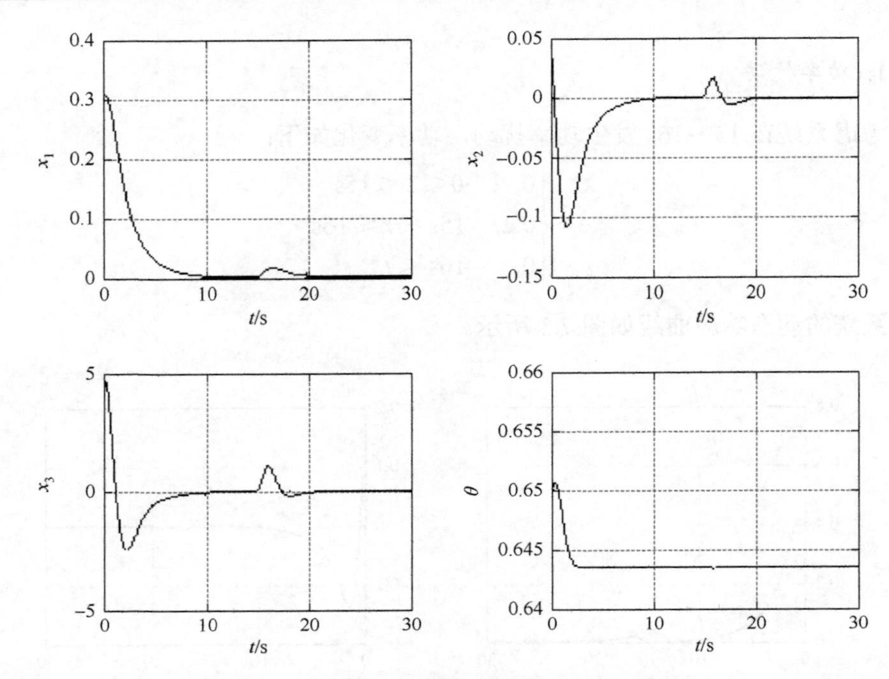

图 7.4　瞬时短路故障时系统的动态响应曲线

由图 7.3 和图 7.4 可以看出，系统在遭受不同扰动的情况下，经过一段时间的调整，都能够尽快恢复到稳定状态，显示了较好的暂态性能。

8 STATCOM 系统的数字化控制电路设计

本章将以 STATCOM 系统为基础，研究其半实物模拟电路的设计方法。仿真电路能够反映真实系统的主要特性，可以将算法应用于模拟电路，在不影响电网正常工作的前提下，帮助工程技术人员在尽可能真实的条件中验证算法的有效性。

8.1 硬件系统结构

硬件设计坚持精简、实用的原则，只保留必要的功能，采用尽量少的元件，缩小体积、降低成本，让仿真电路具有易于工程项目移植应用的框架结构，便于调试实验的辅助功能。硬件部分主要包括主电路、主控板、采集电路、驱动电路、保护电路和辅助电路等几个功能模块，结构如图 8.1 所示。

仿真系统通过隔离变压器连接在电网上，隔离变压器的输出作为无功补偿实验系统的电网连接点，负荷直接连接在该点上，STATCOM 仿真电路通过连接电感连接在电网连接点上。

STATCOM 主电路由连接电感、三相电压型功率桥和直流母线电容组成，根据主控板指令控制桥臂开关动作从而发出符合控制要求的补偿电流到电网连接点，完成无功、负序和谐波补偿任务，其实质是一个电流源。采集电路主要用来采集电网电压、STATCOM 输出电流、负荷电流和直流母线电压的瞬时值，对信号进行变换、调理后传输给主控板进行模拟-数字转换（analog to digital convert，AD）采集。驱动电路是主电路和主控板之间的转换电路，主要实现脉冲控制信号的隔离与功率放大，驱动功率桥的开关元件。保护电路主要包括上下桥臂直通保护电路、直流母线过压过流保护电路，为补偿装置提供全面可靠的综合保护。辅助电路主要包括基准电源和通讯电路。

STATCOM 电路的工作过程可以简述为：在每个采样控制周期，利用检测电路采集交、直流侧电压、电流信号，将得到的模拟信号进行变换、滤波和偏置处理后送入主控板的 AD 转换端口；主控板进行模数转换后获得交流侧电压、直流侧电压、电流值，通过无功检测算法计算出负荷无功、负序和谐波分量及 STATCOM 输出电流等，由控制算法主程序分析计算后从事件管理器端口发出下一控制周期用于桥路开关控制的脉冲信号；脉冲信号经驱动电路隔离、放大后送至主电路的功率桥路用于控制桥臂开关元件；在直流电容电压、桥路开关元件的作用下，桥路交流侧与电网连接点之间产生相应的压差，从而使得连接电感上产生预期的电流变化；电感电流汇入电网连接点完成负荷电流中的无功、负序和谐波分量补偿。辅助电路、保护电路在此期间对设备提供必要的功能支撑和完备的安全保护。

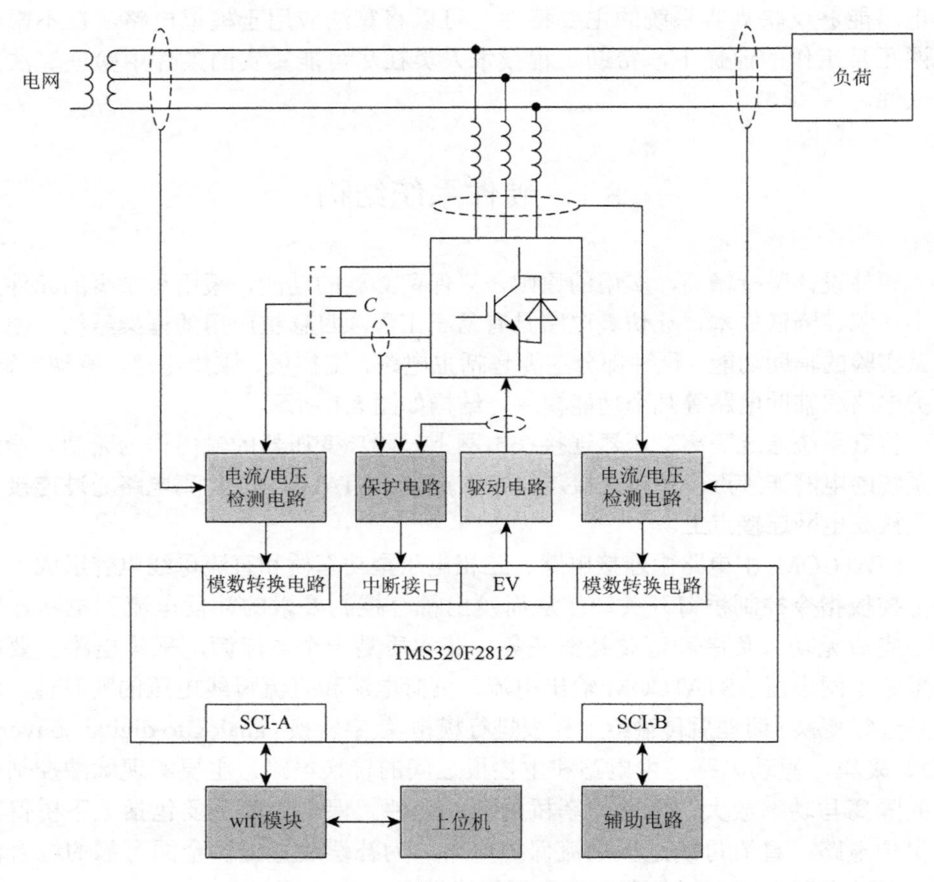

图 8.1　STATCOM 硬件系统结构图

SCI-A 和 SCI-B 是 DSP 的两个串行通信端口

为减小实验电路研发工作量，主控板选用实验室现有的、以 TMS320F2812 为主控芯片的数字信号处理（digital signal processing，DSP）开发板。DSP 开发板的研发工作不属于本书的工作且相关资料较为详尽，在此对其不做过多阐述。下面对实验样机的性能参数和各部分电路分别进行具体设计。

8.2 主电路与各子电路设计

8.2.1 主电路的设计

主电路是 STATCOM 实现无功补偿功能的基础，下面对实验装置主电路、相应的辅助电路及主元件参数选型进行详细设计。

1. 主电路设计

实验样机主电路设计如图 8.2 所示，主要由三相功率半桥、直流侧电容及均压电路、电容充电电路、电压警示电路及剩余电流装置（residual current device，RCD）缓冲吸收电路组成。

由六个绝缘栅双极型晶体管（insulated gate bipolar transistor，IGBT）模块组成的三相功率半桥是主电路的核心，其主要功能是，在控制程序的作用下，将直流侧电压逆变为交流电压，作用在连接电感上产生输出电流。三相功率半桥一般选用 IGBT 作为开关元件，IGBT 具有开关速度快、工作频率高、驱动功率小、耐压能力强等特点，特别适合 STATCOM 的应用需求，是市场上 STATCOM 最常用的功率元件。

直流电容是主电路直流部分最重要的元件，主要用于储存电能、维持直流母线电压。由于直流电容采用了两串两并的连接方式，设置 *R*8 和 *R*10 作为电容的均压电阻。当两组电容电压不均等时，电容会自动通过均压电阻进行充电或泄放，以实现电容电压的自动均衡。

电阻 *R*1 和开关管 Q1 是直流电容的充电电路。在装置刚上电时，所有 IGBT 处于关闭状态，装置通过 IGBT 的续流二极管整流输出对电容充电，装置处于不控整流阶段。当 DSP 主控板上电工作后，在控制程序的作用下直流母线电压要迅速升高至设定值。因此，直流电容电压要经历从 0 到不控整流电压和从不控整流电压到直流设定电压两次快速升高过程。由于电容是装置的储能元件，电压的快速升高会引起交流侧电流、直流侧电流的急剧上升从而引发过流故障。为避免电流过大对装置造成的损害，在两个升压过程中要对装置进行限流。第一个升压过程一般采用硬件限流的措施，即在直流回路中设置充电电阻。在装置刚起动时，通过充电电阻 *R*1 对电容进行限流充电，当系统检测到直流电压达到一定值时，控制 Q1 导通把充电电阻两端短接以将其从回路中切除。在装置停机后，均压电阻可对电容上的残压进行泄放，防止触电事故的发生并延长电容使用寿命。

电阻 *R*9 和发光二极管 D4 是直流电压警示电路，当直流电压逐渐增大时，二极管会导通发光，以警示操作员来防止误碰造成触电事故。

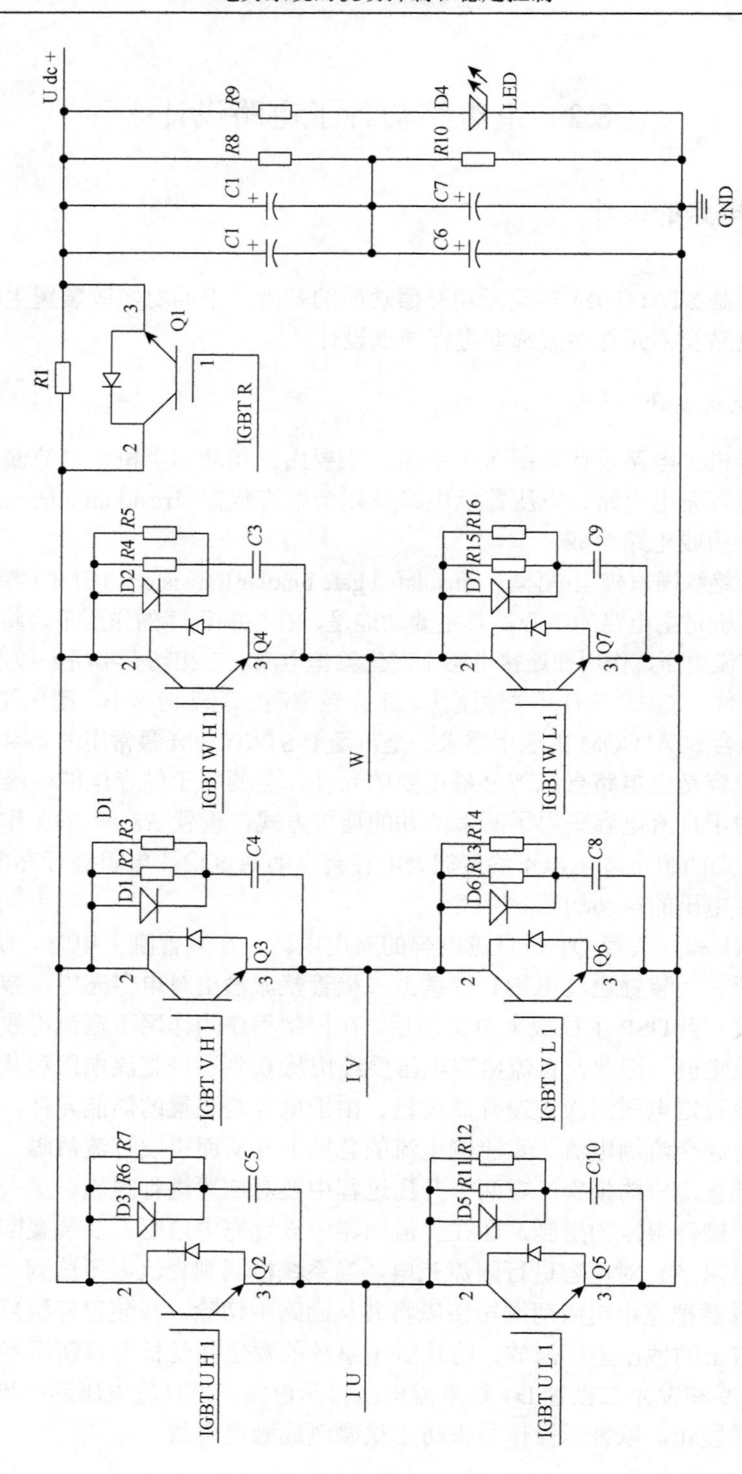

图 8.2　实验样机主电路设计

IGBT在开通和关断的瞬间，因dv/dt和di/dt的作用，开关元件会承受较大的电压或电流，使得器件因工作点超出安全区而损坏。为每个IGBT设置缓冲吸收回路可有效防止电路的瞬时过压、过流。

2. 参数计算

静止无功发生器样机设计容量为5kvar，频率为工频50Hz，采用三相三线制。三相交流输入相电压有效值220V，由三相三线制隔离变压器变压后获得。当装置交流参数已知时，可通过交流参数推算直流电路主要参数。

为满足STATCOM能量双向流动的功能需求，功率桥路交流侧电压最大额定值需要比电网电压高，取电网电压的1.2倍（一般在1.1～1.5倍）。即

$$V_{\text{ac\_out\_rms}} = 1.2V_{\text{ac\_rms}} = 1.2 \times 220 = 264\text{V}$$

则其峰值为

$$V_{\text{ac\_out\_max}} = \sqrt{2}V_{\text{ac\_out\_rms}} = 373\text{V}$$

虽然本书研究的预测控制无须交流调制环节，考虑到实验样机需要运行其他控制算法用于性能对比，故设备参数计算应兼顾各种调制方式的需求。当采用空间矢量脉宽调制（space vector pulse width modulation，SVPWM）调制或者采用三次谐波注入的正弦脉冲宽度调制方式时，相电压峰值最高为$2V_{\text{dc}}/3$的$\sqrt{3}/2$倍，即$V_{\text{dc}}/\sqrt{3}$，最大调制比为1（最大调制比是线电压峰值与直流电压的比值）；采用传统正弦脉冲宽度调制方式时相电压峰值最高为V_{dc}的1/2，最大调制比为0.866。本书在设计中取最大调制比为0.866，则直流母线电压额定值应为

$$V_{\text{dc}} = V_{\text{ac\_out\_max}} \times \sqrt{3}/0.866 = 746\text{V}$$

参考上式，取直流电压额定值为800V。鉴于国家标准中允许的电网电压扰动最高幅度为额定值的1.2倍，设定直流电压最高值为额定值的1.2倍，即

$$V_{\text{dc\_max}} = 1.2V_{\text{dc}} = 960\text{V}$$

分析STATCOM电路结构及运行原理可知，在设备运行时单个开关元件的最高承受电压为$2V_{\text{dc}}/3$。选择元件耐压值为元件两端电压最大值的2倍，即元件耐压值是直流电压最大值的1.33倍，约1200V。

因实验样机额定容量为5kvar，则交流侧额定电流为

$$I_{\text{ac\_rms}} = \frac{5000}{\sqrt{3} \times 380} = 7.6\text{A}$$

考虑装置损耗等因素，取交流侧额定电流有效值为8A；最大电流有效值设定为额定电流的1.2倍，即9.6A。

综合以上计算结果，本书选取了型号为FGA25N120的IGBT。其额定电压为1200V，额定电流为40A/25℃、25A/100℃，完全满足实验样机硬件系统的要求。

STATCOM 在工作时，对有功电流的消耗较少，因此对直流电容的容量要求不高。电容的参数一般采用如下的经验公式来计算：

$$C=\frac{0.2I_0}{\omega\times V_{dc}\times K}\times 10^6$$

其中，I_0 为逆变器交流侧额定工作电流；ω 为工频电角频率；V_{dc} 为直流电压额定值；K 为系统允许的直流母线电压扰动系数，取值为 0.01～0.1。综合考虑以上因素，本书选取四个耐压值 550V、容量 1500μF 的直流电解电容采用两串两并的方式使用。串并联后的总耐压值为 1100V，总容量为 1500μF。

连接电感将 STATCOM 主电路连接至电网节点上，连接电感主要有以下两种作用：

（1）滤波作用。利用电感电流不能瞬变的特性，通过连接电感将 STATCOM 桥路交流侧的脉冲电压信号转化为脉动正弦电压信号。

（2）电流控制作用。无论采用何种控制策略，基于电压型变流器主电路的 STATCOM 的直接被控量都是桥路交流侧电压，通过控制电感两端的压差实现控制电感中电流的目的。对于连接电感的选择，目前没有太实用的经验公式，一般根据工程实测经验进行取值。先选取一个适当的电感值，在调试过程中再根据电流响应进行调整。本书设计的实验样机容量较小且开关频率较高，可选择的电感值相对较小，因此将电感值选择为 2mH。

8.2.2 采集电路的设计

STATCOM 装置在进行控制计算之前，需要对整个系统的电压、电流等电气参量进行采样、调理和计算，将其由模拟量转换为数字量，然后才能计算出相应的电网电压、负荷电流、STATCOM 输出电流等所需的数据。采样调理电路处理流程如图 8.3 所示。

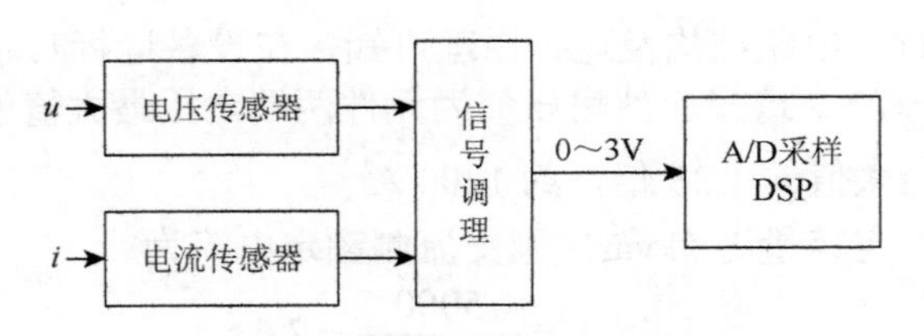

图 8.3　采样调理电路处理流程

采集电路主要完成 3 个电网交流线电压、2 个负荷交流电流、2 个 STATCOM 输出交流电流和 1 个直流母线电压等 4 组共 8 个数据的采集、变换和调理，然后送至主控板。需要采集的参数类型、数量及采集范围如表 8.1 所示。

表 8.1 运行参数采集设定表

信号	数量	额定值	峰值	保护阈值	采集范围
交流电压	1 组 3 个	380V	537V	645V（120%）	±698V（125%）
交流电流	2 组 4 个	8A	11.312A	13.57A（120%）	±14.14A（125%）
直流电压	1 个	800V	—	960V	0～1000V

交流电压的采集选用择明电子的 ZMPT101B 型电压互感器，具体参数如表 8.2 所示。

表 8.2 电压互感器的参数信息

类型	参数
额定输入电流	2mA
额定输出电流	2mA
变比	1000：1000
相位差	≤20°（输入为 2mA，采样电阻为 100Ω）
线性范围	0～1000V，0～10mA（采样电阻为 100Ω）
线性度	≤0.2%（20%点～120%点）
隔离耐压	4000V

因交流电压最大有效值为 475V，所以取一次侧限流电阻为 475000/2 = 237.5K，选用 5 个精度为 1%、阻值为 47.5K 的电阻串联组成。输出电流有效值为 2mA，采样电阻为 100Ω，则副边输出电压峰值为 0.2828V。采用调理电路对互感器输出电压放大 5.11 倍后，电压范围为±1.4451V，然后进行直流偏置，最终输出电压为 0.0569～2.9471V。

交流电流的采集选用择明电子的 ZMCT116A 型电流互感器，具体参数见表 8.3。因互感器变比为 2500：1，所以原边设定最大峰值为 14.14A 时副边电流峰值为 5.6mA，取精度为 1%、阻值为 64.9Ω 的采样电阻，则副边输出电压峰值为 0.3634V。调理电路对互感器输出放大 4.02 倍后为±1.461V，然后进行直流偏置，最终输出电压为 0.041～2.963V。

表 8.3 电流互感器的参数信息

类型	参数
额定输入电流	5A
额定输出电流	2mA
变比	2500：1

续表

类型	参数
相位差	≤20°（输入为 1A，采样电阻为 100Ω）
线性范围	0～70A（采样电阻为 100Ω）
线性度	≤0.1%（5%点～120%点）
隔离耐压	4500V

最终设计的交流电压采样、调理电路如图 8.4 所示，交流电流采样、调理电路如图 8.5 所示。交流电压、交流电流信号的采集和处理主要分为以下几个过程：

（1）采用电压、电流传感器将交流电压、电流转换为微弱的电流信号，用采样电阻将互感器输出的电流信号转换为电压信号；

（2）采用精密运放 OP07 对采样电阻输出电压放大至合适的范围；

（3）采用直流偏置电路对前级运放输出的交流电压进行整体抬升，将其由交流电压转换为全为正值的直流电压，使输出信号在 0～3V；

（4）利用电压跟随器对信号进行隔离和阻抗匹配，减小前后级之间的相互影响；

（5）采用简单的 RC 滤波电路滤除高频扰动，使量测结果更为准确；

（6）将调理后的信号送入 DSP 的 AD 采样端口，并采用二极管对 DSP 端口钳位保护。

直流母线电压采集电路的原理如图 8.6 所示，首先用电阻对直流母线电压分压，然后采用电压跟随器进行缓冲隔离和阻抗匹配后将电压信号输送给线性光耦。通过线性光耦的隔离和滤波器的滤波处理后，送入 DSP 的 A/D 转换接口，并采用二极管对 DSP 端口进行钳位保护。线性光耦采用 Avago 公司生产 HCNR200。

8.2.3　驱动电路的设计

DSP 主控板输出的脉冲信号电压低、功率小，无法直接驱动功率桥路的开关，一般需要用驱动电路将 DSP 输出信号进行电压和功率放大，然后再控制桥路的开关。另外，DSP 侧是弱电器件，桥路侧是强电器件，需要将强弱电器件做隔离以减小扰动并防止弱电器件的损坏。

本书选用 IR2110 作为驱动电路的主芯片。IR2110 是 IR 公司生产的一款专用驱动芯片。它体积小、速度快，在中小型 IGBT 和 MOSFET 功率器件的驱动电路中得到了广泛应用，其内部结构如图 8.7 所示。

IR2110 主要由逻辑输入、电平转换和输出保护三个部分组成。其栅极驱动电压为 10～20V，本书采用 15V；逻辑电源电压为 3.3～15V，本书采用 5V。IR2110

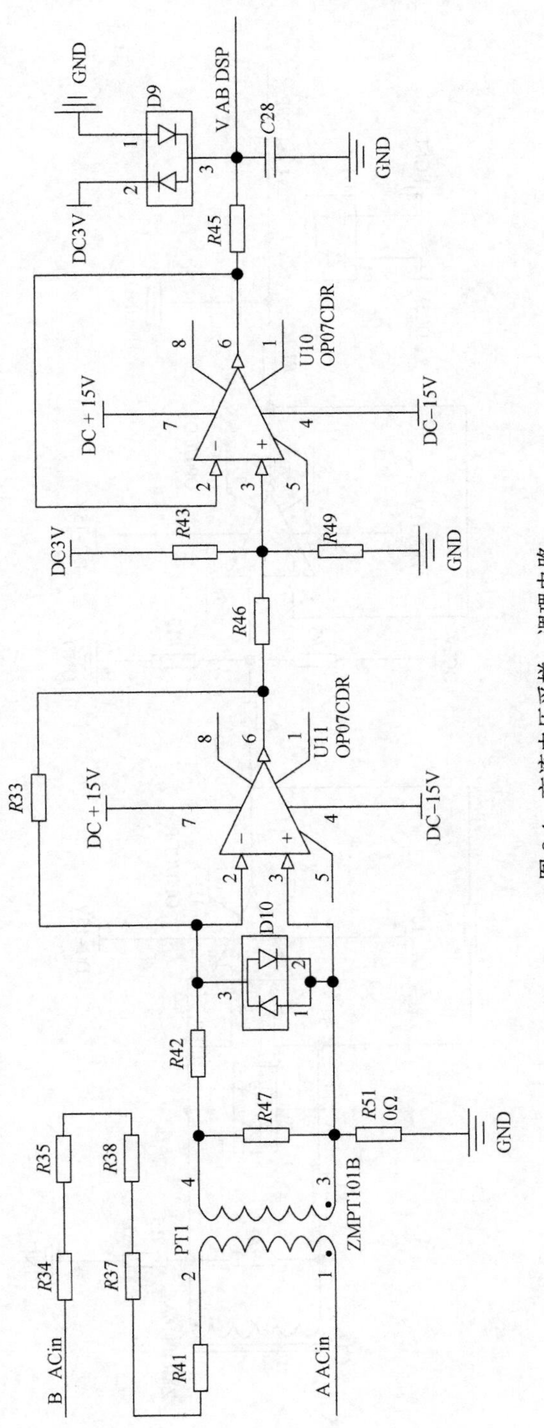

图 8.4 交流电压采样、调理电路

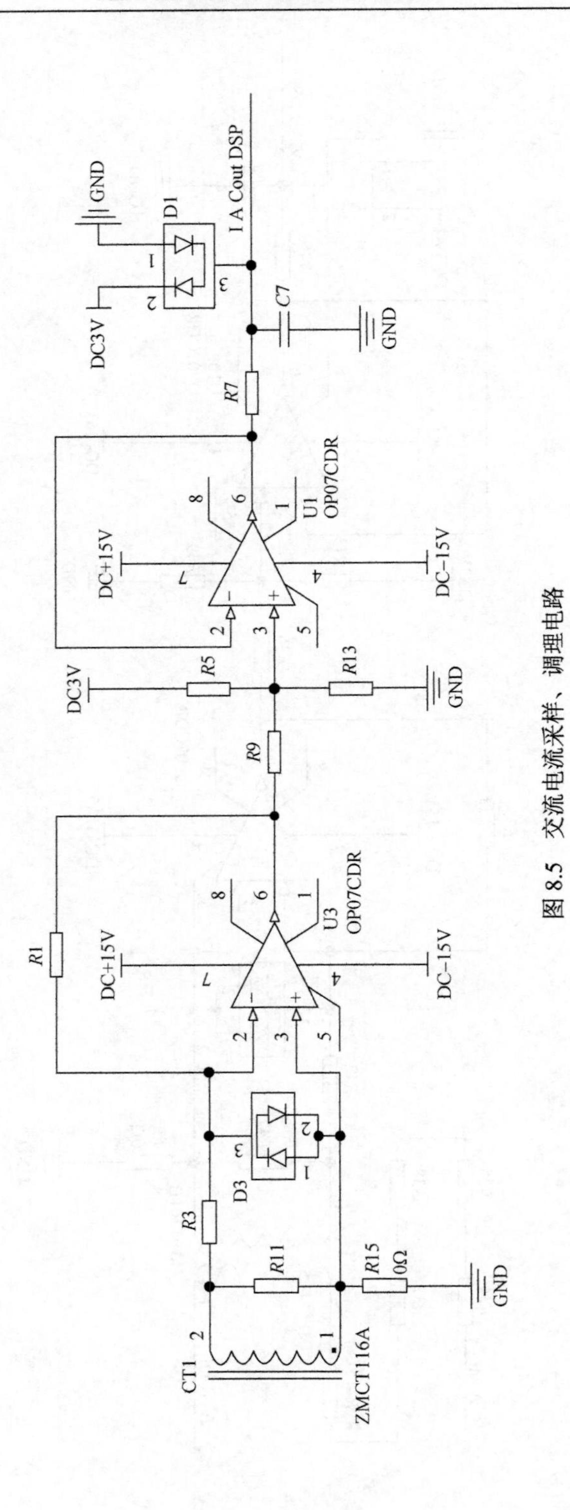

图 8.5　交流电流采样、调理电路

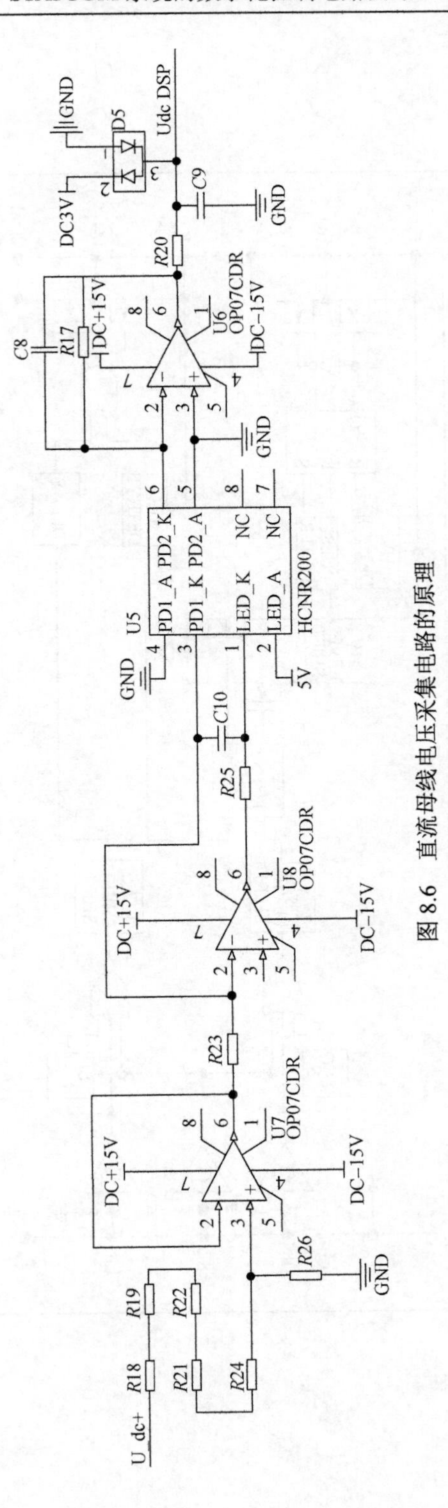

图 8.6 直流母线电压采集电路的原理

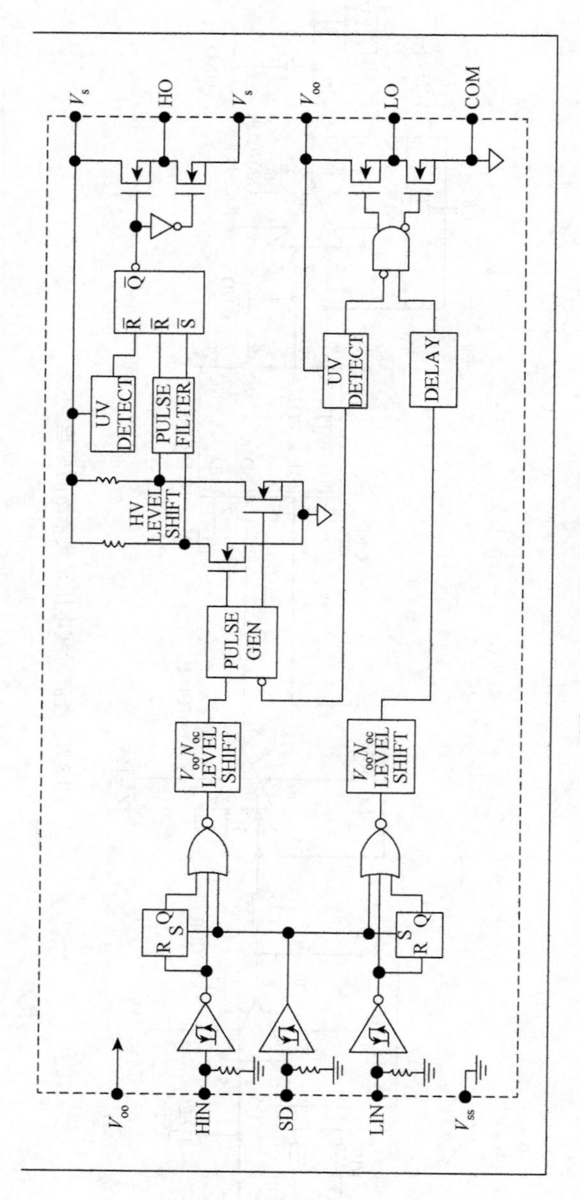

图 8.7　IR2110 的内部结构

为双路驱动芯片，能同时驱动桥路的一相桥臂。IR2110 可利用外部电容、二极管等器件实现高端自举，从而减少供电电源回路、简化设计。SD 端口是芯片 IR2110 的第 11 引脚的命名，为信号封锁端口，当输入低电平时正常工作，当输入高电平时则封锁驱动信号，可以用于电路硬件保护。

驱动芯片 IR2110 的输出阻抗比较小，可实现 IGBT 的快速导通和关断。但是开关速度过快会使器件栅极承受过高的 $\mathrm{d}i/\mathrm{d}t$，因其产生的尖峰电压会击穿 IGBT，所以应在驱动芯片 IR2110 的输出端与 IGBT 栅极间串联一个电阻 R_g。R_g 的取值过小时起不到应有的限流作用，R_g 取值过大时会消耗较大驱动功率、严重降低开关速度，本书取 R_g 阻值为 30Ω。在 R_g 上反向并联一个快恢复二极管，在 IGBT 关断时，给栅极电荷提供放电回路，以提高 IGBT 的开关速度。本书设计的 IGBT 的驱动电路如图 8.8 所示。

光耦 6N137 及辅助电路用于 DSP 主控板与强电电路之间的隔离。在 DSP 主控板与光耦之间，放置一个锁存芯片 74HC563。该芯片主要用于转换电平，并对 DSP 接口进行缓冲保护。D2、D4 和 D7 主要起稳压作用，在实际电路中常用动态响应速度较快的瞬态抑制二极管来代替。

8.2.4 保护及辅助电路的设计

1. 保护电路的设计

STATCOM 的硬件保护主要包括直流母线电压过压保护和上下桥臂直通保护。STATCOM 在工作时要时刻检测直流电压是否超过限度，当出现过压现象时应及时发出故障报警信号，使控制器立即停止脉冲输出以保护装置和人员不受伤害。直流母线过压保护电路如图 8.9 所示。

直流电压检测值经过 RC 滤波电路滤除高频扰动后加载到电压比较器的输入端与设定基准值做比较，若直流电压越限，则比较器输出高电平信号，若直流电压正常，则输出低电平信号。直流电压硬件保护的阈值设定为额定值的 125%。

在系统调试时会发生很多误操作，有些误操作会对硬件系统带来严重损害。在 STATCOM 运行时，每相桥臂的上下两个 IGBT 不能同时导通，否则会因直流短路而瞬间爆炸。为此，本书采用逻辑元件设计了如图 8.10 所示的上下桥臂直通保护电路。当任何一相的上下桥臂控制信号同时为高电平时，保护电路输出高电平故障信号，同时点亮桥臂直通保护指示灯。

直流过压保护信号和上下桥臂直通保护信号由逻辑电路进行汇总，通过光耦隔离后送至各驱动芯片的使能端 SD 用以封锁桥路输出，如图 8.11 所示。

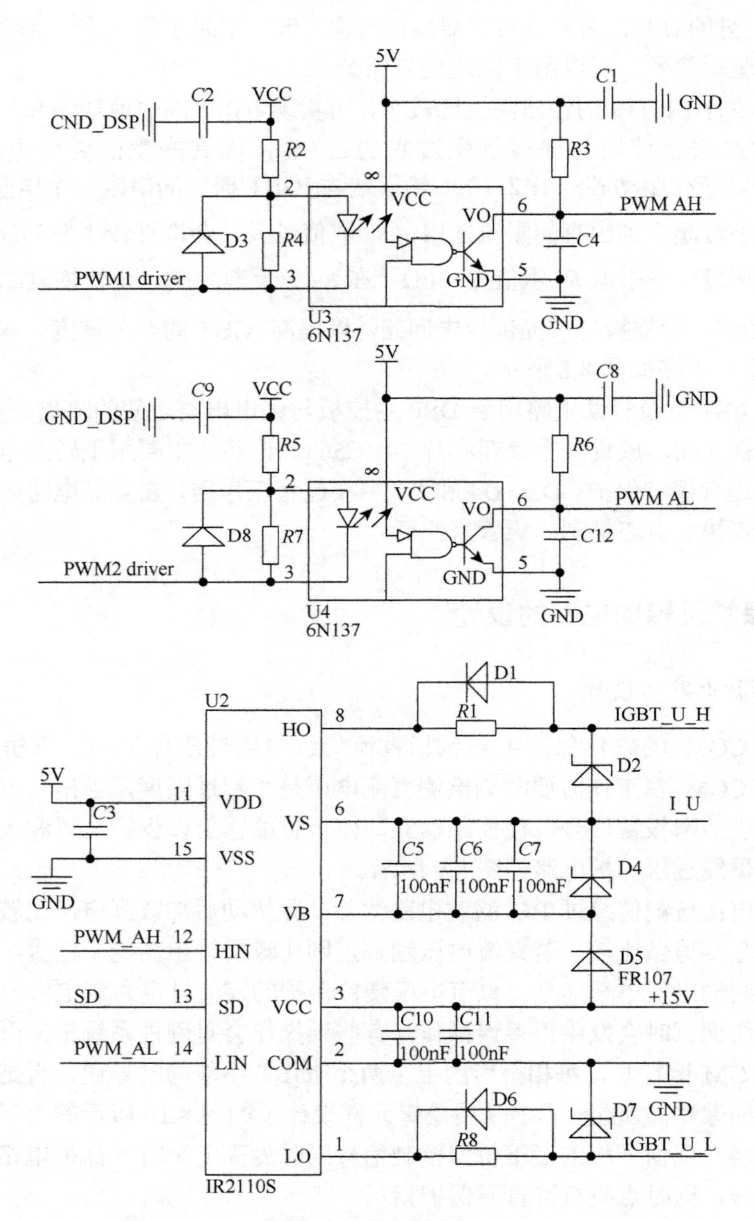

图 8.8　IGBT 驱动电路

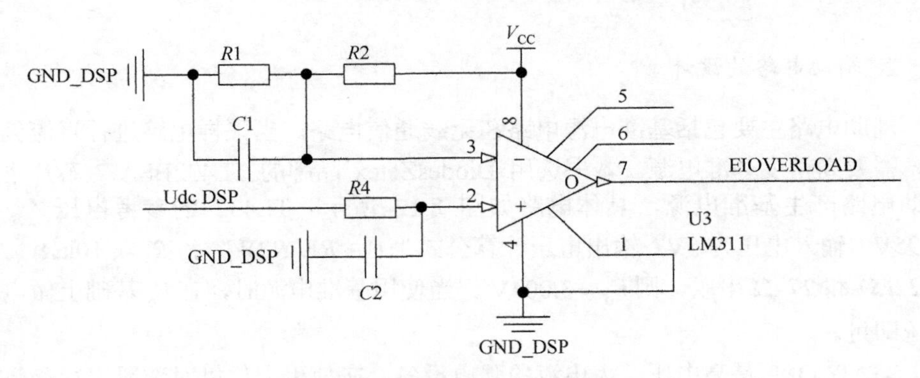

图 8.9　直流母线过压保护电路

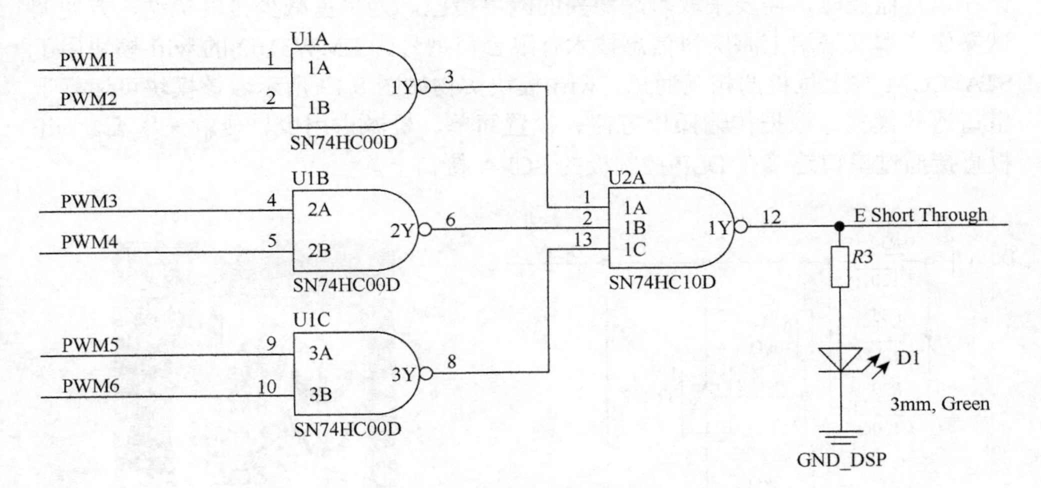

图 8.10　上下桥臂直通保护电路

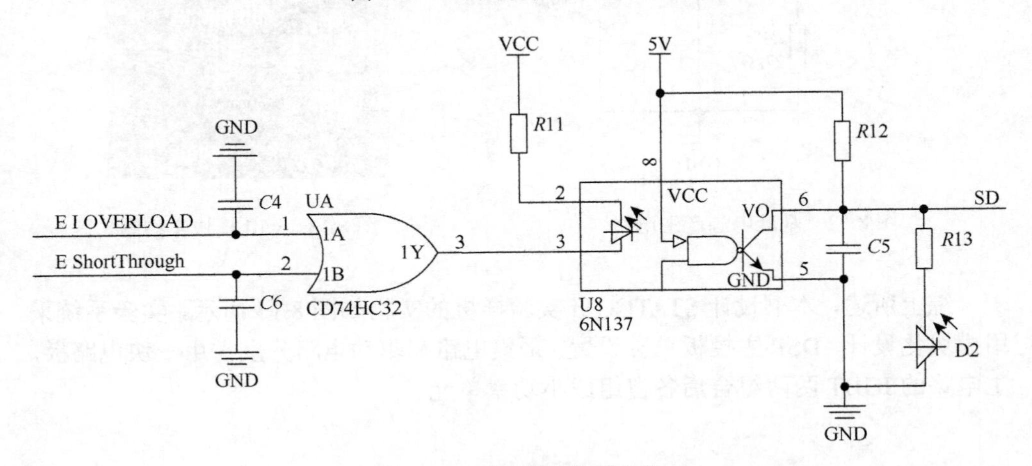

图 8.11　硬件保护汇总电路

2. 辅助电路的设计

辅助电路主要包括基准电源电路和无线通信电路。当采样电路进行直流偏置时，需要高精度基准电源。本书选用 DiodesZetex 品牌的 TL432BSA-7 芯片搭配辅助电路产生基准电源，具体电路如图 8.12 所示。TL432 的参考电压 V_{ref} 为 2.495V，输入电压为 5V，输出电压计算公式为 $(1+R1/R2)V_{\text{ref}}$ ，$R1$ 取 10kΩ，$R2$ 取 22kΩ 和 27kΩ 串联，则 $V_{\text{o}}=3.004\text{V}$ 。当使用基准电源时，在 V_{o} 基础上做电阻分压即可。

STATCOM 是高电压、大电流的强电设备，在使用上位机对装置进行参数调试和运行监控时，需要采取可靠稳妥的隔离措施。为尽量减少传输扰动、方便调试操作，本书采用上海庆科信息技术有限公司型号为 EMW3162 的 wifi 模块用于 STATCOM 与上位机的相互通讯，wifi 模块实物如图 8.13 所示。该模块可运行于串口透传模式，数据传输操作方便、设置简单、资源占用少、传输速率高。wifi 板直接通过串口连接在 DSP 控制板的 SCI-A 接口上。

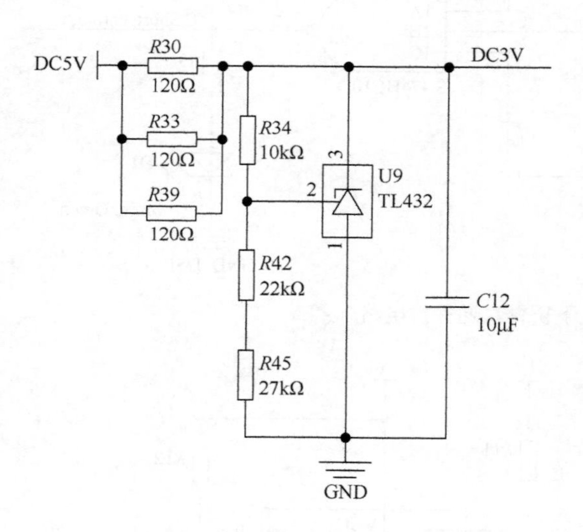

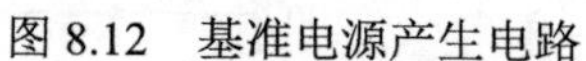
图 8.12　基准电源产生电路

图 8.13　wifi 模块实物图

综上所述，本书设计 STATCOM 实验样机的实物如图 8.14 所示。实验系统采用模块化设计，DSP 主控板单独设置，采集电路和驱动电路分别占用一块电路板，主电路的 IGBT 两两组合后各自组成小功率单元。

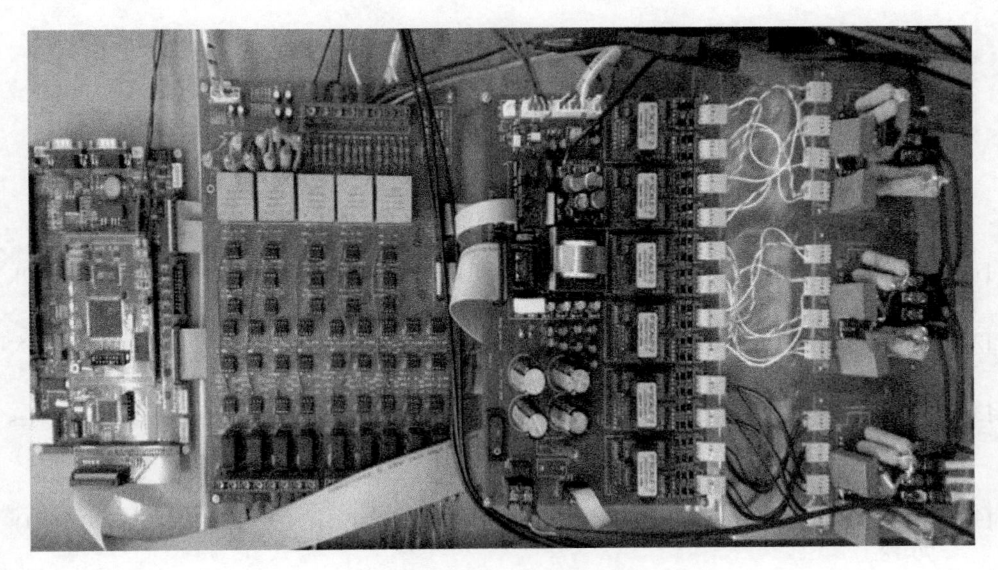

图 8.14　STATCOM 实验样机实物图

参 考 文 献

[1] 卢强, 梅生伟. 面向 21 世纪的电力系统重大基础研究. 自然科学进展, 2000, 10(10): 870-876.

[2] 孙丽颖. 基于 backstepping 方法的电力系统非线性鲁棒自适应控制器设计. 沈阳: 东北大学, 2009.

[3] Leon A E, Solsona J A, Valla M I. Comparison among nonlinear excitation control strategies used for damping power system oscillations. Energy Conversion and Management, 2012, 53(1): 55-67.

[4] 卢强, 梅生伟, 申铁龙, 等. 非线性 H_∞励磁控制器的递推设计. 中国科学(E 辑), 2000, 30(1): 70-78.

[5] Fu J, Zhao J. Robust nonlinear excitation control based on a novel adaptive backstepping design for power systems. IEEE Proceedings of the 2005, American Control Conference, Portland, 2005: 2715-2720.

[6] Bazanellan A S, Conceic C L. Transient stability improvement through excitation control. International Journal of Robust Nonlinear Control, 2004, 14(9-10): 891-910.

[7] Wang Y, Hill D J, Middleton R H, et al. Transient stability enhancement and voltage regulation of power systems. IEEE Transactions on Power Systems, 1993, 8(2): 620-627.

[8] 孙元章, 焦晓红, 申铁龙. 电力系统非线性鲁棒控制. 北京: 清华大学出版社, 2007.

[9] 卢强, 梅生伟, 孙元章. 电力系统非线性控制. 2 版. 北京: 清华大学出版社, 2008.

[10] Yang S Z, Qiana C Z, Dua H B. A genuine nonlinear approach for controller design of a boiler-turbine system. ISA Transactions, 2012, 51(3): 446-453.

[11] 关天齐, 梅生伟. 静止移相器的非线性 L_2 增益扰动抑制控制. 电力系统自动化, 2001, 25(1): 15-18.

[12] Kodsi S K M, Cañizares C A, Kazerani M. Reactive current control through SVC for load power factor correction. Electric Power System Research, 2006, 76(9-10): 701-708.

[13] Wang B, Mao Z Y. Nonlinear variable structure excitation and steam valving controllers for power system stability. Journal of Control Theory and Applications, 2009, 7(1): 97-102.

[14] Gu L H, Wang J. Nonlinear coordinated control design of excitation and STATCOM of power systems. Eletric Power Systems Research, 2007, 77(7): 788-796.

[15] Wang Y S, Yu X H. New coordinated control design for thermal powergeneration units. IEEE Transactions on Industrial Electronics, 2010, 57(11): 3848-3856.

[16] Tan Y L, Wang Y Y. Transient stabilization using adaptive excitation and dynamics brake control. Control Engineering Practice, 1997, 5(3): 337-346.

[17] Chen H Y, Wang Y Y, Zhou R J. Transient stability enhancement via coordinated excitation and

UPFC control. International Journal of Electrical Power and Energy Systems, 2002, 24(1): 19-29.
[18] Tan Y L, Wang Y Y. Design of series and shunt FACTS controller using adaptive nonlinear coordinated design techniques. IEEE Transactions on Power Systems, 1997, 12(3): 1374-1379.
[19] Hashmani A A, Wang Y Y, Lie T T. Enhancement of power system transient stability using a nonlinear coordinated excitation and TCPS controller. International Journal of Electrical Power and Energy Systems, 2002, 24(3): 201-214.
[20] Cai L J, Erlich I. Simultaneous coordinated tuning of PSS and FACTS damping controllers in large power systems. IEEE Transactions on Power Systems, 2005, 20(1): 294-300.
[21] 孙华东，汤涌，马世英. 电力系统稳定的定义与分类评述. 电网技术, 2006, 30(7): 31-35.
[22] Kundur P, Paserba J, Ajjarapu V, et al. Definition and classification of power system stability. IEEE Transactions on Power Systems, 2004, 19(2): 1387-1401.
[23] Hossain M J, Pota H R, Ugrinovskii V A, et al. Voltage mode stabilization in power systems with dynamic loads. International Journal of Electrical Power and Energy Systems, 2010, 32(9): 911-920.
[24] Kim K, Rao P, Burnworth J A. Self-tuning of the PID controller for a digital excitation control system. IEEE Transactions on Industry Applications, 2010, 46(4): 1518-1524.
[25] Dermentzoglou C J, Karlis A D. Development of linear models of static var compensators and design of controllers suitable for enhancing dynamic/transient performance of power systems including wind farms. Electric Power Systems Research, 2011, 81(4): 922-929.
[26] Yu Y N, Vongsuriya K, Wedman L N. Application of an optimal control theory to a power system. IEEE Transactions on Power Apparatus and Systems, 1970, 89(1): 55-62.
[27] Lu Q, Sun Y Z. Nonlinear stabilizing control of multimachine systems. IEEE Transactions on Power Systems, 1989, 4(1): 236-241.
[28] Lu Q, Sun Y Z, Xu Z, et al. Decentralized nonlinear optimal excitation control. IEEE Transactions on Power Systems, 1996, 11(4): 1957-1962.
[29] Mielczarski W, Zajaczkowski A M. Nonlinear field voltage control of a synchronous generator using feedback linearization. Automatica, 1994, 30(10): 1625-1630.
[30] Nambu M, Ohsawa Y. Development of an advanced power system stabilizer using a strict linearization approach. IEEE Transactions on Power Systems, 1996, 11(2): 813-818.
[31] 周双喜，汪兴盛. 基于直接反馈线性化的非线性励磁控制器. 中国电机工程学报，1995, 15(4): 281-288.
[32] Zhu C, Zhou R. A new nonlinear voltage controller for power systems. International Journal of Electrical Power and Energy Systems, 1997, 19(1): 19-27.
[33] Tan Y L, Wang Y Y. Augmentation of transient stability using a super conducting coil and adaptive nonlinear control. IEEE Transactions on Power Systems, 1998, 13(2): 361-366.
[34] Kenné G, Goma R, Nkwawo H, et al. An improved direct feedback linearization technique for transient stability enhancement and voltage regulation of power generators. International Journal of Electrical Power and Energy Systems, 2010, 32(7): 809-816.
[35] Wang Y, Tan Y. Robust nonlinear coordinated control for power systems. Automatica, 1996,

64(4): 611-618.

[36] Wang Y, Guo G. Robust decentralized nonlinear controller design for multimachine power systems. Automatica, 1997, 33(9): 1725-1733.

[37] Ghandhari M, Andersson G, Hiskens I A. Control Lyapunov functions for controllable series devices. IEEE Transactions on Power Systems, 2001, 16(4): 689-694.

[38] Cao Y J, Jiang L. A nonlinear variable structure stabilizer for power system stability. IEEE Transaction on Energy Conversion, 1994, 9(3): 489-495.

[39] Samarasinghe V G, Pahalawaththa N C. Stabilization of a multimachine power system using nonlinear robust variable structure control. Electric Power Systems Research, 1997, 43(4): 11-17.

[40] 金岫, 邓志良, 张鸿鸣. 基于模糊 PID 控制的同步发电机励磁控制系统仿真研究. 电力系统保护与控制, 2007, 35(19): 13-15.

[41] 揭海宝, 郭清滔, 康积涛, 等. 基于模糊自调整 PID 控制的同步发电机励磁研究. 电力系统保护与控制, 2009, 37(9): 89-92.

[42] 吴忠强, 姚源, 窦春霞. 多机电力系统模糊自适应控制. 电力系统保护与控制, 2011, 39(10): 5-10.

[43] Tong S, Tang J, Wang T. Fuzzy adaptive control for multivariable nonlinear systems. Fuzzy Sets and Systems, 2000, 111(2): 153-167.

[44] Ortega R, Sehaft A, Mareels I, et al. Putting energy back in control. IEEE Control Systems Magazine, 2001, 21(2): 18-33.

[45] Wang Y, Cheng D, Li C, et al. Dissipative Hamiltonian realization and energy-based L_2-disturbance attenuation control of multimachine power systems. IEEE Transactions on Automatic Control, 2003, 48(8): 1428-1433.

[46] 王玉振, 葛树志, 程代展. 广义 Hamilton 系统的观测器及基于观测器的 H_∞ 控制设计. 中国科学(E 辑), 2004, 34(12): 1313-1328.

[47] Sun Y, Song Y, Li X. Novel energy-based Lyapunov function for controlled power systems. IEEE Transactions on Power Engineering Review, 2000, 20(5): 55-57.

[48] Davy R J, Hiskens I A. Lyapunov functions for multimachine power systems with dynamic loads. IEEE Transactions on Circuits and Systems—I: Fundamental Theory and Applications, 1997, 44(9): 796-812.

[49] Xi Z, Cheng D. Passivity-based stabilization and H_∞ control of the Hamiltonian control systems with dissipation and its application to power systems. International Journal of Control, 2000, 73(18): 1686-1691.

[50] 王玉振, 程代展. 广义 Hamilton 实现及其在基于能量的准 Lyapunov 函数构造中的应用. 控制理论与应用, 2002, 19(4): 511-515.

[51] 王玉振, 程代展, 李春文. 广义 Hamilton 实现及其在电力系统中的应用. 自动化学报, 2002, 28(5): 745-753.

[52] Kanellakopoulos I, Kokotovic P, Morse A S. Systematic design of adaptive controllers for feedback linearizable systems. IEEE Transactions on Automatic Control, 1991, 36(11): 1241-1253.

[53] Zhou J, Wen C. Adaptive backstepping control of uncertain systems. Berlin: Springer, 2008.

[54] Shi H L. A novel scheme for the design of backstepping control for a class of nonlinear systems. Applied Mathematical Modelling, 2011, 35(4): 1893-1903.

[55] Dimirovski G M, Jing Y, Li W, et al. Adaptive back-stepping design of TCSC robust nonlinear control for power systems. Intelligent Automation and Soft Computing, 2006, 12(1): 75-87.

[56] Ruan S Y, Li G J, Jiao X H, et al. Adaptive control design for VSC-HVDC systems based on backstepping method. Electric Power Systems Research, 2007, 77(5-6): 559-565.

[57] Hadri-Hamida A, Allag A, Hammoudi M Y, et al. A nonlinear adaptive backstepping approach applied to a three phase PWM AC-DC converter feeding induction heating. Communications in Nonlinear Science and Numerical Simulation, 2009, 14(4): 1515-1525.

[58] Zhu L, Liu H, Cai Z, et al. Nonlinear backstepping design of robust adaptive modulation controller for TCSC. IEEE Power Engineering Society General Meeting, Montreal, 2006.

[59] Hu W, Mei S, Lu Q, et al. Nonlinear adaptive decentralized stabilizing control of multimachine systems. Applied Mathematics and Computation, 2002, 133(2-3): 519-532.

[60] Karimi A, Eftekharnejad S, Feliachi A. Reinforcement learning based backstepping control of power system oscillations. Electric Power Systems Research, 2009, 79(11): 1511-1520.

[61] Mei S, Jin M, Shen T. Adaptive excitation control with L_2 disturbance attenuation for multi-machine power systems. Tsinghua Science and Technology, 2004, 9(2): 197-201.

[62] Whitaker H P, et al. Design of model-reference adaptive control system for aircraft. Report R-164. Instrumentation laboratory, MIT. Cambridge, Mass, 1958.

[63] Shen T, Mei S, Lu Q, et al. Adaptive nonlinear excitation control with L_2 disturbance attenuation for power systems. Automatica, 2003, 39(1): 81-89.

[64] 孙元章, 刘前进, 宋永华, 等. FACTS 的 PCH 模型与自适应 L_2 增益控制(一)理论篇. 电力系统自动化, 2011, 25(15): 1-6.

[65] Bakker R, Annaswamy A M. Stability and robustness properties of a simple adaptive controller. IEEE Transactions on Automatic Control, 1996, 41(9): 1352-1358.

[66] Akella M R, Subbarao K. A novel parameter projection mechanism for smooth and stable adaptive control. Systems & Control Letters, 2005, 54(1): 43-51.

[67] Astolfi A, Ortega R. Immersion and invariance: a new tool for stabilization and adaptive control of nonlinear systems. IEEE Transactions on Automatic Control, 2003, 48(4): 590-606.

[68] Astolfi A, Karagiannis D, Ortegar R. Nonlinear and adaptive control with applications. London: Springer, 2007.

[69] Astolfi A, Karagiannis D, Ortegar R. Tawards applied nonlinear adaptive control. Annual Reviews in Control, 2008, 32(2): 136-148.

[70] 张蕾, 张爱民, 韩九强, 等. 基于系统浸入和流形不变自适应方法的静止无功补偿器非线性鲁棒自适应控制方法. 控制理论与应用, 2013, 30(1): 1-7.

[71] 刘振, 谭湘敏, 易建强, 等. 浸入与不变方法原理及其在非线性自适应控制中的应用. 智能系统学报, 2013, 8(5): 1-9.

[72] Nesic D, Laila D S. A note on input-to-state stabilization for nonlinear sampled-data systems. IEEE Transactions on Automat Control, 2001, 47(7): 1153-1158.

[73] Nesic D, Teel A R. Stabilization of sampled-data nonlinear systems via backstepping on their Euler approximate model. Automatica, 2006, 42(10): 1801-1808.

[74] Nesic D, Teel A R, Sontag E D. Formulas relating KL stability estimates of discrete-time and sampled-data nonlinear systems. Systems Control Letter, 1999, 38(3): 49-60.

[75] Nesic D, Teel A R, Kokotovie P V. Sufficient conditions for stabilization of sampled-data nonlinear systems via discrete-time approximations. Systems Control Letter, 1999, 38(3): 259-270.

[76] Emilia F, Alexandre S, Jean P R. Robust sampled-data stabilization of linear systems: an input delay approach. Automatica, 2004, 40(8): 1441-1446.

[77] Qian C, Du H. Global output feedback stabilization of a class of nonlinear systems via linear sampled-data control. IEEE Transactions on Automatic Control, 2012, 57(11): 2934-2939.

[78] Éva G, Ahmed M E. Stabilization of sampled-data nonlinear systems by receding horizon control via discrete-time approximations. Automatica, 2004, 40(12): 2017-2028.

[79] Polushin I G, Marquez H J. Multirate versions of sampled-data stabilization of nonlinear systems. Automatica, 2004, 40(6): 1035-1041.

[80] Payam N, João P H, Andrew R T. Exponential stability of impulsive systems with application to uncertain sampled-data systems. Systems Control Letter, 2008, 57(5): 378-385.

[81] Fridman E, Shaked U, Suplin V. Input/output delay approach to robust sampled-data H_∞ control. Systems Control Letter, 2005, 54(3): 271-282.

[82] Joshi S R, Cheriyan E P, Kulkarni A M. Output feedback SSR damping controller design based on modular discrete-time dynamic model of TCSC. IET Generation, Transmission and Distribution, 2009, 3(6): 561-573.

[83] Kabiri K, Henschel S, Marti J, et al. A discrete state-space model for SSR stabilizing controller design for TCSC compensated systems. IEEE Transactions on Power Delivery, 2005, 20(1): 466-474.

[84] Willems J C. Dissipative dynamical systems Part Ⅱ: linear systems with quadratic supply rate. Archive for Rational Mechanices and Analysis, 1972, 45(5): 352-393.

[85] Cheah C C, Kawamura S, Arimoto S, et al. H_∞ tuning for task-space feedback control of robot with uncertain Jacobian matrix. IEEE Transactions on Automatic Control, 2001, 46(8): 1313-1318.

[86] Li S, Sun C, Sun Y Z, et al. Robust excitation controllers design for power systems. Control Theory and Applications, 1996, 13(6): 482-488.

[87] Kogan M M. Solution to the inverse problem of minmax control and worst case disturbance for linear continuous-time systems. IEEE Transaction on Automatic Control, 1998, 43(5): 670-674.

[88] 姜囡, 井元伟. 基于 T-S 模型的非线性系统非脆弱极小极大控制. 控制理论与应用, 2008, 25(5): 925-928.

[89] Rehman O U, Fidan B, Petersen I R. Robust minimax optimal control of nonlinear uncertain systems using feedback linearization with application to hypersonic flight vehicles. Proceedings of the 48th IEEE Conference on Decision and Control, Shanghai, 2009.

[90] Athanasius G X, Pota H R, Subramanyam P B, et al. Robust power system stabiliser design

using minimax control approach: validation using realtime digital simulation. Proceedings of the 46th IEEE Conference on Decision and Control, New Orleans, 2007.

[91] Alexander G, Omar T. Nonlinear control of U-tube steam generators via H_∞ control. Control Engineering Practice, 2000, 8(8): 921-936.

[92] Bolek W, Sasiadek J, Wisniewski T. Two-valve control of a large steam turbine. Control Engineering Practice, 2002, 10(4): 365-377.

[93] Hao J, Chen C, Shi L, et al. Nonlinear decentralized disturbance attenuation excitation control for power systems with nonlinear loads based on the Hamiltonian theory. IEEE Transactions on Energy Conversion, 2007, 22(2): 316-324.

[94] Li W L, Lan T, Lin W X. Nonlinear adaptive robust governor control for turbine generator. 8th IEEE International Conference on Control and Automation, Xiamen, 2010.

[95] Mei R, WU Q, Jiang C S. Robust adaptive backstepping control for a class of uncertain nonlinear systems based on disturbance observers. Science China Information Sciences, 2010, 53(6): 1201-1215.

[96] Zhang X, Sun L, Zhao K, et al. Nonlinear speed control for PMSM system using sliding-mode control and disturbance compensation techniques. IEEE Transactions on Power Electronics, 2013, 28(3): 1358-1365.

[97] Kunder P. Power systems stability and control. New York: McGraw-Hill, 1993.

[98] 卢强, 王仲鸿, 韩英铎. 输电系统最优控制. 北京: 科学出版社, 1984.

[99] Shen T, Ortega R, Lu Q. Adaptive L_2 disturbance attenuation of Hamiltonian systems with parametric perturbation and application to power system. Proceedings of 39th IEEE CDC, Sydney, 2000, 4939-4945.

[100] Shen T, Mei S, Lu Q. Adaptive robust controller design for power system. Proceedings of the IASTED International Conference, Hawaii, 2000.

[101] Shen T, Mei S, Lu Q. Robust nonlinear excitation control with disturbance attenuation for power system. Proceedings of 38th IEEE Conference on Decision and Control, Phoenix, 1999.

[102] Pourbeik P, Bostrom A, Ray B. Modeling and application studies for a modern static var system installation. IEEE Transactions on Power Delivery, 2006, 21(1): 368-377.

[103] Wang L, Truong D N. Stability enhancement of a power system with a PMSG-based and a DFIG-based offshore wind farm using a SVC with an adaptive-network-based fuzzy inference system. IEEE Transactions on Industrial Electronics, 2013, 60(7): 2799-2807.

[104] Modi P K, Singh S P, Sharma J D. Load ability margin calculation of power system with SVC using artificial neural network. Engineering Applications of Artificial Intelligence, 2005, 18(6): 695-703.

[105] Robak S. Robust SVC controller design and analysis for uncertain power systems. Control Engineering Practice, 2009, 17(11): 1280-1290.

[106] Teleke S, Abdulahovic T, Thiringer T, et al. Dynamic performance comparison of synchronous condenser and SVC. IEEE Transactions on Power Delivery, 2008, 23(3): 1606-1612.

[107] Ruan Y Q, Wang J. The coordinated control of SVC and excitation of generators in power systems with nonlinear loads. Electrical Power and Energy Systems, 2005, 27(8): 550-555.

[108] 阎彩萍, 孙元章, 卢强. 用精确线性化方法设计的 SVC 非线性控制器. 清华大学学报(自然科学版), 1993, 33(1): 18-24.

[109] 张蕾, 张爱民, 韩九强, 等. 静止无功补偿器的自适应逆推无源反馈控制设计. 控制理论与应用, 2012, 29(3): 298-304.

[110] Alden R T H, Shaltout A A. Analysis of damping and synchronizing torque Part I—A general calculation method. IEEE Transactions on Power Apparatus and Systems, 1979, 98(5): 1696-1700.

[111] Abu-Al-Feilat E, Bettayeb M, Al-Duwaish H, et al. A neural network-based approach for on-line dynamic stability assessment using synchronizing and damping torque coefficients. Electric Power Systems Research, 1996, 39(2): 103-110.

[112] Sun L Y, Tong S C, Liu Y. Adaptive backstepping sliding mode H_∞ control of static var compensator. IEEE Transactions on control systems technology, 2011, 19(5): 1178-1186.

[113] Rosso A D, Cañizares C A, Doña V M. A study of TCSC controller design for power system stability improvement. IEEE Transactions on power systems, 2003, 18(4): 1487-1496.

[114] Zhao Q H, Jiang J. A TCSC damping controller design using robust control theory. International Journal of Electrical Power and Energy Systems, 1998, 20(1): 25-33.

[115] Lei X, Li X, Povh D. A nonlinear control for coordinating TCSC and generator excitation to enhance the transient stability of long transmission systems. Electric Power Systems Research, 2001, 59(2): 103-109.

[116] Chaudhuri B, Pal B C. Robust damping of multiple swing modes employing global stabilizing signals with a TCSC. IEEE Transactions on Power Systems, 2004, 19(1): 499-506.

[117] 郭春林, 童陆园. 多机系统中可控串补(TCSC)抑制功率振荡的研究. 中国电机工程学报, 2004, 24(6): 1-6.

[118] Ishimaru M, Yokoyama R, Shirai G, et al. Robust thyristor-controlled series capacitor controller design based on linear matrix inequality for a multi-machine power system. International Journal of Electrical Power and Energy Systems, 2002, 24(8): 621-629.

[119] Taranto G N, Chow J H. A robust frequency domain optimization technique for tuning series compensation damping controllers. IEEE Transactions on Power System, 1995, 10(3): 1219-1225.

[120] Son K M, Park J K. On the robust LQG control of TCSC for damping power system oscillations. IEEE Transactions on Power System, 2000, 15(4): 1306-1312.

[121] Liu Y H, Li C W, Wang Y Z. Decentralized excitation control of multi-machine multi-load power systems using Hamiltonian function method. Acta Automatica Sinica, 2009, 35(7): 919-925.

[122] 刘前进, 孙元章, 宋永华, 等. FACTS 的 PCH 模型与自适应 L_2 增益控制(二)应用篇. 电力系统自动化, 2001, 25(16): 1-5.

[123] Wang Y, Feng G, Cheng D, et al. Adaptive L_2 disturbance attenuation control of multi-machine power systems with SMES units. Automatica, 2006, 42(7): 1121-1132.

[124] Jiang N, Liu B, Kang J X, et al. The design of nonlinear disturbance attenuation controller for TCSC robust model of power system. Nonlinear Dynamic, 2012, 67(3): 1863-1870.

[125] 付俊, 冯佳昕, 赵军. TCSC 控制的一种新自适应 Backstepping 方法. 控制与决策, 2006, 21(10): 1163-1171.

[126] Narendra K S. Parameter adaptive control—the end or the beginning. Proceedings of the 33rd Conference on Decision and Control, Lake Buena Vita, 1994.

[127] Suul J A, Molinas M, Undeland T. STATCOM-based indirect torque control of induction machines during voltage recovery after grid faults. IEEE Transactions on Power Electronics, 2010, 25(5): 1204-1251.

[128] Liu Q, Sun Y, Shen T, et al. Power system transient stability enhancement by STATCOM with nonlinear stabilizer. Electric Power Systems Research, 2005, 73(1): 45-52.